U0170340

GENIUS
MAKERS

———

深度学习革命

［美］凯德·梅茨（Cade Metz）　著　　桂曙光　译

———

The Mavericks
Who Brought
AI to Google, Facebook,
and the World

中信出版集团 | 北京

图书在版编目（CIP）数据

深度学习革命 /（美）凯德·梅茨著；桂曙光译
. -- 北京：中信出版社，2023.1（2024.10重印）
　书名原文：Genius Makers: The Mavericks Who
Brought AI to Google, Facebook, and the World
　ISBN 978-7-5217-4755-3

　Ⅰ.①深… Ⅱ.①凯… ②桂… Ⅲ.①机器学习
Ⅳ.① TP181

中国版本图书馆 CIP 数据核字（2022）第 167424 号

深度学习革命
著者：　　［美］凯德·梅茨
译者：　　桂曙光
出版发行：中信出版集团股份有限公司
　　　　　（北京市朝阳区东三环北路 27 号嘉铭中心　邮编　100020）
承印者：　嘉业印刷（天津）有限公司

开本：787mm×1092mm　1/16　　　印张：25.5　　　字数：312 千字
版次：2023 年 1 月第 1 版　　　　印次：2024 年 10 月第 11 次印刷
京权图字：01–2022–4600　　　　　书号：ISBN 978–7–5217–4755–3
　　　　　　　　　　　　　　定价：79.00 元

献给我的父亲沃尔特·梅茨

一个相信真善美的人

当你认为自己了解的几乎所
有事情都不对的时候，这就
是活着的最佳时机。

话剧《阿卡狄亚》，第一幕，第四场

当我们发现了所有的奥秘，并失去了所有的意义时，我们将会在空荡荡的海边孤身一人。

汤姆 · 斯托帕

Tom Stoppard

话剧《阿卡狄亚》，第二幕，第七场

第一部分　一种新型的机器：感知机

TURMOIL

第三部分 动荡

一场影响深远的秘密竞拍
——深度学习推动全球科技产业变革的"发令枪"

　　就在我写这篇文章的几天前，美国时间 2022 年 9 月 30 日，埃隆·马斯克（Elon Musk）带着技术团队刚刚举办了一年一度的特斯拉人工智能日（Tesla AI Day），展示了他们在自动驾驶和人形机器人领域最新的进展，包括基于 FSD（完全自动驾驶）芯片的擎天柱机器人、基于占用网络（Occupancy）的自动驾驶感知算法，以及云端自动驾驶训练平台 Dojo。由于埃隆·马斯克的个人魅力和特斯拉在电动汽车领域的全球领导地位，特斯拉人工智能日已经成为"全球科技行业的春晚"。但是毫无疑问，如果没有最近 10 年的"深度学习革命"，就不会有特斯拉今天在自动驾驶领域取得的惊人进步。

　　《深度学习革命》这本书精彩而真实地再现了人工智能领域

迄今为止最激动人心的进军——深度学习的发展历程。《纽约时报》知名科技记者凯德·梅茨（Cade Metz）生动翔实地讲述了这段历史：一群少数派学者，在长期不被主流学术圈认可的情况下，坚信深度神经网络会改变世界，并在很多年的时间里在黑暗中持续探索，终于推动了人工智能技术在语音识别、图像识别、自然语言理解、博弈论、生物制药、搜索、推荐和自动驾驶等诸多领域取得改变世界的突破性进展。

这本书对我个人来说也有特别的意义，因为其开篇的前言讲述了 10 年前我亲身推动发起的一场竞拍，也是一段尘封的往事：我给杰夫·辛顿（Geoff Hinton）发出的一封电子邮件，导致了一场发生在美国加州太浩湖畔的秘密竞拍。最终，谷歌从 4 家竞争公司中脱颖而出，以 4 400 万美元的价格成功地收购了杰夫·辛顿和他的两名学生组成的研究团队。这也随后拉开了百度、谷歌、微软、DeepMind（深度思考）、英伟达等全球高科技公司竞相重度投资深度学习技术研发，并展开激烈的人才竞争的序幕。而在那次事件之前，深度学习基本上还是在象牙塔里的纯学术研究，并不被众多科技公司重视。所以，这次秘密竞拍事件可以说是深度学习推动全球科技产业变革的"发令枪"。

凯德·梅茨采访了参与该事件的几乎所有人，还原了整个事件的全貌。其中一些有趣的细节，连我也是读了这本书才知道的，因为当年每个参与竞拍的人都不知道其他家的底牌。有的披露令我忍俊不禁，比如，由于担心影响拍卖价格，辛顿和他的两名学生在太浩湖哈拉斯赌场酒店 731 房间里手忙脚乱地掩盖老教授当时糟糕的健康状况，而当时我敲门的时候完全不知道；再比如，我离开时把背包落在了他们房间里，他们三人还犹豫着要不要打开我的包，看看我出价的底牌……更有些细节披露，让我既觉得有趣，又感慨万千。我当时百分之百地确信三家竞拍对手里一定有谷歌，还有一家我猜大概率是微软，但不是百分之百确信，直到竞拍后，我在从旧金山回北京的航班上碰到微软研究院的学者邓力博士。我和邓力属于业界很早的一批意识到深度学习重要性的学者，已经是多年的朋友了。我们俩于是在飞机上聊天，拐弯抹角地想搞清楚对方公司是不是参与了竞拍。尽管我们谁也不说出实情，但是下飞机的时候，我们俩都已经百分之百确信对方公司是竞拍对手之一。

10 年来，我一直猜不到第三家竞拍对手是谁。我当时觉得可能是 IBM（国际商业机器公司）或者 Nuance（语音识别技术公司），但是读了这本书之后，我才恍然大悟——是 DeepMind。它当时还是一家成立仅两年的名不见经传的小型初创公司，竟然要出价收购"深度学习之父"杰夫·辛顿的公司，可见当年 DeepMind 的首席执行官戴密斯·哈萨比斯（Demis Hassabis）有何其远大的雄心和抱负，难怪后来 DeepMind 推出了震惊世界的 AlphaGo（阿尔法围棋）。最近，DeepMind 又在《自然》杂志上发表论文，他们用强化学习技术发现了 50 年来最快的矩阵乘法算法。

我在这里顺便补充一些背景，关于当初我为什么会发出邮件联系辛顿，进而扣响了深度学习产业变革的发令枪。2012 年

4月，我离开了美国硅谷的 NEC 实验室，回到北京，加入百度，领导百度新成立的多媒体部，包括语音识别团队和图像识别团队，这也是后来 IDL（Institute of Deep Learning，百度深度学习研究院）的前身。那个时候，深度学习在中国还是非常小众的研究方向，几乎没有任何研究机构关注深度学习。我利用那年应邀在清华大学计算机系主讲"龙星计划"课程的机会，系统性地做了深度学习方面的讲座，致力于推动深度学习在中国的发展。在百度内部，我也带领多媒体部从事深度学习方面的多个项目的开发，包括移动手机上的语音搜索和图像搜索，并且开始用 GPU（图形处理器）进行深度学习的并行训练。那年 9 月，我专门给百度首席执行官李彦宏演示了我们的一些深度学习项目的进展，他感到非常震惊，没想到现在算法进展得这么快，这改变了他的认知。我记得，他还专门给全公司的产品经理发邮件，要大家关注深度学习的最新进展。

2012 年 10 月，杰夫·辛顿和他的两名学生——亚历克斯·克里哲夫斯基（Alex Krizhevsky）和伊利亚·萨特斯基弗（Ilya Sutskever），在 ImageNet 图像识别比赛上拿了冠军，并且发表论文介绍了冠军算法 AlexNet。这件事对于别人可能只是个新闻，但是对我来说意义非凡！因为我曾经带领 NEC 实验室的研究团队于 2010 年拿过第一届 ImageNet 竞赛的冠军。我们采用了多层的稀释编码方法——一种非监督的卷积深度学习算法，来提取图像特征，然后用浅层的监督学习方法来做识别。当时，我们也试过监督学习的卷积神经网络，但是训练很难收敛。所以，我应该是世界上最了解辛顿团队用卷积神经网络赢得 ImageNet 竞赛这件事的重要意义的人。当时我感到兴奋不已，就像触电了一样，于是立刻写电子邮件给辛顿，迫切地表达了要和他深入合作的想法。

辛顿很快就回复了，说很愿意合作，但是希望百度能提供一些研究经费。我说没问题啊，大概需要多少钱？辛顿说，大概 100 万美元吧。我于是去找首席执行官李彦宏，对他说我希望有足够的经费支持辛顿与百度在深度学习研究方面开展合作，李彦宏非常支持。于是，我就回复辛顿说没问题，百度很愿意出研究经费。他一方面表示感谢，一方面很绅士地问我，是否介意他也去问一下谷歌的兴趣。我当时有点儿后悔，猜我可能回答得太快了，让辛顿意识到了巨大的机会。但是，我也只能大度地说不介意。结果，他不只问了谷歌，还问了其他一些公司。大概 11 月的时候，他告诉我，还有几家公司表示要和他合作，而且他注册了一家公司，叫 DNNresearch，准备让各家竞争者以秘密竞拍的方式来做团队收购。我心里想，辛顿真是聪明，不仅会做研究，还很有生意头脑。12 月初，我飞往美国旧金山，租了一辆车，开车去了太浩湖，参加一年一度的机器学习顶级盛会 NIPS（Neural Information Processing Systems，神经信息处理系统大会），同时在那里与另外三家公司一起竞拍杰夫·辛顿的团队。我时刻与李彦宏以及时任百度投资副总裁汤和松保持沟通，并且代表百度做了第一次报价——1 200 万美元。

会议结束之后，我飞回了北京。尽管竞拍失败，但我还是很开心的。我想我的目的也达到了，因为李彦宏亲眼见证了国际巨头不惜花费巨资来投资深度学习研发，这让他下定决心自己把深度学习做起来。所以，2013 年 1 月，百度在年会上宣布要组建 IDL，并招募全世界顶级的人才。为了提高对人才的吸引力，李彦宏亲任院长，我来担任常务副院长。IDL 开创了中国公司建立前沿人工智能研发机构的先河，后来，中国几乎所有的大型科技公司都组建了类似的机构。IDL 率先把深度学习技术应用到语音、图像、广告、搜索等方方面面的领域，招聘和培养了一批顶级人才，现在，这些人才在中国人工智能领域可谓群星璀璨。IDL 启动的项目，包括 PaddlePaddle（百度深度学习平台）、百度自动驾驶，到今天也属于中国最有影响力的技术项目。后来，百度自动驾驶成为业界的"黄埔军校"，百度前员工创立的自动驾驶公司占据了中国自动驾驶创业的大半壁江山。

我自己的职业生涯也如此，我从一名在硅谷从事基础研究的实验室主任变成了一个大型研发团队的管理者，并且使自己带领的团队研发的技术被上亿名用户使用。我很感谢百度能给予我一个这样的舞台。2015 年夏天，我从百度离职，迈向新的征程，创立了地平线。地平线创业的想法也来自我在 IDL 工作期间的一个观察：GPU 运行深度学习算法的效率是 CPU（中央处理器）的几十倍，但是 GPU 本来是为图形渲染设计的，所以，用 GPU 做深度学习是无心插柳的结果。那么，我进一步想，如果专门为深度学习设计加速芯片，会不会效率更高？答案是显而易见的。于是，地平线开辟了中国深度学习芯片创业的赛道。

在过去的 10 年里，深度学习改变了人工智能，也改变了世界。参与那场拍卖的大部分人今天都还活跃在科技的舞台上。2019 年，杰夫·辛顿与约书亚·本吉奥（Yoshua Bengio）、杨立昆（Yann LeCun）共同获得了计算机领域的最高奖——图灵奖。他的两名学生之一亚历克斯·克里哲夫斯基是 AlexNet 最主要的贡献者，加入谷歌后似乎动静不是很大。但是，另外一名学生伊利亚·萨特斯基弗后来与埃隆·马斯克等人联合创立了著名的 OpenAI（人工智能研究公司），打造了在强化学习领域几乎与 DeepMind 齐名的研究机构。辛顿一直都非常感谢我，有一次我在加拿大温哥华的一场学术会议上碰到他，他非常热情地请我去餐馆吃饭。我仍记得，由于他的腰背部的问题，他不能坐在椅子上，只能双腿跪在地上，餐馆里的服务员用奇怪的眼光看着我们。代表微软参与了竞拍的邓力博士，后来成为世界上最大的对冲基金之一——Citadel（城堡投资）的首席人工智能科学家。最具传奇色彩的是戴密斯·哈萨比斯，他创立的 DeepMind 后来被谷歌收购，公司开发的 AlphaGo 震惊了全世界，激起了无数人对人工智能的热情。最近，我看到新闻，我在 NEC 实验室的前同事科拉伊·卡武库奥格鲁（Koray Kavukcuoglu），现在 DeepMind 的研究副总裁，成为 2022 年度新晋英国皇家工程院院士。DeepMind 此前另一位当选院士的是创始人哈萨比斯，他们两人都为 AlphaGo 做出了杰出的贡献。

深度学习领域发生的很多事情，包括我自己的职业生涯和创业经历，都和那场太浩湖畔的竞拍有着某种奇妙的联系。最让我感动的是，经历过那场竞拍的大部分人到今天都在努力奋斗着，没有人懈怠或躺在功劳簿上，包括我自己，2015 年创立的地平线今天也成为行业里有影响力的科技企业。我们这些人都对人工智能的无限可能充满着孩童般的好奇，每天享受着技术改变世界带来的乐趣和满足感，并通过技术和产品让这个世界变得更加美好。

《深度学习革命》这本书并不是侧重在讲一个个研究成果的技术概念，而是在讲推动这些研究进展的背后这群人。人工智能领域最近取得的突飞猛进的进展，关键就在于有一群执着、热情和可爱的研究者。任何伟大的成就，其可贵之处都在于人的精神。由于这场竞拍的"秘密"属性，我相信这本书的开篇前言对读者来说就足够精彩，充满了故事性。而就整本书而言，凯德·梅茨善于把科技故事讲述得十分生动，对于希望了解深度学习基本概念和发展脉络的非技术背景的读者，这本书读来让人觉得轻松、有趣。所以，我高度推荐这本书。

余凯

地平线创始人兼首席科学家

2022 年 10 月 3 日

杰夫·辛顿：无法坐下的人

　　当杰夫·辛顿在多伦多市区登上开往太浩湖的公共汽车时，他已经有 7 年时间没有坐下来过了。他经常说："我上一次坐下来是在 2005 年，那是一个错误。"十几岁时，他在给母亲搬取暖器的时候第一次受了伤。到了 50 多岁，他如果要坐下来，就要冒着腰椎间盘滑脱的风险，而一旦腰椎间盘滑脱了，疼痛会使他卧床数周。所以，他不再坐下。他在多伦多大学的办公室里用的是一张站立式办公桌。吃饭的时候，他就跪在桌旁的一个小泡沫垫板上，泰然自若，像一位祭坛旁的僧人。乘坐汽车的时候，他会躺在后座上。如果是长途旅行，他就乘火车。他不能乘飞机，至少不能搭乘商业航空公司的飞机，因为这些飞机在起飞和降落时要求乘客保持坐姿。他说："我每天都很煎熬，情况发展到了可能会瘫痪的地步，所以我很认真地对待这件事。如果我能完全控制自己的生活，它就不会带来任何问题。"

那年秋天，他躺在公共汽车的后座上奔赴纽约，再乘火车一路前往位于加利福尼亚州特拉基的内华达山脉顶峰，然后在出租车的后座上伸直双腿，30分钟后，他抵达了太浩湖。之后，他创立了一家新公司。公司的创始人还包括另外两个人，他们是在他大学实验室里做研究的年轻研究生。这家公司不生产任何产品，也没有生产产品的计划。公司的网站上只提供了一个名字——DNNresearch[1]，这个名字比这个网站还缺乏吸引力。当时64岁的辛顿在学术界看来很自在，他留着一头乱蓬蓬的白发，穿着羊毛衫，有幽默感，在这两名学生的游说之下，他才决定创立这家公司。但当他抵达太浩湖时，中国最大的科技公司之一已经出价1 200万美元，要收购他刚刚起步的公司，另外三家公司也很快加入竞拍，其中包括两家美国最大的科技公司。

辛顿去了哈拉斯和哈维斯，这两家高耸的赌场酒店位于太浩湖南边的滑雪山脚下。那些由玻璃、钢铁和石块构成的建筑物矗立于内华达州的松树之间，赌场酒店也可以作为会议中心，提供数百间酒店客房、数十个会议厅和各种各样的二流餐厅。2012年12月，那里举办了一场名为NIPS的计算机科学家年度聚会。NIPS的全称是"神经信息处理系统"，尽管从名称上看是要深入研究计算机的未来，但NIPS其实是一个专注于人工智能的会议。作为一名出生于伦敦的学者，自20世纪70年代初以来，辛顿一直在英国、美国和加拿大的大学探索人工智能的前沿领域，他几乎每年都会来 NIPS，但这次不同。虽然那家中国公司已经锁定了对 DNNresearch 的兴趣，但他知道其他人也感兴趣，NIPS 似乎是一个理想的拍卖场所。

两个月之前，辛顿和他的学生改变了机器看待世界的方式。他们已经打造了所谓的"神经网络"，即一个模仿大脑神经元网络的数学系统，它能够以前所未有的准确度识别常见的物体，比如花朵、小狗和汽车。[2] 辛顿和他的学生展示出，神经网络可以通过分析大量的数据来学习这种非常人性化的技能。他称之为"深度学习"，其潜力巨大。这项技术不仅会改变计算机视觉，还会改变一切，从可对话式数字助理到自动驾驶汽车，再到新药研发。

神经网络的概念可以追溯到 20 世纪 50 年代，但是早期的开拓者从未让这项技术像他们希望的那样工作。到了 21 世纪，大多数研究人员都放弃了这项技术，认为这是一条技术上的死胡同，并对研究人员在过去 50 年间试图让数学系统以某种方式模仿人类人脑的自负探索感到困惑。当那些仍然在探索这项技术的研究员向学术期刊提交论文时，他们通常会将研究伪装成其他东西，用不太会冒犯其他科学家同行的语言来代替神经网络这个词。但是，仍然有少数人相信这项技术终有兑现预期的那一天，辛顿就是其中之一。他设计的机器不仅能识别物体，还能识别口语词汇、理解自然语言并进行对话，甚至可能解决人类自己无法解决的问题，为探索生物学、医学、地质学和其他科学的奥秘提供了创新的、更精确的方法。即使在他自己的大学里，这也是一种古怪的立场。他持续地请求学校聘请另一位教授与他一起工作，在漫长而曲折的奋斗中打造能够自行学习的机器，但学校多年来一直予以拒绝。"一个疯狂的人做这件事就够了。"他说。但是，在 2012 年的春天和夏天，辛顿和他的两名学生取得了突破：他们证明了，神经网络能够以超越其他任何技术的精度识别常见的物体。他们在那年秋天发表了一篇长达 9 页的论文，并向全世界宣布，这项技术就像辛顿长期以来所宣称的那样强大。

几天之后，辛顿收到了一封电子邮件，来自一位名叫余凯的人工智能研究员，他当时在中国科技巨头百度公司工作。表面上看，辛顿和余凯没有什么共同之处。辛顿出生于战后英国的一个著名的科学家家庭，这一家人的影响力与自身的怪癖相得益彰。辛顿曾在剑桥大学学习，在爱丁堡大学获得人工智能博士学位，并在接下来的 30 年里担任计算机科学教授。余凯出生的时间比辛顿晚 30 年，他在中国长大，父亲是一名汽车工程师，余凯先后在中国南京和德国慕尼黑读书，然后去了美国硅谷的一家企业研究实验室工作。这两个人的阶级、年龄、文化、语言和地域各不相同，但他们拥有一个共同的兴趣：神经网络。他们最早是在加拿大的一场学术研讨会上认识的，这场研讨会属于民间活动的一部分，旨在重振这个在科学界几乎处于休眠状态的研究领域，并将这一想法重新命名为"深度学习"。余凯是参与传播这一信仰的人之一。回到中国之后，他把这个想法带到了百度，在那里，他的研究引起了公司首席执行官的注意。当这篇长达 9 页的论文在多伦多大学发表时，余凯告诉百度的智囊团，他们应该尽快招募辛顿。在邮件中，他将辛顿介绍给了百度的一位副总裁，这位副总裁为辛顿短短几年的工作成果报价 1 200 万美元。

　　起初，辛顿在北京的这家"追求者"认为双方已经达成了协议，但辛顿并不是那么确定。最近几个月，与他建立联系的还有其他几家公司，规模有大有小，其中包括百度的两个美国大型竞争对手。这些公司也打电话到辛顿在多伦多大学的办公室，询问需要支付多大的代价才能招募他及他的学生。看到了更多的机会之后，他问百度，在接受其 1 200 万美元的报价之前，他是否可以寻求其他的报价，百度同意了。于是，他彻底扭转了形势。在学生的启发下，他意识到百度及其竞争对手更有可能花巨资收购一家公司，而不是花同样的钱从学术界招募几名新员工。于是他创立了一家自己的小公司，命名为 DNNresearch，以呼应他们专注研究的"深度神经网络"（Deep Neural Networks）。他还咨询了多伦多的一名律师，关于如何让一家仅有三名员工、没有产品、几乎没有经营记录的初创公司的价格最大化。在这位律师看来，他有两个选择：一是可以聘请一名专业的谈判代表，但这样做存在一定的风险，可能会激怒那些预期的潜在收购方；二是可以组织一场拍卖活动。辛顿选择了拍卖。最终，4 家公司加入了对他的新公司的竞拍：百度、谷歌、微软和 DeepMind。当时，DeepMind 是一家成立仅两年的世界上大多数人从未听说过的初创公司，它设立在英国伦敦，由一位年轻的神经科学家戴密斯·哈萨比斯创立，而它即将成为这个时代最著名且最有影响力的人工智能实验室。

在举行拍卖的那一周，谷歌的工程主管阿兰·尤斯塔斯（Alan Eustace）驾驶自己的双引擎飞机降落在太浩湖南岸附近的机场。他和谷歌最受尊敬的工程师杰夫·迪恩（Jeff Dean）一起与辛顿及其学生在哈拉斯赌场酒店顶楼的餐厅共进晚餐，这是一家牛排店，其装饰点缀着 1 000 个空酒瓶。当天是辛顿的 65 岁生日。他站在吧台旁，其他人坐在高脚凳上，他们讨论了谷歌的野心、拍卖，以及他在多伦多大学实验室正在进行的最新研究。对谷歌的人来说，这顿晚餐主要是为了和辛顿的两名他们从未谋面的年轻学生初步接触一下。百度、微软和 DeepMind 也派了代表到太浩湖参加活动，其他人在拍卖中各司其职。为辛顿和他的学生拉开比赛序幕的百度研究员余凯，在拍卖开始前已经与他们开过会了。但是，所有的竞拍者并没有在同一时间聚集在同一个地方。拍卖是通过电子邮件进行的，大多数报价都是通过竞拍者的高管从世界各地发出的，包括加州、伦敦和北京。辛顿向各方保密了其他竞拍者的身份。

辛顿在哈拉斯赌场酒店的房间里进行拍卖，房间号是 731，这里可以俯瞰内华达州的松树和白雪皑皑的山峰。每天，他都会给下一轮的报价设定时间，在指定的时间，他的两名学生来到他的房间，通过他的笔记本电脑查看报价情况。两张大床的床头之间有张桌子，上面倒放着一个垃圾桶，笔记本电脑就放在垃圾桶上，这样辛顿就可以站着打字了。报价是通过谷歌运营的电子邮件服务 Gmail 进行的，因为辛顿有一个 Gmail 的电子邮件账号。但是，微软不喜欢这样的安排。在拍卖开始前的几天，微软抱怨称，其最大的竞争对手谷歌可能会窃取他们的私密信息，并以某种方式操纵报价。尽管对辛顿来说，这并不是一个严重的问题，但他也曾与学生们讨论过这种可能性，他认为，这更多的是微软对谷歌强大且不断增长的实力的一种尖锐评论。从技术上讲，谷歌可以阅读任何 Gmail 邮件信息。尽管邮件服务条款说它不会，但现实是，如果它违反了这些条款，可能也没有人会知道。最终，辛顿和微软都将他们的担忧放在了一边。他说："我们相当有信心，谷歌不会阅读我们的邮件。"尽管当时没有人意识到这一点，但这是一个充满意义的时刻。

拍卖规则很简单：每次拍卖开始之后，这 4 家公司有一个小时的时间将报价提高至少 100 万美元。这一个小时的倒计时以最新报价的电子邮件时间戳为准，一个小时之后，如果没有新的报价出现，当天的拍卖就结束。DeepMind 用公司股份报价，而不用现金，但它无法与科技领域的巨头们竞争，很快就退出了。百度、谷歌和微软留了下来。随着报价不断攀升，先是 1 500 万美元，然后是 2 000 万美元，微软也退出了，但后来又重新回来。当辛顿和他的学生们讨论自己更愿意加入哪家公司时，每一个微小的时刻都似乎意义重大。在某天下午的晚些时候，当望着窗外的滑雪山峰时，他们看到两架飞行方向相反的飞机飞过，在空中留下了一个交叉的轨迹，像一个巨大的字母 X。在房间里的兴奋气氛中，他们想知道这意味着什么，然后才想起谷歌的总部设在一个名为山景城的地方。"这是否意味着我们应该加入谷歌，"辛顿问，"还是说不应该加入？"

报价到 2 200 万美元时，辛顿暂停了拍卖，他与其中一名竞拍者进行了讨论，半个小时之后，微软再次退出。现在，就剩下百度和谷歌了，随着时间的推移，两家公司的报价更高了。最初是由余凯为百度报价，但当价格达到 2 400 万美元时，一名百度的高管从北京接手了。余凯时不时会去 731 房间看看，希望至少能稍微了解一下拍卖的走向。

尽管余凯对此毫不知情，但他的出现对辛顿来说是一个问题。辛顿已经 65 岁了，去太浩湖时经常生病，那里的空气寒冷、稀薄且干燥。他担心自己可能会再次生病，他不想余凯或其他任何人看到他这样。"我不想让他们认为我年纪大了，衰老了。"他说。于是，他把靠墙的折叠沙发上的坐垫都拿下来，放在两张床之间的地板上，把一个熨衣板和其他几个结实的东西插在缝隙里，再用水浸湿几条毛巾搭在上面，每天晚上，他都睡在这个临时搭建的"雨棚"所创造出的潮湿空气中。辛顿觉得，这会让他的病情得到控制。问题是，随着拍卖的进行，余凯这个戴着眼镜的圆脸男子不断地跑过来聊天。辛顿不想让余凯看到自己为了保持健康下了多大的决心。所以，每次余凯过来，辛顿都会把目光转向他的两个学生，也就是他的三人公司里的另外两个人，让他们把坐垫、熨衣板和湿毛巾都藏起来。"这是副总裁们的职责。"他对他们说。

有一次，余凯没拿背包就离开了房间，当辛顿和他的学生们注意到椅子上的背包时，他们考虑是否应该打开，看看里面有什么东西能透露百度的意向报价。但他们没有这么做，因为觉得不妥。不管怎样，他们很快就意识到百度愿意出更高的价格：2 500万美元、3 000万美元、3 500万美元。不可避免的是，下一次报价要到一个小时倒计时终止前的一两分钟才会出现，这使得原本接近尾声的拍卖再次被拉长。

　　价格攀升到如此之高，辛顿于是把报价的窗口时间从一个小时缩短到30分钟。报价迅速攀升至4 000万美元、4 100万美元、4 200万美元、4 300万美元。"感觉我们像是在拍电影。"他说。一天晚上，接近午夜，当价格达到4 400万美元时，他再次暂停了拍卖。他需要睡一觉。

　　第二天，大约在拍卖开始前30分钟，他发了一封电子邮件，说拍卖开始的时间将被推迟。大约一个小时后，他又发了一封。拍卖结束了。在头一天晚上的某个时刻，辛顿决定把他的公司卖给谷歌，而不再把价格推得更高。在发给百度的邮件中，他说自己将把收到的其他任何信息转发给他的新雇主，尽管他没有说新雇主是谁。

　　后来他承认，这是他一直想要的。就连余凯也猜到辛顿最终会去谷歌，或者至少是另一家美国公司，因为辛顿的腰背健康状况让他无法承受中国之旅。事实上，余凯很高兴百度在竞拍中占据了一席之地。他认为，通过将美国竞争对手推向极限，百度的智囊团已经意识到深度学习在未来几年有多么重要。

辛顿终止了拍卖，因为对他来说，为自己的研究找到合适的归宿比最终获得最高的价格更重要。当他告诉谷歌的报价者他接受4 400万美元的价格时，他们认为这是在开玩笑，因为他们觉得他不可能放弃仍然在不断攀升的报价。辛顿不是在开玩笑，和他一样，他的学生们也看到了这种情况。他们是学者，不是创业者，更忠于自己的创意和想法，而不是其他任何东西。

但是，辛顿没有意识到他们的想法有多大的价值。没人知道。在这4家公司里散布着一小批科学家，辛顿及其学生们与他们一起，很快就将这个单一的想法推向了科技行业的中心。在此过程中，他们突然戏剧性地加速了人工智能的进步，包括可对话式数字助理、自动驾驶汽车、机器人、自动化医疗健康，以及自动化战争和监控（尽管这二者从来不是他们的目的）。"它改变了我看待技术的方式，"阿兰·尤斯塔斯说，"也改变了很多人对技术的看法。"

有一些研究人员（其中最著名的是DeepMind背后年轻的神经科学家戴密斯·哈萨比斯）甚至认为自己正在建造一台机器，这台机器可以做人脑能做的任何事情，并且只会做得更好。从计算机时代的早期开始，这种可能性就抓住了人们的想象力。没有人确切知道这台机器什么时候会出现，虽然从短期来看，推出的机器距离真正的智能还有很长的一段路，但其社会影响远远超出了所有人的预期。强大的技术总是让人类着迷而恐惧，人类一次又一次地在它们身上豪赌。这一次，筹码比这个想法背后的科学家们所知道的还要高。深度学习的兴起标志着数字技术的构建方式出现了根本的改变。工程师们不再细致地定义机器应该如何运行，一次一条规则，一次一行代码，他们开始打造可以通过自身经验学习任务的机器，这些经验包含了巨量的数字信息，甚至没有人能完全理解。结果他们得到了一种全新的机器，这种机器不仅比以前的机器更加强大，而且更加神秘和不可预测。

当谷歌和其他科技巨头采用这项技术时，没有人会意识到，这项技术还在学习研究人员身上带有的偏见。这些研究人员大多是白人男性，直到新一批的研究人员——包括女性和有色人种——指出这个问题，他们才意识到问题的严重性。随着这项技术涉及的领域更加广泛，包括医疗健康、政府监控和军队，可能出错的方式也变得更多。深度学习带来了一种力量，当它被那些科技界的超级巨头掌握时，连设计者都不完全知道该如何控制这种力量。而驱动这些巨头的，是它们对收入和利润贪得无厌的渴望。

辛顿的拍卖活动在太浩湖结束之后，NIPS 会议也进入尾声，余凯登上了前往北京的飞机。在飞机上，他遇到了一位出生于中国的微软研究员，名叫邓力。邓力与辛顿有过一段交往，他也在这场拍卖中扮演了自己的角色。余凯和邓力是通过多年的人工智能会议和研讨会熟悉起来的，他们在飞往亚洲的长途飞行中挑选了相邻的座位。由于辛顿没有透露竞拍者的名字，他们两人都不太确定哪些公司参与了拍卖。他们当然想知道，而且邓力也喜欢聊天。他们在机舱后部站了几个小时，讨论深度学习的兴起，但他们都囿于自己的雇主，觉得有义务不透露参与拍卖的事情。所以，他们围着这个问题绕弯子，试图了解对方知道些什么，而不泄露自己的秘密。虽然没有说出来，但他们都知道，一场新的比赛开始了。他们受雇的公司将不得不应对谷歌的大动作。这就是科技行业的运作方式，这是一场"全球军备竞赛"的开始，这场竞赛将以一种几年前看似荒谬的方式迅速升级。

与此同时，杰夫·辛顿乘火车回到了多伦多。他最终将前往位于美国加州山景城的谷歌总部，虽然加入了该公司，但他仍保留着多伦多大学的教授职位，并坚持自己的目标和信念，他为其他众多很快会跟随他的脚步进入一些全球最大的科技公司的学者树立了榜样。多年之后，当大家让他透露当初有哪些公司参与竞拍时，他以自己的方式做了回答。"我签了一些协议，约定永远不会透露我们与谁谈过。我和微软签了一份，和百度签了一份，还和谷歌签了一份，"他说，"最好不要深究。"他没有提到 DeepMind，但那是另一个故事了。在太浩湖拍卖之后，这家伦敦公司的创始人戴密斯·哈萨比斯把自己的观点烙印在了这个世界上。在某些方面，他认同了辛顿的观点；在其他方面，他可能看得更远。很快，哈萨比斯也加入了同样的"全球军备竞赛"。

这是辛顿、哈萨比斯以及引发这场竞赛的其他科学家的故事，他们是一小群来自全球各地的不拘一格的研究人员，他们会花费几十年来培育一个想法，要经常面对各种无端的怀疑，然后这个想法可能会突然变得成熟，它会被吸进世界上最大的一些企业的机器之中，而这是一个他们全都没有预料到的混乱世界。

2012 年 12 月

A NEW KIND OF MACHINE ||||||||||||||

PART

ONE ◯ 第一部分

一种新型的机器：感知机

感知机：最早的神经网络之一

> 66 海军设计的会思考的科学怪物。 99

    1958 年 7 月 7 日，在位于美国白宫以西大约 15 个街区的华盛顿特区的美国国家气象局里，有几个人聚集在办公室里的一台机器旁。[1] 这台机器和冰箱一样长，宽度翻番，高度差不多，它只是一台大型计算机的一部分，这台计算机像一套多件家具一样散布在整个房间里。机器被包裹在银色的塑料中，上面反射着光线，面板上有一排排的圆形小灯泡、红色方形按钮和粗大的塑料开关，开关有白色的，也有灰色的。在正常情况下，这台价值200 万美元的机器承担着美国国家气象局前身的计算工作。但在这一天，它被租借给了美国海军和一位名叫弗兰克·罗森布拉特（Frank Rosenblatt）的 29 岁康奈尔大学教授。

在一名报社记者的注视下，罗森布拉特和他的海军小队将两张白色卡片输入机器，其中一张在左边标记了一个小方块，另一张标记在右边。最初，机器无法区分它们，但在读取了另外50张卡片后，情况发生了变化。几乎每一次，机器都能正确识别出卡片上标记的位置，即左边或右边。罗森布拉特解释说，这台机器自己学会了这项技能，得益于一个模仿人脑的数学系统，他称之为感知机（Perceptron）。他说，未来这个系统将学会识别印刷的字母、手写的单词、口述的命令，甚至人脸，最终喊出人的名字，它还可以将一种语言翻译成另一种语言。[2]他补充说，理论上，它可以在流水线上克隆自己，探索遥远的星球，并从计算领域穿越到感知领域。

第二天早上，《纽约时报》刊登的文章写道："海军今天展示了一台电子计算机原型，预期未来它可以走、说、看、写、自我复制，并意识到自身的存在。"[3]周日版的第二篇文章指出，海军官员不愿称之为机器，因为它"太像一个没有生命的人类了"[4]。罗森布拉特对大众媒体报道这件事情的方式越来越反感，尤其是俄克拉何马州的一篇报道的标题（《海军设计的会思考的科学怪物》[5]）。在之后的几年里，在同事之间以及在发表的研究成果中，他都用更有分寸的语言描述了这个项目。他坚称，这不是在人工智能方面的尝试，并承认其局限性。尽管如此，这个想法还是从他的控制下逃出去了。

感知机是最早的神经网络之一，也是杰夫·辛顿在50多年后拍卖给最高报价者的技术的早期化身。但在达到4 400万美元的价格之前，这项技术在学术上一直默默无闻，更不用说1958年夏天《纽约时报》那不切实际的未来预测了。到了20世纪70年代初，在那些美好的预测遭遇罗森布拉特时代的技术局限之后，这个想法几乎就此夭折。

　　弗兰克·罗森布拉特在1928年7月11日出生于纽约的新罗谢尔[6]，就在布朗克斯区以北。他就读于布朗克斯科学高中[7]，这是一所精英公立高中，培养出了8名诺贝尔奖获得者[8]、6名普利策奖获得者、8名美国国家科学奖章获得者[9]和3名图灵奖获得者[10]，图灵奖是世界顶尖的计算机科学奖。罗森布拉特身材瘦小，下巴多肉，头发又短又黑，呈波浪状，戴着标准的黑框眼镜，他学的是心理学，但兴趣广泛。1953年，《纽约时报》发表了一篇短短的报道，介绍一台他用来处理博士论文数据的早期计算机。[11]这台计算机名为EPAC，是"电子特征分析计算机"的简称，用来分析病人的心理特征。随着时间的流逝，他开始相信，机器可以提供对内心更深层次的理解。博士毕业后，他加入了位于布法罗的康奈尔航空实验室[12]，该实验室距离纽约州伊萨卡的康奈尔大学主校区约150英里①。这个飞行研究中心是在第二次

---

① 　1英里≈1.609 3千米。——编者注

世界大战期间由一家设计飞机的公司捐赠给康奈尔大学的，它在战后的几年里演变成了一个不拘一格的实验室，其运营几乎没有受到伊萨卡政府部门的监督管理。正是在这里，罗森布拉特设计了感知机，并得到了美国海军研究办公室的资助。

罗森布拉特将该项目视为了解大脑内部运作机制的一个窗口。[13] 他相信，如果能用一台机器来重构大脑，他就能探索他所谓的"自然智能"的奥秘。[14] 根据10年前芝加哥大学的两位研究人员最初提出的想法，感知机能够分析物体，并寻找能识别这些物体的模型（比如，卡片的左边或右边是否有标记）。它通过一系列的数学计算来实现这一点，其运行（在非常广泛的意义上）就像大脑中的神经元网络一样。当感知机查看每个物体并试图识别时，它会得到一些正确的结果，也会得到一些错误的结果。但它可以从错误中吸取教训，有条不紊地调整每项数学计算，直到错误少之又少。就像大脑中的一个神经元一样，每次计算本身几乎没有意义，它只是一个更大的算法的输入项。但是，更大的算法是一种数学配方，它实际上可以做一些有用的事情，或者至少是希望所在。1958年夏天，在气象局里，罗森布拉特展示了这个想法的开端——一台模拟感知机运行在气象局的 IBM 704 计算机上，那是当时领先的商用计算机。[15] 然后，在布法罗的实验室里，他和一组工程师一起工作，开始围绕同样的想法打造一台全新的机器，他称之为马克一号（Mark I）。与当时的其他机器不同，它是被设计用来观察周围的世界的。在那年晚些时候，罗森布拉特在华盛顿会见自己的支持者时告诉一名记者："一个非生物系统将以一种有意义的方式实现其对外部环境的管理，这还是第一次。"[16]

他在海军研究办公室的主要合作者并没有以同样夸张的眼光看待感知机，但罗森布拉特不为所动。"现在，我的同事不赞成人们听到的关于机械大脑的漫谈，"他边喝咖啡边告诉记者，"但事实正是如此。"[17]一个盛放奶油的银色小罐子放在他面前的桌子上，他拿了起来。罗森布拉特说，虽然这是他第一次看到这个小罐子，但他仍然能认出这是一个小罐子。他解释说，感知机也能做到同样的事情。它可以总结出如何区分狗与猫。但他承认，这项技术离实际应用还有很长的路要走：它缺乏深度感知和"判断力的完善"。[18]但他对其潜力充满信心，他说，感知机有一天会进入太空，并将其观测结果传回地球。当记者问感知机有没有什么做不到的事情时，罗森布拉特举起了双手。他说："爱，希望，绝望。简言之，就是人性。如果连我们都不理解人类的性冲动，那么我们应该对机器有什么期待？"[19]

那年的12月，《纽约客》称赞罗森布拉特的创造是大脑的第一个重要对手。此前，该杂志曾惊叹于IBM 704能下一盘国际象棋。现在，它将感知机描述为一台更加卓越的机器，一台可以实现"人类思维"的计算机。[20]该杂志称，尽管科学家声称只有生物系统才能看见、感觉和思考，但感知机的行为"就像它能看见、感觉和思考一样"[21]。罗森布拉特还没有造出这种机器，但这仅被视为一个小小的障碍而已。该杂志称："它的出现，只是时间和钱的问题。"[22]

罗森布拉特在1960年完成了马克一号，它占据了6个电气设备架的空间，每个都有冰箱那么大，它插在一个看起来像照相机一样的东西上。[23] 尽管工程师已经移除了胶片加载器，换上了一个覆盖着 400 个黑点的方形小设备，但它就是一台照相机，这些黑点是能对光线变化产生反应的光电管。罗森布拉特和他的工程师们会在纸板上的方格内打印大写的字母——A、B、C、D等。当他们将这些纸板放在照相机前面的画架上时，光电管可以读取纸板上字母的黑线，并将其与空白区域区分开来。于是，马克一号学会了识别字母，就像气象局的 IBM 计算机学会识别标记的卡片一样。这需要房间里的人提供一点儿帮助：当它识别字母时，技术人员会告诉机器它是对的还是错的。但最终，根据自己是否正确，马克一号从中不断地学习，找出区分 A 的斜线和B 的双曲线的图形。在演示机器时，罗森布拉特有办法证明这种行为是通过学习获得的。他把手伸到电气设备的架子上，拉出几根电线，断开充当人造神经元的马达之间的连接。在他重新连接电线之后，机器再次识别字母时很费力，但在查看了更多的卡片并重新学习了同样的技能之后，它又回到了之前的水准。

这种电子装置运行得如此良好，引起了海军以外的其他机构的兴趣。在接下来的几年里，位于美国北加州的实验室斯坦福研究所（Stanford Research Institute, SRI）开始探索同样的想法，罗森布拉特自己的实验室赢得了美国邮政部门和空军的合同。邮政部门需要一种读取信封上地址的方法，空军希望在航拍照片中识别目标，但这一切都还很遥远。罗森布拉特的系统只是在识别印刷字母时勉强有效，毕竟这是一项相对简单的任务。当系统分析印有字母 A 的卡片时，每个光电管检查卡片上的一个特定点，比如右下角附近的一个区域。如果这个地方更多的是黑色而不是白色，马克一号就给它分配一个高的权重，这意味着它将在数学计算中发挥更重要的作用，最终决定什么是一个 A，什么不是。当读取一张新卡片时，如果大部分高权重的点被涂成黑色，机器就可以识别出字母 A，仅此而已。这项技术还不够灵活，无法识别出不规则的手写字母。

尽管该系统存在明显的缺陷，罗森布拉特仍然对其未来持乐观态度。其他人也相信这项技术会在未来几年有所改善，并以更为复杂的方式学习更为复杂的任务。但它面临着一个重大的障碍：马文·明斯基（Marvin Minsky）。

弗兰克·罗森布拉特和马文·明斯基在同一时期就读于布朗克斯科学高中。[24]1945 年，明斯基的父母让他去美国的模范预科学校安多弗菲利普斯读书。"二战"结束之后，他进入了哈佛大学。但他抱怨说，这两所学校都比不上布朗克斯科学高中，那里的课程更具挑战性，学生们也更有野心。"你可以和他们讨论你最精巧的想法，没有人会对你居高临下。"他说。[25]罗森布拉特去世后，明斯基指出，他的老同学是那种走在科学殿堂里的创造性思想家。像罗森布拉特一样，明斯基是人工智能领域的先驱，但他是从不同的角度看待这个领域的。

在哈佛大学读本科时，明斯基使用了 3 000 多根真空管和一架旧的 B-52 轰炸机上的几个零件，打造了一台他称之为 SNARC 的机器，这可能是第一个神经网络。[26] 然后，在 20 世纪 50 年代初读研究生时，他继续探索最终催生了感知机的数学概念，但开始在人工智能方面投入更大的精力。[27]1956 年夏天，在达特茅斯学院的一次会议上，他是将人工智能作为自己研究领域的少数科学家之一。[28] 达特茅斯学院的一位名叫约翰·麦卡锡（John McCarthy）的教授建议更广泛的学术界探索一个他称之为"自动机研究"的领域，但这对其他人来说意义不大。[29] 因此，他将其改名为"人工智能"，并在那年夏天与几位志同道合的学者和研究人员一起组织了一场会议。达特茅斯会议的议程包括"神经元网络"，但也包括"自动计算机"、"抽象概念"和"自我完善"。[30] 那些参加会议的人将在 20 世纪 60 年代引领这场运动，其中最著名的是麦卡锡，他最终将自己的研究带到了西海岸的斯坦福大学；还有赫伯特·西蒙（Herbert Simon）和艾伦·纽厄尔（Alan Newell），他们在匹兹堡的卡内基-梅隆大学建立了一间实验室；以及明斯基，他就职于新英格兰地区的麻省理工学院。他们的目标是利用任何能够让自己实现梦想的技术来重新创造人类智能，他们确信这不会花太长时间，一些人认为，10 年内机器将会击败国际象棋世界冠军，并发现自己的数学定理。[31] 明斯基从小就秃顶，耳朵很大，笑容顽皮，他成了一位人工智能的布道者，但他的布道并没有延伸到神经网络领域。神经网络只是构建人工智能的一种方式，明斯基像他的很多同事一样，开始探索其他途径。到了20世纪60年代，随着注意力被其他技术吸引，他开始质疑，除了罗森布拉特在纽约北部实验室演示的简单任务之外，神经网络是否能够处理其他任何事情。

还有更大的群体在反对罗森布拉特的想法，明斯基只是其中的一部分。正如罗森布拉特自己在1962年出版的《神经动力学原理》（*Principles of Neurodynamics*）一书中所写的，感知机在学术界是一个有争议的概念，他把大部分责任归于新闻界。[32] 罗森布拉特说，那些在20世纪50年代末报道他的工作的记者"像一群快乐的猎犬，带着旺盛的精力和自行决定的自由去完成这项任务"[33]。他尤其抱怨一则俄克拉何马州的头条新闻，该新闻称，要激发人们对罗森布拉特严肃的科学研究工作的信心，还有很长的路要走。在华盛顿那件事发生4年之后，他收回了自己早期的说法，并坚持认为感知机不是在人工智能方面的尝试，至少不是像明斯基这样的研究人员所理解的人工智能。他写道："感知机项目主要关注的不是发明'人工智能'设备，而是研究'自然智能'背后的物理结构和神经动力学原理。它的效用在于让我们能够确定各种心理特征出现的物理条件。"[34] 换句话说，他想了解人脑是如何工作的，而不是把一个新的大脑带到这个世界上。因为大脑是一个谜，他无法重新创造大脑。但是他相信，他可以用机器来探索这个谜，甚至可能解开这个谜。

从一开始，人工智能与计算机科学、心理学和神经科学的界限就模糊不清，因为围绕着这种新技术，出现了各个学术阵营，每个阵营都按照自己的方式描绘技术的前景。一些心理学家、神经科学家甚至计算机科学家都以罗森布拉特的方式来看待机器：机器是大脑的映射。其他人却轻蔑地看待这个宏大的想法，认为计算机的运转与大脑的运转完全不一样，计算机如果要模仿智能，就必须用自己的方式来实现。但是，还没有一个人能接近打造所谓的人工智能的目标。尽管该领域的开创者们认为重建大脑的道路是一条捷径，实际上那却非常漫长。他们的"原罪"就是声称自己的领域为人工智能，这给几十年来的旁观者们留下了这样的印象：科学家们正处于重新创造大脑能力的边缘，而事实上，他们并没有。

1966年，几十名研究人员前往波多黎各，聚集在圣胡安的希尔顿酒店。[35] 他们聚在一起讨论当时被称为"模式识别"的技术的最新进展，这项技术可以识别图像中的图形和其他数据。罗森布拉特将感知机视为大脑的模型，而其他人将它视为模式识别的一种手段。在后来的几年里，一些评论家想象罗森布拉特与明斯基如何在各种学术会议上针锋相对，公开辩论感知机的未来，就像在圣胡安召开的会议上一样，但他们的竞争是含蓄的。罗森布拉特甚至没有去过波多黎各。在希尔顿酒店内，当一位名叫约翰·芒森（John Munson）的年轻科学家在会议上发言时，紧张的气氛出现了。芒森在斯坦福研究所工作，这间北加州的实验室在马克一号出现后就接受了罗森布拉特的想法。在实验室里，他与一支更大的研究团队一起，试图打造一个可以阅读手写字符而不仅仅是打印的字母的神经网络，他在会议上的演讲旨在展示这项研究的进展。但是，当芒森结束演讲并接受现场提问时，明斯基站了起来。"像你这样聪明的年轻人，怎么能把时间浪费在这种事情上呢？"他问道。

坐在观众席上的罗恩·斯旺格（Ron Swonger）感到很惊讶，他是马克一号的诞生地康奈尔航空实验室的一名工程师，明斯基的言论让他感到很愤怒，他质疑这次攻击是否与前面发表的演讲有关。明斯基并不关心手写字符的识别，他攻击的正是感知机这个想法。"这是一个没有未来的想法。"他说。在会场上的理查德·杜达（Richard Duda）是尝试打造手写字符识别系统的团队成员之一，当明斯基对感知机反映大脑神经元网络的说法不以为然时，观众的笑声刺痛了杜达。这种表演是明斯基的典型做法，他喜欢激起公众的争议。他曾经对一整个会议室的物理学家说，人工智能领域在短短几年内取得的进步，比物理学在几个世纪内取得的进步还要多。但是杜达也认为，这位麻省理工学院的教授有实际的理由攻击斯坦福研究所和康奈尔航空实验室这些研究机构的工作：麻省理工学院在与这些实验室竞争同样的政府研究经费。在会议之后的环节，当另一名研究人员展示了一个用于创建计算机图形的新系统时，明斯基称赞了其独创性，并再次抨击了罗森布拉特的想法。"感知机能做到这个吗？"他说。

会议结束后，明斯基和一位名叫西摩·佩珀特（Seymour Papert）的麻省理工学院同事出版了一本关于神经网络的书，他们将其命名为《感知机》（*Perceptrons*）[36]。很多人认为，在未来的 15 年里，这本书关闭了罗森布拉特的想法之门。明斯基和佩珀特用优雅的细节描述了感知机，这些细节在很多方面超越了罗森布拉特自己的描述。他们明白感知机能做什么，但他们也明白它的缺陷所在。他们表示，感知机无法处理数学家所谓的"异或"问题，这是一个深奥的概念，有着更大的含义。当在纸板上展示两个点时，感知机可以告诉你两个点是否都是黑色的，也可以告诉你它们是否都是白色的，但它无法回答一个简单的问题："它们是两种不同的颜色吗？"这表明，在某些情况下，感知机无法识别简单的图形，更不用说航拍照片中极其复杂的图形或识别口语单词了。有一些研究人员，包括罗森布拉特在内，已经在探索一种旨在修复这一缺陷的新型感知机。尽管如此，在明斯基的新书出版之后，政府资金转移到了其他技术领域，罗森布拉特的想法也从人们的视野中消失了。在明斯基的带领下，大多数研究人员接受了所谓的"符号人工智能"的概念。

弗兰克·罗森布拉特的目标是打造一个能够像大脑一样自主学习的系统。在后来的几年里，科学家称之为"连接主义"，因为像大脑一样，它依赖于大量相互关联的计算。但是，罗森布拉特的系统比大脑简单得多，它只能在一些小的方面学习。像该领域其他领先的研究人员一样，明斯基认为，除非计算机科学家愿意放弃这一想法的限制，以一种完全不同且更直接的方式打造系统，否则他们很难重新创造智能。通过分析数据，神经网络可以自主学习，但符号人工智能做不到。符号人工智能是按照人类工程师制定的非常特殊的指令运行的，这些离散的规则定义了在可能遇到的每种情况下，机器应该做的所有事情。他们称之为符号人工智能，是因为这些指令向机器展示了如何对特定的符号集合

（如数字和字母）执行特定的操作。在接下来的 10 年里，这是主导人工智能研究的方向。该研究在 20 世纪 80 年代中期达到了野心勃勃的顶峰，当时有一个名为 Cyc 的项目，试图一次一个逻辑规则地重建常识。[37] 一个由计算机科学家组成的小组，总部设在得克萨斯州的奥斯汀，每天记录一些基本的真理，比如"你不能同时出现在两个地方"和"当你喝咖啡时，你要让杯口朝上"。他们知道这需要几十年甚至几个世纪的时间。但是，像其他很多人一样，他们认为这是唯一的方法。

罗森布拉特试图将感知机的范围拓展到图像之外。回到康奈尔航空实验室，他和其他研究人员开发了一个用于识别口语词汇的系统，名叫"托伯莫里"（Tobermory），这个名字源于一个英国短篇故事中的会说话的小猫，但此系统从未真正奏效过。到了 20 世纪 60 年代末，罗森布拉特转向了一个完全不同的研究领域，在老鼠身上进行大脑实验。[38] 在一组老鼠学会在迷宫中寻找出路之后，他会将它们的大脑物质注射给第二组老鼠，然后将第二组老鼠放进迷宫，看看它们的大脑是否吸收了第一组老鼠已学会的东西。结果没有定论。

1971 年夏天，在他 43 岁生日当天，罗森布拉特在切萨皮克湾的一次帆船事故中丧生。报纸上没有提及水面上发生了什么，但是，据他的一位同事说，他的帆船上带了两名以前从未出海航行的学生。帆船的吊杆在摆动时将罗森布拉特撞到了水里，但学生们不知道如何将船掉头。当他在海湾里溺亡时，船还在继续前进。

辛顿与人工智能的第一次寒冬

66 旧的想法也是新的。 99

20 世纪 80 年代中期的一个下午，大约 20 名学者聚集在波士顿郊外的一个古老的法国庄园式建筑里，这里是麻省理工学院教授和学生的静修所，马文·明斯基在这所大学仍然统治着国际人工智能研究员群体。这些学者坐在房间中央的一张大木桌旁，杰夫·辛顿绕着桌子踱步，递给现场每个人一份长长的、夸张的、满是数学公式的学术论文，其中描述了一个他称之为"玻尔兹曼机"的东西。这个以奥地利著名物理学家和哲学家名字命名的东西是一种新的神经网络，它克服了明斯基 15 年前指出的感知机的缺陷。明斯基取掉订书钉，在面前的桌子上把论文打印件一页一页依次展开，低头看着这一长串的论文页。辛顿走到房间的前面，发表了一场简短的演讲，解释他最新的数学创造。明斯基没有说话，只是看了看。然后，当演讲结束时，他站起身来走出房间，留下那些论文页整齐地排列在桌子上。

尽管神经网络的概念在明斯基的《感知机》一书中失宠，但在匹兹堡卡内基-梅隆大学担任计算机科学教授的辛顿仍坚持这一信念，他与巴尔的摩约翰斯·霍普金斯大学的神经科学家特里·谢诺夫斯基（Terry Sejnowski）合作，开发出了玻尔兹曼机。他们是后来被当代人称为"地下神经网络"的一部分。人工智能运动的其余部分都集中在符号方法上，包括在得克萨斯州奥斯汀正在进行的 Cyc 项目。相比之下，辛顿和谢诺夫斯基认为，人工智能的未来仍然在于能够自主学习的系统。这场波士顿会议让他们有机会与更广泛的学术界分享他们的最新研究。

对辛顿来说，明斯基的反应是他的典型风格。辛顿第一次见到这位麻省理工学院的教授是在 5 年前，在他看来，这位教授非常好奇且富有创造力，但同时也有着奇怪的童真，而且有点儿不负责任。辛顿经常讲述明斯基教他如何制作"完美的黑色"——一种完全没有颜色的颜色。明斯基解释说，用颜料不可能做出完美的黑色，因为颜料总是会反射光线。但是，你可以用排列成 V 形的几层剃须刀片来实现，这样光线就会进入 V 形结构，在刀片之间无休止地反射，永远不会逃脱出来。明斯基实际上并没有演示过这个技巧，辛顿也从未尝试过。这就是经典的明斯基的风格——引人入胜，发人深省，但看似随意，且未经验证。这表明，他并非一直说那些自己相信的事情。当然，当谈到神经网络时，明斯基可能会抨击其严重不足之处，并且写了一本书，很多人认为这本书证明了神经网络是一条死胡同，但他的真实立场不一定如此明确。辛顿认为，明斯基是一名"失落的神经网络追随者"，这种人曾经认同机器的行为像大脑中的神经元网络，但当这个想法没有达到他的期望时，他的幻想破灭了，但他仍然至少会对它实现预期抱有一些希望。在明斯基离开波士顿的那场演讲后，辛顿将他放置在桌子上的论文页收了起来，并把它们邮寄到明斯基的办公室，辛顿还留下了一个简短的便条，上面写着："你可能是不小心把这些东西落下的。"

　　杰夫·辛顿出生于第二次世界大战刚结束时的英国温布尔登。他是 19 世纪英国数学家和哲学家乔治·布尔（George Boole）[1] 和 19 世纪书写美国历史的外科医生詹姆斯·辛顿（James Hinton）[2] 的玄孙，前者提出的"布尔逻辑"为每一台现代计算机提供了数学基础。他的曾祖父是数学家兼奇幻作家查尔斯·霍华德·辛顿（Charles Howard Hinton）[3]，他提出的"第四维度"的概念，包括他所谓的"宇宙魔方"，贯穿了随后 130 年的流行科幻小说，并在 21 世纪的第一个十年的漫威超级英雄电影中达到了流行文化的顶峰。他的叔祖父塞巴斯蒂安·辛顿（Sebastian Hinton）[4] 发明了攀爬架。他的堂姐、核物理学家琼安·辛顿（Joan Hinton）[5]

是曼哈顿计划中为数不多的女性成员之一。在伦敦和后来的布里斯托，伴随他一起长大的是三个兄弟姐妹、一只猫鼬、十几只中国龟，还有生活在车库后面土坑里的两条毒蛇。他的父亲是英国皇家学会会员、昆虫学家霍华德·埃佛勒斯·辛顿（Howard Everest Hinton）[6]，他对野生动物的兴趣超越了昆虫的范畴。和他的父亲一样，他的中间名也源于另一位亲戚乔治·埃佛勒斯爵士（Sir George Everest）[7]，一位印度的测绘总长，其名字取自世界最高的山峰。大家都期望有一天，杰夫·辛顿会跟随父亲的脚步进入学术界，尽管不太清楚他将来会研究什么。

他想研究大脑。他经常说，他的兴趣是在十几岁的时候被激发出来的，当时一位朋友告诉他，大脑像全息图一样工作，通过神经元网络存储记忆的片段，就像全息图在一段胶片上存储三维图像的片段一样。这是一个简单的类比，但这个想法吸引了他。作为剑桥大学国王学院的本科生，他想要更好地了解大脑。他很快就意识到，问题在于没有人对大脑的了解比他多多少。科学家了解大脑的某些部分，但他们对所有这些部分如何结合在一起，并最终提供视觉、听觉、记忆、学习和思考的能力知之甚少。辛顿尝试去研究生理学和化学、物理学和心理学，但没有人能提供他想要的答案。他攻读了物理学学位，但辍学了，因为他认为自己的数学能力不够强，于是他转而去攻读哲学。之后他放弃了哲学，选择了实验心理学。最终，尽管承担着继续学业的压力，或者可能是来自父亲的压力，但辛顿完全离开了学术界。当他还是个孩子的时候，他就认为自己的父亲是一位不妥协的知识分子，也是一个力量巨大的人——一位英国皇家学会的会员，能用一只胳膊做引体向上。"只要工作得足够努力，也许当你的年纪是我现在年龄的两倍时，你就能实现我一半的成就了。"他的父亲经常对他这么说，但没有讽刺的意味。从剑桥大学毕业后，辛顿心中总是萦绕着父亲的看法，于是他搬到了伦敦，成了一名木匠。他说："我不是做一些花哨的木工活儿，而是以木工为生。"

那一年，他读了加拿大心理学家唐纳德·赫布（Donald Hebb）的《行为组织》（*The Organization of Behavior*）一书，这本书解释了让大脑进行学习的基本生物过程。[8]赫布认为，学习是沿着一系列神经元发射微小电信号的结果，这些电信号引起了物理变化，以一种新的方式将这些神经元连接在一起。正如他的追随者所说的那样："神经元一起发射，并连接在一起。"这一理论被称为"赫布定律"，它激发了弗兰克·罗森布拉特等科学家在20世纪50年代开发出了人工神经网络，[9]也激发了杰夫·辛顿。每周六，辛顿都会带着一个笔记本去伦敦北部伊斯灵顿的公共图书馆，用一上午的时间在赫布提出的想法的基础上，将自己关于大脑应该如何工作的想法写在笔记本上。他在周六上午记录下来的这些潦草的内容，除了对他自己有意义之外，对谁都没有意义，但它们最终将他带回了学术界。这些内容恰好与英国政府对人工智能的第一波大投资和爱丁堡大学研究生项目的兴起相吻合。

在这些年里，一个冰冷的现实是，神经科学家和心理学家对大脑的工作原理知之甚少，而计算机科学家根本无法模仿大脑的行为。但就像辛顿之前的弗兰克·罗森布拉特一样，辛顿开始相信，生物和人工双方都可以帮助对方前进。他将人工智能视为测试他所提出的关于大脑如何工作的理论的一种方式，并希望最终理解其奥秘。他如果能理解这些奥秘，就能反过来打造更为强大的人工智能。在伦敦做了一年木匠之后，他在父亲任教的布里斯托大学接受了一份心理学方面的短期工作，并以此为跳板进入爱丁堡大学的人工智能项目。几年后，一位同事在一次学术会议上介绍他时，说他物理不及格，还从心理学专业退学，然后进入了一个完全没有标准的领域：人工智能。这是辛顿常常重复讲述的一个故事，但有一个附加说明。他会说："我并非物理不及格，也不是从心理学专业退学。我是心理学不及格，从物理专业退学——这样讲更有利于维护声誉。"

在爱丁堡大学，他在一间实验室里赢得了一个学习机会，这间实验室由研究员克里斯托弗·朗吉特-希金斯（Christopher Longuet-Higgins）负责。朗吉特-希金斯曾是剑桥大学的理论化学家，也是该领域的后起之秀，但在 20 世纪 60 年代末，他被人工智能的理念吸引了。[10] 因此，他离开剑桥前往爱丁堡，并接受了一种与支撑感知机的方法相同的人工智能。他提出的连接主义方法与辛顿在伊斯灵顿图书馆记录在笔记本中的理论相吻合。但这种智识上的和谐转瞬即逝，在辛顿接受实验室的职位但还未到岗时，朗吉特-希金斯又改变了主意。在阅读了明斯基和佩珀特关于感知机的书，以及明斯基在麻省理工学院的一名学生关于自然语言系统的一篇论文之后，他放弃了类似大脑的架构，并转向了符号人工智能——这也是整个领域发生转变的体现。这意味着，辛顿在研究生期间的研究领域不仅被他的同事忽视，也被他自己的导师忽视。辛顿说："我们每周见一次面，有时会以一场大喊大叫的争论结束。"

辛顿在计算机科学方面几乎没有经验，他对数学也不感兴趣，包括驱动神经网络的线性代数。他有时会实践自己所谓的"基于信仰的差异化"。他会想出一个创意，包括支撑的微分方程，并直接假设数学相关的部分是正确的，而让其他人去辛苦完成所需的计算，以确保它确实是正确的，或者在绝对必要的时候自己来求解方程。但是，对于大脑如何工作以及机器如何模仿大脑，他有着明确的信念。当他告诉这个领域的任何人他正在研究神经网络时，他们不可避免地会提到明斯基和佩珀特。"神经网络已经被证明是错误的，"他们会说，"你应该做点儿别的研究。"但是，尽管明斯基和佩珀特的书将大多数研究人员推离了连接主义，但它拉近了连接主义与辛顿的距离。他在爱丁堡大学的第一年就读了那本书。他觉得明斯基和佩珀特描述的感知机几乎是对罗森布拉特工作的讽刺漫画。他们从未完全认识到，罗森布拉特在技术中也看到了他们所看到的缺陷，而他们描述这些不足的诀窍，是罗森布拉特所缺少的，也许正因为如此，他才不知道如何解决这些问题。他不会因为无法证明自己的理论而放慢脚步。辛顿认为，对于具有超越罗森布拉特的复杂性的神经网络，通过精确定位其局限性，明斯基和佩珀特最终使解决这些问题变得更加容易。

但这还需要 10 年的时间。

    辛顿进入爱丁堡大学的那一年，即 1971 年，英国政府进行了一项关于人工智能进展的研究。[11] 事实证明，这非常糟糕。"大多数人工智能研究和相关领域的工作人员承认，他们对过去 25 年取得的成就感到非常失望，"报告称，"迄今为止，在该领域的任何地方取得的成果，都没有实现它当初承诺的重大影响。"[12] 因此，政府对该领域的资金投入被削减，该领域迎来了研究人员后来所说的"人工智能的寒冬"。此时，建立在高姿态人工智能概念背后的大肆宣传与该领域有限的技术进步之间产生了冲突，这导致相关政府官员开始缩减额外投资，进一步放缓了研究的进展。可以与此类比的是核冬天，即核战之后，烟尘覆盖天空，连续多年阻挡阳光。到辛顿完成其论文时，他的研究已经处于一个不断缩小的领域的边缘。后来他的父亲去世了。"这个老家伙在我取得成功之前就死了，"辛顿说，"不仅如此，他还得了一种具有高度遗传性的癌症。他做的最后一件事情，就是增加我的死亡概率。"

    完成论文之后，随着人工智能的寒冬越来越冷，辛顿艰难地寻找工作。只有一所大学给他提供了面试机会。他别无选择，只能放眼国外，包括美国。美国的人工智能研究也在减少，因为美国的政府机构也得出了与英国相同的结论，减少了对大型大学的资助。但是，在加利福尼亚州的南部，令他非常惊讶的是，他发现了一小群与他相信同样想法的人。

他们被称为PDP小组。PDP是"并行分布式处理"（parallel distributed processing）的缩写，是"感知机"、"神经网络"或"连接主义"的另一种说法。这也算是一个双关语。在20世纪70年代末的那些年，PDP是一种计算机芯片，被用在一些产业上最强大的机器上。但是，PDP小组的学者不是计算机科学家，他们甚至不认为自己是人工智能研究人员。这个小组里有加州大学圣迭戈分校心理学系的几位学者，以及至少一位神经科学家——来自街对面的生物研究中心索尔克研究所的弗朗西斯·克里克（Francis Crick）。在将注意力转向大脑之前，克里克因为发现了DNA（脱氧核糖核酸）分子结构而获得了诺贝尔奖。1979年秋天，他在《科学美国人》杂志上发表了一篇呼吁文章，竭力建议更大范围的科学界至少应该尝试理解大脑是如何工作的。[13]辛顿当时正在大学从事博士后研究，他经历了一种学术文化冲击。在英国，学术界秉持一种知识上的单一文化；在美国，学术界的格局足够丰富，可以容纳一些不同意见。"这里的学术界可能会有不同的观点，"辛顿说，"但这些观点都可以存在。"在这里，如果他告诉其他研究人员他正在研究神经网络，他们会听。

从弗兰克·罗森布拉特到南加州正在进行的研究，这两者之间有一条直线。20世纪60年代，罗森布拉特和其他科学家希望开发一种新的神经网络，一个跨越多层神经元的系统。在20世纪80年代初，这也是加州大学圣迭戈分校的希望。感知机是一个单层网络，这意味着在网络接收的东西（印在纸板上方格内的大写字母的图像）和输出的东西（它在图像中找到的A）之间只有一层神经元。但是罗森布拉特认为，如果研究人员能够建立一个多层的网络，每一层都向下一层提供信息，这个系统就可以学习感知机无法学习的复杂图形。换句话说，一个更像大脑的系统就会出现。当感知机分析印有字母A的卡片时，每个神经元检查卡片上的一个点，并判断这个特定的点是否属于定义字母A的三条黑线的典型组成部分。但是对多层网络来说，这只是一个起点。给这个更复杂的系统一张照片，比如一只小狗的照片，随后它会开启一个更为复杂的分析过程。第一层神经元会检查每个像素：它是黑色还是白色，棕色还是黄色？然后，第一层会把学到的东西输入第二层，这一层的另一组神经元将在这些像素中寻找图形，比如一小条直线或一小条弧线。第三层将在图形中寻找图像。它可能会把几条线拼在一起，找到一只耳朵或一颗牙齿的图像，或者把这些微小的弧线组合起来，找到一只眼睛或一个鼻孔的图像。最终，这个多层的网络可以拼出一只小狗的图像。这至少是个想法，实际上，当时还没有人实现。他们在圣迭戈正在为此努力。

　　加州大学圣迭戈分校的一位名叫戴维·鲁梅尔哈特（David Rumelhart）的教授是PDP小组的主要人物之一，他拥有心理学和数学学位。当被问及鲁梅尔哈特时，辛顿常常回忆他们被迫听双方都毫无兴趣的一场讲座的时光。讲座结束时，辛顿抱怨说他刚刚浪费了一个小时的生命，鲁梅尔哈特说他并不介意。鲁梅尔哈特说，如果可以忽略台上的讲座，他就有 60 分钟不间断的时间来思考自己的研究了。对辛顿来说，这就是他长期合作者的缩影。

鲁梅尔哈特给自己设定了一个非常特殊但又核心的挑战。要打造一个多层的神经网络，其中的一个大问题是，你很难确定每个神经元对整体计算的相对重要性（权重）。对于感知机这样的单层网络，这至少是可行的：系统可以自动设置其单层神经元的权重。但是对于多层网络，这种方法根本行不通。神经元之间的关系过于广泛和复杂。改变一个神经元的权重，就意味着要改变其他所有依赖于其行为的神经元。人们需要一种更强大的数学方法，将每个权重的设定与其他所有权重结合起来。鲁梅尔哈特认为，答案是一个叫"反向传播"（backpropation）的过程。这本质上是一种基于微分的算法，当神经元能够分析更多数据并更好地理解每个权重是什么的时候，它就会发送一种数学反馈，沿着神经元的层次结构向下传递。

辛顿刚拿到博士学位并到达圣迭戈时，他们讨论了这个想法，他告诉鲁梅尔哈特，这个数学把戏永远不会成功。他说，毕竟，设计感知机的弗兰克·罗森布拉特已经证明了它永远不会有效。如果你打造了一个神经网络，并将所有的权重设置为零，系统就可以学会自己调整权重，将变动往下串联多层。但最终，每一个权重都会和其他权重一样落在同一个地方。无论你如何努力地让系统采用相对权重，它的自然趋势都是不断校平。正如弗兰克·罗森布拉特所展示的，这只是数学的运行方式。用数学术语来说，这个系统无法"打破对称性"。一个神经元永远不会比其他任何神经元更重要，这是一个问题。这意味着这个神经网络并不比感知机好多少。

鲁梅尔哈特听取了辛顿的反对意见，然后提了一个建议。"如果没有将权重设置为零呢？"他问道，"如果数字是随机的呢？"他建议，如果在开始时将所有的权重设置为不同的数值，那么数学的运行情况会有差异，不会将所有的权重校平。它会找到对应的权重，让系统真正识别出复杂的图形，比如一张小狗的照片。

辛顿常常说"旧的想法也是新的"，他认为科学家永远不应该放弃一个想法，除非有人证明了它行不通。20 年前，罗森布拉特已经证明了反向传播是行不通的，所以辛顿放弃了。然后，鲁梅尔哈特提出了这个小建议。在接下来的几个星期里，他们两人开始着手打造一个从随机权重开始的系统，这个系统可能会打破对称性。它给每个神经元分配不同的权重，通过设置这些权重，系统实际上可以识别图像中的图形。这些都是简单的图像，该系统无法识别狗、猫或汽车，但由于反向传播，它现在可以处理被称为"异或"的事情了，这弥补了 10 多年前马文·明斯基所指出的神经网络的缺陷。系统可以检查一张纸板上的两个点，并回答那个难懂的问题："它们是两种不同的颜色吗？"但他们的系统也仅限于此，他们再次将这个想法搁置一边。然而，他们找到了绕过罗森布拉特的证明的方法。

在随后的几年里，辛顿与特里·谢诺夫斯基建立了单独的合作关系，后者当时是普林斯顿大学生物系的博士后。他们通过第二个（未命名的）连接主义者小组会面，这个小组每年在全美各地召开一次会议，讨论的很多话题与在圣迭戈讨论的相同，反向传播就是其中之一，玻尔兹曼机也是。多年之后，当有人让辛顿给那些对数学或科学知之甚少的普通人解释玻尔兹曼机时，他拒绝了。他说，这就像让诺贝尔奖得主、物理学家理查德·费曼（Richard Feynman）解释他在量子电动力学方面的工作。当任何人要求费曼用外行人能理解的语言解释他赢得诺贝尔奖的工作时，他都会拒绝。[14] 他会说："如果我能向普通人解释，那它就不值得赢得诺贝尔奖了。"玻尔兹曼机当然也很难解释，部分原因在于，它是一个数学系统，基于奥地利物理学家路德维希·玻尔兹曼（Ludwig Boltzmann）的一条百年理论，涉及一个似乎与人工智能完全无关的现象（加热气体中粒子的平衡）。但其目标很简单，它是一种打造更好的神经网络的方式。

和感知机一样，玻尔兹曼机通过分析数据，包括声音和图像数据来学习。但它增加了一个新的变化，就是会创造自己的声音和图像，然后通过对比自己创造的数据与分析的数据，来进行学习。这有点儿像人类的思维方式，因为人类可以想象图像、声音和文字。人们会做梦，夜晚和白天都会，然后在现实世界中运用这些想法和幻象。借助玻尔兹曼机，辛顿和谢诺夫斯基希望用数字技术重新创造这一人类现象。"这是我一生之中最激动人心的时刻，"谢诺夫斯基说，"我们确信我们已经弄清楚了大脑是如何工作的。"但是，与反向传播一样，玻尔兹曼机也是一项正在进行中的研究，它没有做任何有用的事情。多年来，它也徘徊在学术界的边缘。

辛顿对各种不受欢迎的想法都抱有宗教般的信仰，这可能让他脱离了主流，但也确实给他带来了一份新工作。一位名叫斯科特·法尔曼（Scott Fahlman）的卡内基-梅隆大学教授与辛顿和谢诺夫斯基一起参加了年度连接主义者大会，法尔曼开始认识到，招募辛顿可以成为该大学对冲其在人工智能领域押注的一种方式。与麻省理工学院、斯坦福大学和世界上大多数其他实验室一样，卡内基-梅隆大学专注于符号人工智能研究。法尔曼认为，神经网络是一个"疯狂的想法"，但他也承认大学里正在开发的其他想法可能同样疯狂。1981 年，在法尔曼的保荐下，辛顿去卡内基-梅隆大学面试了，他做了两场讲座：一场在心理学系，一场在计算机科学系。他的讲座就像一条信息的消防水带，信息极度密集，他根本没有给不熟悉该领域的人多少停顿的时间，因为他在讲每句话时都挥动手臂，将双手分开，然后在表明自己的观点时又将双手合在一起。他在讲座中并没有强调数学或计算机科学，仅仅是因为他对数学或计算机科学没那么感兴趣。他更多的是强调想法，那些有兴趣并且能够跟上他思路的人感到莫名地兴奋。那一天，他的讲座引起了人工智能运动的开创者之一艾伦·纽厄尔的注意，纽厄尔是数十年来推动符号方法的领军人物，是卡内基-梅隆大学计算机科学系主任。第二天下午，纽厄尔给了辛顿一份该系的工作，但辛顿在接受之前推辞了一下。

"有些事你应该知道。"辛顿说。

"什么事？"纽厄尔问。

"实际上，我对计算机科学一无所知。"

"没事。我们这里有人懂这个。"

"既然如此，我接受这份工作。"

"工资呢？"纽厄尔问。

"哦，我不在乎，"辛顿说，"我做这些不是为了钱。"

后来，辛顿发现他的工资仅仅是同事工资的大约3/4（2.6万美元对3.5万美元），但他为自己的非正统研究找到了归宿。他继续研究玻尔兹曼机，还经常在周末开车去巴尔的摩，这样他就可以与约翰斯·霍普金斯大学实验室里的谢诺夫斯基合作了。在此过程中，他还开始完善反向传播的研究，认为它会产生有用的比较。他觉得自己需要一些可以与玻尔兹曼机做对比的东西，而反向传播就是不错的选择。在卡内基-梅隆大学，他不仅有机会探索这两个项目，还能使用更好、更快的计算机硬件。这推动了研究工作向前发展，使这些数学系统能够从更多的数据中学到更多的东西。1985年，也就是他在波士顿向明斯基演讲的一年之后，突破性工作出现了。但产生突破的不是玻尔兹曼机，而是反向传播。

在加州大学圣迭戈分校，辛顿和鲁梅尔哈特证明了多层神经网络可以调整自身的权重。然后，在卡内基-梅隆大学，辛顿证明了这个神经网络实际上可以做的事情不仅仅是给数学家留下深刻的印象。当他输入家谱的碎片信息时，它可以学会识别家庭成员之间的各种关系，这项小技能表明它能够做到更多。如果他告诉这个神经网络，约翰的母亲是维多利亚，维多利亚的丈夫是比尔，它就可以推断出比尔是约翰的父亲。辛顿不知道的是，在完全独立的领域，其他人已经设计出了类似于反向传播的数学技术。但与之前的人不同的是，辛顿展示出的这种数学想法具有前景，它不仅可以用于图像，还可以用于文字。它也比其他人工智能技术更有潜力，因为它可以自己学习。

第二年，辛顿与一位名叫罗莎琳德·扎林（Rosalind Zalin）的英国学者结婚了，这是他在英国萨塞克斯大学做博士后研究时认识的一位分子生物学家。她相信顺势疗法，这将成为他们两人关系紧张的根源。"对一位分子生物学家来说，相信顺势疗法是不光彩的。所以，生活很艰难，"辛顿说，"我们不得不达成一致，不谈论这个。"她是一名坚定的社会主义者，不喜欢匹兹堡或罗纳德·里根的美国政治。但对辛顿来说，在这段时期，他自己的研究富有成果。婚礼当天早上，他消失了半个小时，给世界领先的科学期刊《自然》的编辑寄去了一个包裹。包裹里有一篇描述反向传播的研究论文，作者是鲁梅尔哈特和一位名叫罗纳德·威廉姆斯（Ronald Williams）的美国东北大学教授。这篇论文在当年年底发表了。[15]

这是被整个世界忽视的那种学术时刻，但在这篇论文发表之后，神经网络进入了一个乐观和进步的新时代。随着该领域走出第一个漫长的寒冬，并乘着更大的人工智能投资的浪潮前进，研究人员所说的反向传播不再仅仅是一个想法了。

第一次实际应用发生在1987年。卡内基-梅隆人工智能实验室的研究人员正试图制造一种可以自动驾驶的卡车。他们以一辆形似救护车的宝蓝色雪佛兰汽车为基础，在车顶安装了一个手提箱大小的摄像机，并在后备厢里装上了当时被称为"超级计算机"的东西——这种机器处理数据的速度比当时典型的商用计算机快100倍。整体的思路是，这台包括几块电路板、一些电线和硅芯片的机器，将读取车顶摄像头传来的图像，并决定卡车在前方道路上应该如何行驶。但这需要一些努力。几名研究生正在为所有的驾驶行为人工编写代码，一次一行软件代码，为卡车在道路上遇到的各种情况编写详细的指令。这是一项徒劳的工作。到了那年秋天，也就是该项目启动几年之后，这辆车的速度只有每秒几英寸[①]。

然后，在1987年，一位名叫迪安·波默洛（Dean Pomerleau）的一年级博士生将所有的代码丢到一边，用鲁梅尔哈特和辛顿提出的想法重建了软件。

他称自己的系统为ALVINN。两个N代表"神经网络"。在他完成后，卡车能以一种全新的方式运行了，它可以通过观察人类如何在道路上行进来学习行驶。当波默洛和他的同事驾驶卡车穿过匹兹堡的申利公园，沿着沥青自行车道蜿蜒前行时，卡车利用车顶摄像头拍摄的图像来跟踪司机们在做什么。正如弗兰克·罗森布拉特的感知机可以通过分析纸板上的方格来学习识别

---

① 1英寸=2.54厘米。——编者注

字母一样，这辆卡车可以通过分析人类如何处理道路上的每个转弯来学习行驶。很快，它就独自在申利公园行驶了。起初，这辆加大马力的宝蓝色雪佛兰汽车载着几百斤的计算机硬件和电气设备，以每小时 9~10 英里或更慢的速度行驶。但随着它继续与波默洛和其他研究人员一起学习，在更高的速度下分析更多道路上的更多图像，它继续得到改进。美国中产阶级家庭往往在他们的车窗上贴着"车上有婴儿"或"车上有奶奶"的标志，于是波默洛和他的研究伙伴给 ALVINN 贴上了一个写着"车上没有人"的标志。这是真的，至少在精神上如此。1991 年一个星期天的清晨，ALVINN 以接近 60 英里的时速从匹兹堡开到宾夕法尼亚州的伊利市。在明斯基和佩珀特的《感知机》一书出版 20 多年后，ALVINN 做到了他们说神经网络做不到的事情。

辛顿没有去现场见证。1987 年，也就是波默洛来到卡内基-梅隆大学的那一年，辛顿和妻子离开美国，前往加拿大。他愿意说的理由是罗纳德·里根。在美国，人工智能研究的大部分经费来自军事和情报组织，其中最著名的是美国国防部高级研究计划局（DARPA），这是美国国防部中专门研究新兴技术的部门。它创建于 1958 年，是为了回应苏联发射人造卫星而设立的，从人工智能最早的时候起，它就一直资助该领域的研究。[16] 这是在《感知机》一书出版后，明斯基从罗森布拉特和其他连接主义者那里撤出的赞助资金的主要来源，它也资助了波默洛对 ALVINN 的研究。但在当时的美国政治环境中，围绕着伊朗门事件的争议频发，里根政府官员秘密向伊朗出售武器，以资助反对尼加拉瓜社会主义政府的行动。[17]辛顿逐渐对依赖美国国防部高级研究计划局的资金感到不满，同时他的妻子怂恿他搬到加拿大，她说自己不能继续在美国生活了。在神经网络研究复兴的高峰时期，辛顿离开了卡内基-梅隆大学，到多伦多大学担任教授。

在这次搬家几年之后，当辛顿大费周章地为自己的研究寻找新的资金时，他怀疑自己是否做出了正确的决定。

"我本应该去伯克利的。"他对妻子说。

"伯克利？"他的妻子说，"我愿意去伯克利。"

"但你说过你不会住在美国。"

"那不是美国，是加州。"

但是，他们已经做出了决定，他到了多伦多。这次搬家改变了人工智能的未来，更不用说地缘政治的格局了。

◯3 连接主义的圈子

我一直认为我绝对是正确的。

杨立昆坐在台式电脑前，穿着一件白衬衣，外面套着深蓝色的毛衣。[1]那是 1989 年，当时台式电脑仍然靠电线连接着微波炉大小的显示器，并配有旋钮来调节屏幕颜色和亮度。另一根电线从这台机器的后部延伸到一个看起来像是倒挂的台灯的东西，但那不是台灯，而是一部摄像机。左撇子杨立昆会心一笑，用左手拿起一张纸条，上面有个手写的电话号码 201-949-4038，他把纸条放到摄像机下面。这时，纸条的影像出现在了显示器屏幕上。当他敲击键盘时，屏幕顶部出现了一道闪光，这是一个快速计算的提示，几秒之后，机器读取了纸条上的内容，并以数字化的形式显示出相同的数字：201-949-4038。

这就是 LeNet，一个由杨立昆创建的系统，该系统最终以他的名字命名。上面所说的这个电话号码可以接通他在新泽西州霍尔姆德尔的贝尔实验室研究中心办公室。这间实验室看起来就像一个新未来主义的镜像盒子，是一栋由芬兰裔美国建筑师埃罗·萨里宁（Eero Saarinen）设计的建筑物，实验室里有几十名研究人员在电信巨头——美国电话电报公司（AT&T）的支持下探索新的想法。贝尔实验室可能是世界上最著名的研究机构，负责研究晶体管、激光、Unix（尤内克斯）计算机操作系统和 C 语言（编程语言）。那时，长着一张娃娃脸的来自巴黎的 29 岁的计算机科学家和电气工程师杨立昆正在开发一种新的图像识别系统，该系统基于杰夫·辛顿和戴维·鲁梅尔哈特几年前提出的想法。LeNet 通过分析美国邮政服务部门无法投递的信件信封上潦草的字迹，学会了识别手写数字。当杨立昆将信封的图像输入神经网络时，神经网络对图中的每个数字都进行了数以千计的实例分析——从 0 到 9，经过大约两周的训练后，它可以自行识别每个数字了。

在霍尔姆德尔的贝尔实验室大楼里，杨立昆坐在台式电脑前，多用了几组数字来重复测试这个技巧。最后一组数字的图像看起来像是小学艺术项目：4 有正常情形的两倍宽，6 由一系列的圆圈构成，2 则由一堆直线组成。但是，机器将它们全都读出来了，而且读得很正确。尽管学习识别电话号码或邮政编码这种简单的任务就需要几周的时间，但杨立昆认为，随着越来越强大的计算机硬件加速其训练过程，这项技术将会继续改进，并且可以使用更短的时间从更多的数据中学习。他认为，沿着这条道路，机器几乎可以识别任何被摄像机捕获其图像的东西，包括狗、猫、汽车，甚至人脸。与40年前的弗兰克·罗森布拉特一样，他也相信，随着这种研究的继续，机器会像人类一样学会听和说，甚至可能学会推理，但他没有明说。他说："我们那时就在思考这个，但没有真正说出来。"这么多年来，研究人员一直声称人工智能近在咫尺，但实际不然，研究界的规范已经发生了变化。如果你声称找到了一条通往智能的道路，那么你并不会得到重视。"除非你有证据证明自己的说法是正确的，否则你不该做出这样的声明，"杨立昆说，"你开发了系统，它奏效了，你就可以说'看，这就是基于这个数据集的结果'。但即便如此，也没有人相信你。即使你真的有证据，并且展示了它是有效的，也没有人会相信你。"

1975年10月，在巴黎北部的一座中世纪修道院——罗亚蒙修道院里，美国语言学家诺姆·乔姆斯基（Noam Chomsky）和瑞士心理学家让·皮亚杰（Jean Piaget）就学习的本质展开了辩论。[2]5年后，一本论文集解构了这场影响广泛的辩论，杨立昆作为一名年轻的工科学生阅读了这些论文。顺便说一句，这本书有89页的篇幅提到了感知机，称它是一种"能够通过定期接触原始数据的方式形成简单假设"的设备，杨立昆被吸引住了，立刻迷上了机器可以学习的想法。他认为，学习与智能密不可分。"任何有大脑的动物都可以学习。"他经常说。

当时，很少有研究人员关注神经网络，但那些关注神经网络的研究人员认为，神经网络不是人工智能，而是另一种形式的模式识别，杨立昆在法国高等电气与电子工程学院（ESIEE）读本科时就开始研究这个想法了。他研究的大部分论文都是日本研究人员用英语写的，因为日本是少数几个仍在进行这项研究的地方之一。然后，他发现了北美的研究活动。1985 年，杨立昆参加了在巴黎举办的一次会议，该会议专门探索计算机科学领域的创新和不同寻常的方法。辛顿也参加了会议，并做了一场关于玻尔兹曼机的演讲。当他的演讲结束时，杨立昆跟着他走出会场，确信他是世界上少数持有相同信仰的人之一。在混乱的人群中，杨立昆无法接近他，但随后辛顿转向另一个人问道："你认识一个叫杨立昆的人吗？"后来大家才知道，辛顿是从特里·谢诺夫斯基那里听说了这名年轻的工科学生的，而谢诺夫斯基是玻尔兹曼机背后的另一位研究人员，几周前他在一场研讨会上遇到过杨立昆。这个名字其实辛顿已经忘了，他只是在会议手册中看到了杨立昆的研究论文标题，他想，谢诺夫斯基所说的一定是这个人。

第二天，两人在当地的一家北非餐厅共进午餐。尽管辛顿几乎不懂法语，杨立昆也只懂一点儿英语，但他们在一起吃着粗麦粉，讨论着连接主义的变幻无常，交流起来并没有什么困难。杨立昆觉得辛顿好像是在补充他要说的话。"我发现，我们说的是相同的'语言'。"他说。两年后，杨立昆完成了自己的博士论文，他在论文中探索的是一种类似于反向传播的技术。辛顿看到后立刻飞往巴黎，加入了论文委员会，尽管他仍然几乎不懂法语。通常，在阅读研究论文时，他会跳过数学的内容，直接阅读文本部分。而对于杨立昆的论文，他别无选择，只能跳过文本，阅读数学部分。关于论文的答辩，双方同意辛顿用英语提问，杨立昆用法语回答。效果非常好，只是辛顿听不懂答案。

在漫长的寒冬过后，神经网络开始从寒冷中复苏。迪安·波默洛还在卡内基-梅隆大学研究他的自动驾驶汽车。与此同时，谢诺夫斯基正在使用一种他叫作"NETtalk"的东西兴风作浪。[3] 他使用一种可以产生合成声音的硬件设备打造了一个可以学习大声朗读的神经网络。这个设备有点儿像英国物理学家霍金在神经退行性疾病夺走他的声音后所使用的机器人语音盒。当这个神经网络分析满是英语单词及匹配音素（即每个字母如何发音）的儿童书籍时，它可以自行读出单词。它可以学会"gh"的发音何时像"f"（比如在"enough"中）以及"ti"的发音何时像"sh"（比如在"nation"中）。当他在会议上演讲时，谢诺夫斯基会播放一段记录各个阶段设备训练情况的录音。起初，它像婴儿一样咿呀学语。过了半天，它开始读出可辨别的单词。一周之后，它就可以大声朗读了。他的系统展示了神经网络的功能和工作原理。当谢诺夫斯基将这一成果带到一系列学术会议上，以及在《今日秀》节目上与数百万名电视观众分享这一成就时，它激发了大西洋两岸的连接主义研究。

在获得博士学位后，杨立昆跟随辛顿到多伦多大学做了一年的博士后研究。他从法国带了两只手提箱：一只装着衣服，另一只装着他的个人电脑。虽然这两个人相处得很好，但他们的兴趣不尽相同。辛顿的动力主要在于一种理解大脑的需要，而训练有素的电气工程师杨立昆还对计算机硬件、神经网络中的数学以及打造广义上的人工智能感兴趣。杨立昆的事业受到了乔姆斯基和皮亚杰辩论的启发，也受到了导演斯坦利·库布里克（Stanley Kubrick）在《2001：太空漫游》中所展现的 Hal9000（人工智能电脑）及其他未来机器的启发，这部电影是他 9 岁时在巴黎剧院观看的 70 毫米宽银幕全景电影。40 多年后，当他打造一间世界领先的企业实验室时，他将装裱好的电影剧照挂在墙上。在他的职业生涯中，当他探索神经网络和其他算法技术时，他还设计了计算机芯片和越野自动驾驶汽车。"我尽我所能。"他说。他体现的是人工智能的方式，人工智能是一种学术追求，与其说它是一门正式的科学，不如说它是一种态度，它融合了众多不同形式的研究，将它们全部拉入一项通常过于雄心勃勃的奋斗之中，即打造出行为类似人类的机器。即便只是模仿人类智能的一小部分，就像辛顿想要做的那样，也是一项艰巨的任务。将智能应用于汽车、飞机和机器人则会更加困难。但杨立昆比后来脱颖而出的其他很多研究人员更实际、更踏实。在未来的几十年里，关于神经网络最终是否有用，会存在一些质疑的声音。然后，一旦神经网络的力量显现，一些人又会质疑人工智能是否会毁灭人类。杨立昆觉得这两个问题都很可笑，无论是在私下还是在公开场合，他从来都直言不讳。就像几十年后，他在获得图灵奖（计算机领域的诺贝尔奖）当晚的一段视频中所说的那样："我一直认为我绝对是正确的。"他相信，神经网络是一条路径，通向的是非常真实和非常有用的技术。他就是这样说的。

他取得的突破是一种在视觉皮质上建模的神经网络的变体，而视觉皮质就是大脑中处理视觉的部分。[4]受到日本计算机科学家福岛邦彦（Kunihiko Fukushima）工作的启发，杨立昆把它叫作"卷积神经网络"。就像视觉皮质的不同部分处理眼睛捕捉的不同部分的光一样，卷积神经网络将图像切割成众多方块，并分别分析每一个方块，在这些方块中找到小图案，并在信息通过其人造神经元网络时将它们构建成更大的图案。这是一个将决定杨立昆职业生涯的想法。"如果杰夫·辛顿是一只狐狸，那么杨立昆就是一只刺猬。"加州大学伯克利分校教授吉腾德拉·马利克（Jitendra Malik）说，他借用的是哲学家以赛亚·伯林（Isaiah Berlin）的一个我们都很熟悉的类比，"辛顿的想法层出不穷，无数的想法朝着不同的方向跳跃，而杨立昆要专一得多。狐狸知道很多小事，而刺猬只知道一件大事。"

跟随辛顿在多伦多大学学习的那一年，杨立昆第一次提出了自己的想法。然后，当他进入贝尔实验室时，这个想法得到了繁荣发展。贝尔实验室拥有训练他的卷积神经网络所需的大量数据（成千上万封无法投递的信件），还拥有分析这些信封上的字迹所需的额外处理能力（一台崭新的太阳微系统工作站）。他告诉自己的老板，他之所以加入贝尔实验室，是因为对方承诺他可以拥有自己的工作站，不必像在多伦多大学做博士后研究时那样多人共用一台机器。在加入贝尔实验室几周之后，他使用相同的基本算法开发了一套可以识别手写数字的系统，其准确度超过了美国电话电报公司正在开发的其他任何技术。这套系统运行良好，而且他很快就找到了商业应用方法。除了贝尔实验室之外，美国电话电报公司还拥有一家名为 NCR 的公司，该公司出售收银机和其他商业设备。到了 20 世纪 90 年代中期，NCR 将杨立昆的技术出售给银行，用于自动读取手写支票。有一段时间，美国超过 10% 的支票都是由杨立昆开发的产品读取的。

但他的梦想更大。在霍尔姆德尔的贝尔实验室建筑群的玻璃墙（被称为"世界上最大的镜子"）内，杨立昆和他的同事们设计了一种叫作 ANNA 的微芯片。这个首字母缩略词中嵌套了另一个首字母缩略词，ANNA 是"模拟神经网络 ALU"（Analog Neural Network ALU）的缩写，而 ALU 代表"算术逻辑单元"（Arithmetic Logic Unit），是一种数字电路，适合运行驱动神经网络的数学运算。[5]杨立昆的团队没有使用普通芯片来运行他们的算法，而是为这一特定工作设计了一款芯片。这意味着它的处理速度远远超过当时标准的处理器：大约每秒 40 亿次操作。这一基本概念——专门为神经网络制造的硅片——将重塑全球芯片产业，尽管这一时刻还需要 20 年才会到来。

杨立昆开发的银行扫描仪面市后不久，美国电话电报公司这个过去几十年分裂成很多小公司的国家电话系统再次分裂。NCR 和杨立昆的研究小组突然分家，银行扫描仪项目被解散，这让杨立昆大失所望、心情沮丧。随着他的团队转向万维网这项在美国主流社会刚刚起步的技术，他完全停止了对神经网络的研究。当公司开始解雇研究人员时，杨立昆明确表示，他也想要一张解雇告知书。他告诉实验室的负责人："我丝毫不在乎公司要我做什么，反正我正在研究计算机视觉。"解雇告知书如期而至。

1995 年，贝尔实验室的两位研究人员——弗拉基米尔·瓦普尼克（Vladimir Vapnik）和拉里·杰克尔（Larry Jackel）打了一个赌。[6] 瓦普尼克说，在 10 年内，"心智正常的人不会再使用神经网络"，但杰克尔站在连接主义者一边。他们赌了一顿"丰盛的晚餐"，拟好协议并签上名字，杨立昆是见证人。很快，杰克尔看起来似乎要输了。过了几个月，连接主义研究的更多领域笼罩上了另一股寒意。波默洛的卡车可以自动驾驶，谢诺夫斯基的NETtalk 可以学习大声朗读，杨立昆的银行扫描仪可以读取手写支票。但很明显，那辆卡车除了私家道路和直线高速公路，无法在其他任何道路上行驶；NETtalk 可能会被看作派对上的把戏；而除了使用杨立昆的银行扫描仪，市面上还有其他方式可以读取支票。杨立昆的卷积神经网络在分析更为复杂的图像时不起作用，比如狗、猫和汽车的照片，也没有人知道这些网络以后能否起作用。最终，虽然杰克尔赢得了赌注，但事实证明这是一场空洞的胜利。在他们打赌 10 年之后，研究人员可能仍然在使用神经网络，但是相比于多年前杨立昆在他的台式机器上所做的事情，这项技术能做的工作并没有变得更多。"我赌赢了，主要是因为杨立昆没有放弃，"杰克尔说，"他基本上被外界忽视了，但他自己并没有放弃。"

这场赌局结束后不久，在一场关于人工智能的演讲中，斯坦福大学的一位名叫吴恩达（Andrew Ng）的计算机科学教授向整个会场的研究生描述了神经网络。然后，他补充了一条说明："杨立昆是唯一能真正让神经网络生效的人。"但是，就连杨立昆自己对未来也没有确定的判断。他在个人网站上写下了一些伤感的话，将自己的芯片研究描述为停留在过去的东西，将自己在新泽西州协助开发的硅处理器描述为"第一个（也可能是最后一个）真正做有用事情的神经网络芯片"[7]。多年之后，当被问及这些话时，他不以为然，并很快指出他和他的学生在 10 年结束时又回到了这个领域。但他感受到的不确定性就在那里。神经网络确实需要更多的计算能力，但没有人意识到它到底需要多少。正如杰夫·辛顿后来所说的："没人想过要问'假设我们还需要 100 万倍的计算能力会怎么样'。"

当杨立昆在新泽西州开发他的银行扫描仪时，克里斯·布罗克特（Chris Brockett）正在华盛顿大学亚洲语言文学系教授日语，后来微软聘请布罗克特担任人工智能研究员。这是 1996 年，距离这家科技巨头创建其第一间专门的研究实验室才过不久。微软的目标是打造能够理解自然语言的系统，而自然语言是人们日常书写和说的语言。当时，这属于语言学家的工作。布罗克特曾在他的祖国新西兰学习语言学和文学，后来又到日本和美国学习，像他这样的语言专家整天都在编写详细的规则，旨在向机器展示人类是如何把单词拼凑在一起的。他们会解释为什么时间将"飞逝"（fly），小心翼翼地将名词"合同"（contract）与动词"签约"（contract）分开，详细描述说英语的人在选择形容词次序时奇怪且基本上无意识的方式，等等。这项工作让人想起奥斯汀的 Cyc 项目，或者在迪安·波默洛出现之前卡内基–梅隆大学在自动驾驶汽车领域的工作，这是一种重新创造人类知识的尝试，无论微软雇用多少语言学家，这种尝试都无法在几十年内到达终点。20 世纪 90 年代末，在马文·明斯基和约翰·麦卡锡等著名研究人员的带领下，大多数大学和科技公司就是这样打造计算机视觉、语音识别和自然语言理解技术的。专家们一次一条规则地将技术拼凑出来。

布罗克特坐在西雅图郊外微软总部的一间办公室里，花了将近 7 年的时间编写自然语言规则。然后，在 2003 年的一个下午，在大厅尽头一间通风的会议室里，他的两位同事公布了一个新项目。他们正在打造一个系统，使用基于统计的技术——每个单词在每种语言中出现的频率——在不同语言之间进行翻译。如果一组单词在两种语言中出现的频率和语境相同，这就可能是正确的翻译。两位研究人员在 6 周前才开始这个项目，但已经获得了至少看起来有点儿像真实语言的成果。坐在拥挤的房间后面看着演示，布罗克特突然惊恐发作，他以为是心脏病，然后被紧急送往医院。他后来称，这是他的"灵光乍现的时刻"，他意识到自己花了 7 年时间写下的规则现在已经过时了。他说："我 52 岁的身体经历过这样的时刻，我看到了未来，但我没有参与其中。"

全世界的自然语言研究人员很快就彻底转变了他们的方法，接受了当天下午在西雅图郊外的实验室里公布的那种统计模型。这只是 20 世纪 90 年代和 21 世纪初在更大的人工智能研究圈子里传播的众多数学方法之一，其他方法包括"随机森林"（random forests）、"增强树"（boosted trees）和"支持向量机"（support vector machines）等。研究人员将一些方法应用于自然语言理解，将另一些应用于语音识别和图像识别。神经网络的发展停滞不前，但其他很多方法开始变得成熟，得到了改进，并开始主导人工智能领域的特定角落。它们离完美都非常遥远。尽管用统计法进行翻译所获得的早期成功足以让克里斯·布罗克特激动到进医院，但它只在一定程度上有效，而且只适用于较短的短语，即句子的片段。一旦一个短语被翻译出来，翻译者就需要一套复杂的规则来把它转换成正确的时态，应用正确的词尾，并使它与句子中的其他所有短语相吻合。即便如此，翻译也是混乱的，它只是大致正确，就像童年的游戏，你通过重新排列只有几个单词的小纸条来编出一个故事。但这仍然超出了神经网络的能力。到 2004 年，神经网络已被视为处理任何任务的第三优选，一种其最好的时代已经过去的旧技术。正如一位研究人员对当时在瑞士学习神经网络的年轻研究生亚历克斯·格雷夫斯（Alex Graves）所说的那样："神经网络是为那些不了解统计学的人准备的。"在斯坦福大学寻找专业时，一个名叫伊恩·古德费洛（Ian Goodfellow）的 19 岁本科生选修了一门叫作"认知科学——思维和学习的研究"的课程，讲师一度将神经网络斥为无法处理"异或"问题的技术。这是 20 年前被反驳过的一条延续了 40 年的批评。

在美国，连接主义研究几乎从顶尖大学消失了，但纽约大学的一间严肃实验室还没有放弃它。头发往后扎成马尾辫的杨立昆于 2003 年在此获得了教授职位。加拿大成了那些仍然相信这些想法的人的避难所，辛顿在多伦多大学，杨立昆在贝尔实验室的一位老同事、另一位出生于巴黎的研究人员约书亚·本吉奥在蒙特利尔大学的一间实验室担任主管。在此期间，伊恩·古德费洛申请了计算机科学专业的研究生，有几所学校给他提供了入学名额，包括斯坦福大学、加州大学伯克利分校和蒙特利尔大学。他更喜欢蒙特利尔大学，但当他拜访该校时，一名蒙特利尔大学的学生试图说服他不要去。斯坦福大学的计算机科学项目在北美排名第三，加州大学伯克利分校排名第四。这两所大学都位于阳光明媚的加州。蒙特利尔大学排名在 150 名左右，而且那里天气很冷。

"斯坦福大学！世界上最负盛名的大学之一！"这名蒙特利尔大学的学生告诉他，当他们在春末穿过这座城市时，地上还有积雪，"你到底在想什么？"

"我想研究神经网络。"古德费洛说。

具有讽刺意味的是，当古德费洛在蒙特利尔大学探索神经网络时，他的一位老教授吴恩达在看到加拿大不断涌现的研究后，在斯坦福大学的实验室里接受了神经网络的想法。但无论是在自己的人学还是在更广泛的学术圈，吴恩达都是一个离群的人，他没有充分的数据来说服周围的人，让他们认为神经网络值得探索。在此期间，他在波士顿的一场研讨会上做了一次演讲，宣扬神经网络是未来的浪潮。在他演讲时，计算机视觉领域的实际领导者之一、加州大学伯克利分校的教授吉腾德拉·马利克站了起来，像明斯基一样指责演讲者胡说八道，说他是在发表自嗨式的声明，而完全没有提供可以用来做支撑的证据。

大约在同一时间，辛顿向 NIPS 会议提交了一份论文，他后来正是在这个会议上拍卖了自己的公司。这个会议是在 20 世纪 80 年代后期构想出来的，目的是为研究人员探索各种神经网络，包括生物神经网络和人工神经网络，提供一个渠道。但是，会议组织者拒绝了辛顿的论文，因为他们接收了另一篇关于神经网络的论文，并且认为同一年接收两篇是不合适的。"神经"是一个不好的词，即使在专门讨论神经信息处理系统的会议上也是如此。在整个领域发表的所有研究论文中，关于神经网络的论文出现的比例不足 5%。一些研究人员在向会议和期刊提交论文时，为了提高成功的概率，会使用完全不同的说法代替"神经网络"一词，比如"函数近似"或"非线性回归"。对于自己最重要的发明，杨立昆将"神经"一词从其名称中删除了，"卷积神经网络"变成了"卷积网络"。

尽管如此，杨立昆认为，一些无可争议的重要论文还是被人工智能领域的权威人士拒绝了，当这些论文被拒绝时，他原本可以公开进行斗争，坚持认为他的观点是正确的。有些人认为，这是无拘无束的自信，也有一些人认为，这暴露了一种不安全感，一种隐含的遗憾，即他的工作没有得到该领域领导者的认可。有一年，他的一名博士生克莱门特·法拉贝特（Clement Farabet）开发了一个神经网络，它可以分析视频，并把不同种类的物体区分开——树木与建筑、车与人。[8]这是机器人或自动驾驶汽车向计算机视觉迈出的一步，相比于其他方法，该系统完成任务的误差更小，速度更快。但是在一个领先的视觉会议上，审查者断然拒绝了他的论文。杨立昆给会议主席回复了一封信，说这些审查太荒谬了，他都不知道如何在不侮辱审查者的情况下写驳斥理由。会议主席把这封信发到了网上，让所有人都能看到，虽然他去掉了杨立昆的名字，但很明显大家都能看出是谁写的。

其他真正研究神经网络的地方只有欧洲和日本，其中之一是瑞士的一间实验室，担任主管的是于尔根·施米德胡贝（Jurgen Schmidhuber）。小时候，施米德胡贝告诉自己的弟弟，人类的大脑可以用铜线重建，[9]从15岁开始，他的抱负就是打造一台比他自己更智能的机器，然后退休。[10]20世纪80年代，他在读大学本科时就接受了神经网络，后来从研究生院毕业后，他发现自己的抱负与一位名叫安杰洛·达勒·摩尔（Angelo Dalle Molle）的意大利利口酒巨头的抱负紧密相连。[11]20世纪80年代末，用洋蓟酿制利口酒发家致富之后，达勒·摩尔在瑞士靠近意大利边境的卢加诺湖畔建立了一间人工智能实验室，致力于用智能机器改造社会，这些机器将可以承担传统上属于人类的所有工作。很快，该实验室就聘请了施米德胡贝。

施米德胡贝身高约一米九，身材匀称，下巴方方正正。他喜欢戴软呢帽和鸭舌帽，穿尼赫鲁高领夹克，这是模仿早期詹姆斯·邦德电影中的反派恩斯特·布洛菲尔德（Ernst Blofeld）的穿着，后者就穿着自己的尼赫鲁高领夹克。"你可以想象他在抚摸一只白猫的样子。"他之前的一名学生说。施米德胡贝的服装不知何故与瑞士的实验室很相配，这个实验室看起来也像是邦德电影中会出现的——一座湖边的欧洲堡垒，四周是棕榈树。在达勒·摩尔人工智能研究所内部，施米德胡贝和他的一名学生打造了他们所描述的具有短期记忆的神经网络。它可以"记住"最近分析过的数据，并在运行的每一步都利用这种回忆改进它的分析。他们称之为LSTM，即长短期记忆（Long Short-Term Memory）。它实际上并没有发挥多大作用，但施米德胡贝认为，这种技术将在未来几年带来智能。他所描述的一些神经网络不仅有记忆，还有感觉。"在我们的实验室里，意识在运转。"他说。正如一名学生后来带着几分感情所说的那样："他听起来像一个疯子。"

辛顿会开玩笑说，LSTM是"在我看来很傻"（looks silly to me）的意思。从罗森布拉特、明斯基和麦卡锡开始到现在，人工智能研究人员具有悠久的传统，施米德胡贝是其中一个特别丰富多彩的例子。自从这个领域被开创出来，其领导人物就漫不经心地预示了逼真的技术，但这种技术远没有真正发挥作用。有时，这是一种从政府机构或风险资本家那里筹集资金的方式；有时，人们真的相信人工智能即将到来，这种态度可以推动研究向前发展。如果技术没有达到所宣传的效果，那么它可能会停滞多年。

连接主义的圈子很小，领导人物都是欧洲人——英国人、法国人、德国人，连这些研究人员背后的政治、宗教和文化信仰也不属于美国主流。辛顿公开宣称自己是社会主义者；本吉奥放弃了法国国籍，因为他不想服兵役；杨立昆称自己是"激进的无神论者"。辛顿将坚持一些非常个人化的信仰——无神论、社会主义、连接主义，尽管在以 4 400 万美元将公司卖给谷歌之后，他常常称自己有一股"鱼子酱做派"①。"这是恰当的术语吗？"他会这么问，尽管他很清楚答案是肯定的。

---

20 世纪 90 年代对杨立昆来说很艰难，而对辛顿来说就更为艰难了。搬到多伦多之后不久，他和妻子收养了两个来自南美洲的孩子，一个是来自秘鲁的男孩托马斯，一个是来自危地马拉的女孩艾玛。当他的妻子感到腹部疼痛并且体重开始下降时，两个孩子都不到 6 岁。虽然这种情况持续了几个月，但她拒绝去看医生，坚持自己顺势疗法的信念。当她最终让步时，她被诊断出已经患有卵巢癌。即便如此，她还是坚持采取顺势疗法进行治疗，而不肯化疗。6 个月后，她去世了。

辛顿认为他当研究员的日子结束了。他必须要照顾孩子们，

---

① "鱼子酱做派"是指某人是富有的社会主义者。——译者注

托马斯在家里存在所谓的"特殊需求",需要额外的关注。"我习惯于把时间用来思考。"辛顿说。20年后,当他和杨立昆一起接受图灵奖时,他感谢了自己的第二任妻子,一位名叫杰基·福特(Jackie Ford)的英国艺术史学家,他们开始于20世纪90年代末的婚姻挽救了他的事业,杰基帮助他抚养了孩子们。他们在萨塞克斯大学相识,并在英国约会了一年,后来在他移居圣迭戈时两人分开了。在他们重新相聚后,他搬到了英国,并在伦敦大学学院找到了一份工作,但他们很快就回到了加拿大,因为他觉得孩子们在多伦多更受欢迎。

因此,在千禧年之际,辛顿回到了多伦多大学计算机科学大楼角落里的办公室,在这里他可以眺望穿过校园中心的鹅卵石街道。窗户很大,吸走了办公室里的温暖,并把热量散发到外面零度以下的寒冷之中。这间办公室成了仍然相信神经网络的小规模研究员群体的中心,部分原因在于辛顿在该领域的历史地位,部分原因在于他的创造力、激情以及讽刺性的幽默感吸引了人们围绕在他的周围,即使只是在一些很短暂的时刻。如果你给他发一封电子邮件,问他更喜欢别人叫他杰弗里(Geoffrey)还是杰夫(Geoff),那么他的回答同样显得聪明可爱:

我更喜欢杰弗里。

谢谢,

杰夫

一位名叫阿珀·海韦里恩（Aapo Hyvarinen）的研究人员曾经发表过一篇学术论文[12]，承认并总结了辛顿的幽默感和他在数学思想上的信念：

> 这篇论文的基本思想是在与杰夫·辛顿的讨论中形成的，然而，他不愿意成为合著者，因为这篇论文包含了太多的方程。

辛顿会根据自己因为忘记吃饭而减掉多少体重来评价自己的想法。一名学生说，辛顿的家人送给他最好的圣诞礼物就是同意他回到实验室做更多的研究。而且，正如很多同事经常说的，他有一个终身的习惯：他会跑进房间，说他终于弄明白了大脑是如何工作的，然后解释他的新理论，接着像来的时候一样快速离开。几天之后，他会回来说自己关于大脑的理论完全是错的，但他现在又有了一个新的理论。

鲁斯·萨拉赫丁诺夫（Russ Salakhutdinov）将成为世界领先的连接主义研究者之一，也会是苹果公司的一名影响深远的员工，他 2004 年在多伦多大学遇到辛顿时已经退出了这个领域。辛顿向他讲述了一个新项目，即一种按照一次一层的方式训练大规模神经网络的方法，并且输入的数据要比过去可能提供的多得多。辛顿称之为"深度信仰网络"（deep belief networks）。在那一刻，辛顿哄着萨拉赫丁诺夫回归该领域。同时，这个名称也吸引了他。一个名叫纳夫迪普·贾特利（Navdeep Jaitly）的年轻学生在拜访了楼里的一位教授后，看到辛顿的小公室外有很多学生在排队，然后他就被吸引住了，来到了多伦多实验室。另一名学生，乔治·达尔（George Dahl），在更广泛的机器学习研究领域也发现了类似的情况。每次看到一篇重要的研究论文或者一位重要的研究人员，达尔都会发现与辛顿有直接的联系。"我不知道是杰夫选择了那些最终取得成功的人，还是他以某种方式让他们获得了成功。经历过之后，我认为是后者。"达尔说。

达尔是一位英语教授的儿子，他在学术上是一个理想主义者，把进入研究生院比作进入修道院。"你希望拥有一个不可逃避的命运，某种召唤，当你的信念消失时，它会带着你度过黑暗时代。"他常常这么说。他认定，自己的召唤就是杰夫·辛顿。他并不孤单。达尔拜访了阿尔伯塔大学的另一个机器学习小组，一个名叫弗拉德·姆尼（Vlad Mnih）的学生试图让他相信，阿尔伯塔大学，而不是多伦多大学，才是他的归属。但是，当达尔那年秋天出现在多伦多大学，走进学校给他安排的一张办公桌旁的用品室时，他发现姆尼也在那里。那年夏天，姆尼就加入了辛顿的实验室。

2004 年，尽管整个领域对神经网络的兴趣减弱，但辛顿对这个想法加倍重视，希望在这个小的连接主义者圈子里加速研究。"杰夫小组的主题一直是，旧的东西也可以是新的，"达尔说，"如果这是一个好想法，你就继续努力 20 年。如果这是一个好想法，你就继续尝试，直到成功。它不会因为你第一次尝试不起作用就不再是一个好想法。"利用加拿大高级研究所的少量资金——每年不足 40 万美元，辛顿打造了一个新的集体，专注于他所说的"神经计算和适应性感知"，每年为那些仍然坚持连接主义信念的研究人员举办两场研讨会，其中包括计算机科学家、电气工程师、神经科学家和心理学家。杨立昆和本吉奥也是其中的成员，后来加入百度的中国研究员余凯也是。辛顿后来把这个集体在一起进行研究比作鲍勃·伍德沃德（Bob Woodward）与卡尔·伯恩斯坦（Carl Bernstein）在深挖水门事件时一起工作，而不是分开来。这种方式可以分享想法，而在多伦多大学，其中一个想法就是给这项非常古老的技术取一个新名字。

60 岁生日那天，辛顿在温哥华举行的年度 NIPS 大会上发表演讲，"深度学习"这个词第一次出现在标题中。这是一次巧妙的品牌重塑。提到多层神经网络，讲深度学习并不是什么新鲜事。但"深度学习"是一个令人回味的术语，旨在激励研究人员在一个再次失宠的领域进行研究。当他在演讲中说其他人都在做"浅薄学习"时，听众们发出了笑声，他知道这是一个好名字。从长远来看，这将被证明是一个高明的选择，它立刻提高了在学术界边缘工作的这一小部分研究人员的声誉。在有一年的 NIPS 大会上，有人整理了一段恶搞视频，视频里的人一个接一个去拥抱"深度学习"，就好像发了疯一样。

"我曾经是个摇滚明星，"一名皈依者说，"但后来我发现了深度学习。"

"辛顿是领袖，"另一个人说，"要跟着领袖走。"

这很有趣，因为它是真实发生的事。这是一项有着几十年历史的技术，虽然它从未证明过自身的价值，但有些人仍然相信它。

在发起人工智能运动的达特茅斯夏季会议召开 50 年之后，马文·明斯基和其他很多创始元勋回到达特茅斯大学举行周年庆典。这一次，明斯基在台上，另一位研究人员站在台下。他就是特里·谢诺夫斯基，从东部的巴尔的摩搬到西部的圣迭戈之后，他现在是索尔克研究所的教授。谢诺夫斯基告诉明斯基，一些人工智能研究人员将明斯基视为魔鬼，因为他和他的书已经阻碍了神经网络的发展。

"你是魔鬼吗？"谢诺夫斯基问道。明斯基把这个问题搁在一边，解释了神经网络的众多局限性，并正确地指出，神经网络从未实现大家期待它实现的事情。

于是，谢诺夫斯基又问："你是魔鬼吗？"

明斯基被激怒了，最后回答说："是的，我是。"

微软的尝试与谷歌的新突破

> 在谷歌，你要做自己想做的，而不是谷歌想让你做的。

　　2008 年 12 月 11 日，邓力走进加拿大不列颠哥伦比亚省惠斯勒的一家酒店，这个地方位于温哥华以北，在即将举办 2010年冬奥会滑雪比赛的白雪覆盖的山峰脚下。他不是去滑雪的，而是为了科学而来。每年，数百名研究人员会前往温哥华参加年度人工智能会议 NIPS。大会结束后，大多数人都会前往惠斯勒参加更为私密的 NIPS 研讨会，内容包括为期两天的学术演讲、苏格拉底式辩论和非正式交流，研究人员共同探讨人工智能的近期前景。邓力出生于中国，在美国接受教育，他在整个职业生涯中都致力于开发语音识别软件，他起初担任加拿大滑铁卢大学的教授，后来成为微软位于西雅图附近的研发实验室的研究人员。10

多年来，像微软这样的公司一直在销售"语音记录"软件，将这项技术视为在个人电脑和笔记本电脑上进行自动听写的一种方式。但不可否认的事实是，这项技术并没有那么好用，当你对着长长的桌面麦克风清晰地说话时，在记录下来的单词中，错误的数量超过正确的。像当时大多数人工智能研究一样，这项技术的进步速度非常缓慢。在微软，邓力和他的团队花了3年的时间来打造他们最新的语音系统，该系统下一版的准确率可能仅比上一版提高5%。然后，在惠斯勒的某个晚上，他见到了杰夫·辛顿。

邓力在加拿大的时候就认识辛顿。20世纪90年代初，在连接主义研究的短暂复兴期间，邓力的一名学生写了一篇论文[1]，探索神经网络作为语音识别的一种方式，当时多伦多大学教授辛顿也加入了论文委员会。在随后的几年里，随着连接主义在产业界和学术界失宠，这两位研究人员很少见面。尽管辛顿坚持神经网络的想法，但语音识别只是他在多伦多大学实验室的一个兴趣爱好，这意味着他和邓力在完全不同的圈子里活动。但当他们走进希尔顿惠斯勒度假村和温泉中心的同一个房间时，邓力和辛顿直接交流了起来。房间里没几个人，只有几名研究人员坐在桌旁，等待有人问他们问问关于他们最新研究的问题。邓力非常容易激动，而且更健谈一些，几乎跟所有人都能直接交流。

"有什么新鲜事吗？"邓力问道。

"深度学习。"辛顿回答。他说，神经网络开始在语音方面奏效了。

邓力并没有真的相信。辛顿不是一名语音研究人员，而且神经网络从未在任何事情上奏效过。在微软，邓力正在开发属于自己的一种新的语音识别方法，他实在没有时间再一次进入未知的算法领域。但辛顿很坚持，他说，他的研究没有受到太多的关注，但在过去几年里，他和自己的学生发表了一系列论文，相比于之前的技术，他的"深层信念网络"可以从更多的数据中进行学习，在性能上正在接近领先的语音识别方法。"你必须试一试。"辛顿不停地说。邓力说他会的，他们交换了电子邮件地址。然后，几个月的时间过去了。

到了夏天，在手头有点儿空余时间的时候，邓力开始阅读关于当时被称为"神经语音识别"的技术的文献。他对这项技术的性能印象深刻，于是给辛顿发了电子邮件，建议他们围绕这个想法组织一场新的惠斯勒研讨会，但对这项被全球语音界系统性忽视的技术的长期前景，他仍然表示怀疑。它在简单的测试中运行良好，但其他很多算法也是如此。然后，随着下一场惠斯勒研讨会的临近，辛顿又给邓力发了一封电子邮件，附上了一份研究论文的初稿[2]，该论文将他的技术又推进了一步。结果表明，在分析了大约 3 个小时的口语词汇之后，神经网络的性能甚至可以与最好的语音方法相媲美。邓力还是不相信。多伦多大学的研究人员描述其技术的方式让人非常难以理解，他们的测试也仅基于实验室记录的声音数据库，而不是真实世界的语音。辛顿和他的学生进入了一个他们并不完全熟悉的研究领域，这是能看得出来的。"这篇论文存在一些问题，"邓力说，"但我简直不敢相信，他们得到了跟我一样的结果。"所以，他要求查看他们测试的原始数据。当他打开电子邮件，看着数据，亲眼看到这项技术能做什么的时候，他相信了。

···   ·   ·   ·   ·   ·   ·   ·   ·   ·

那年夏天，邓力邀请辛顿到微软位于华盛顿州雷蒙德市的研究实验室待一段时间，辛顿答应了，但前提是，他必须能够到那里去。近年来，他的腰背问题越来越严重，已经到了他再次质疑自己的研究能否继续的地步。40年前，他在给母亲搬取暖器时，腰椎间盘滑脱了，随着时间的推移，这个腰椎间盘变得越来越不稳定。这些天，当他弯腰或坐下时，腰椎间盘就可能滑脱。他说："这是遗传、愚蠢和坏运气共同造成的，就像生活中其他所有糟糕的事情一样。"他认为，很明显，唯一的解决办法是不再坐下来（用他的话说，例外情况是生物学上的必然性导致的"每天坐下一两次，每次几分钟"）。在多伦多大学的实验室里与学生们见面时，他会平躺在办公桌上或隔着一张折叠床靠在墙上，以缓解疼痛。这也意味着他不能开车，也不能坐飞机。

于是，2009年秋天，他坐地铁到多伦多市区的公交车站，早早就开始排队，这样他就可以占上开往布法罗的公交车后座，然后躺下并假装睡着了，这样就没有人会试图移动他。"在加拿大，这一招儿很有效。"他说。（从美国回加拿大时，这招儿不管用："我躺在后座假装睡着了，有个家伙却走过来踢我。"）到达布法罗之后，他准备了去微软实验室工作所需的签证，然后乘了将近三天的火车贯穿全美国才来到西雅图。直到了解了旅行要花多长时间，邓力才意识到辛顿的腰背是个问题。在火车到达之前，他给办公室添置了一张站立式办公桌，这样他们就可以并肩工作了。

　　辛顿于 11 月中旬抵达，他躺在出租车的后座上，准备穿越横跨华盛顿湖的浮桥，这座浮桥将西雅图与它的东区连接起来，然后才到雷德蒙。雷德蒙是一个郊区小镇，这里的建筑主要是一些中型的办公楼，属于一家非常大的企业。辛顿和邓力一起工作的办公室位于微软 99 号楼的 3 楼，这是一栋花岗岩和玻璃建筑，是该公司研发实验室的核心。这就是让语言学家克里斯·布罗克特恐慌发作的那间实验室，该实验室偏学术风格，不像微软的其他部门那样关注市场和资金，而是关注未来的技术。在这间实验室 1991 年启动运营时，微软也开始主导国际软件市场，该实验室的主要目标之一是开发能够识别口语词汇的技术。在接下来的 15 年里，微软支付了异常高额的工资，招募了该领域的很多顶尖研究人员，包括邓力。但是，当辛顿抵达雷德蒙时，微软在全世界的地位正在发生变化，权力平衡正从软件巨头转移到科技行业的其他领域。谷歌、苹果、亚马逊和 Facebook（脸书）正在崛起，抓住了新的市场和新的资金——互联网搜索、智能手机、网络零售和社交网络。依靠运行在大多数台式电脑和笔记本电脑上的 Windows 操作系统，微软仍然统治着计算机软件领域，但是，在扩张为全球最大的公司之一并建立了与普通公司一样的官僚制度之后，微软调整方向的速度变慢了。

微软的99号楼是一栋4层小楼，其实验室、会议室和办公室环绕着一个大中庭和一个小咖啡厅。辛顿和邓力计划根据多伦多大学的研究成果打造一个原型，训练一个神经网络来识别口语词汇。这个项目只有他们两个人参与，但工作刚开始就遇到一点儿麻烦。辛顿需要密码才能登录微软的计算机网络，而获得密码的唯一途径是通过一部公司的电话，但公司电话又需要自己的密码。他们发了无数封电子邮件，试图获得一部电话的密码，但都没有成功，邓力只好带着辛顿来到4楼的技术支持台。微软有一个特殊的规定，即如果访客只停留一天的时间，微软就可以提供一个临时网络密码，在技术支持台工作的女士给了他们一个。但是，当辛顿问她第二天早上密码是否还有效时，她把密码拿了回来，说："如果你停留一天以上，你就不能用这个密码。"

在他们最终找到了接入网络的方法之后，这个项目在几天之内就完成了。有一次，当辛顿在他的台式电脑上输入计算机代码时，邓力在他旁边用同一个键盘输入。对容易激动的邓力来说，这很正常，但辛顿从未见过这样的事情。"我习惯了大家在交流的时候互相打断，"他说，"但我不习惯在输入代码时被其他人在同一个键盘上输入代码打断。"他们用一种名为MATLAB的编程语言创建了原型，代码的篇幅不超过10页，大部分是辛顿编写的。尽管辛顿淡化了他作为数学家和计算机科学家的技能，但邓力还是被其代码的优雅简洁风格打动了。"一行一行，都太清晰了。"邓力想。但给他留下深刻印象的，不仅仅是代码的清晰度。在他们用微软的语音数据训练了这个系统后，它奏效了——不是仅仅与当时领先的系统一样好，而是好到足以让邓力意识到，这才是语音识别的未来。商业系统使用其他的手工方法来识别语音，但那些方法并没有真正奏效。但邓力可以看出，他和辛顿已经打造了一个系统，随着它不断地从大量数据中进行学习，这个系统可能会变得更加强大。

他们的原型所欠缺的，是分析所有数据时所需的额外处理能力。在多伦多大学，辛顿采用了一种非常特殊的计算机芯片，叫GPU。像英伟达这样的硅谷芯片制造商最初设计这些芯片是为了给《光环》和《侠盗猎车手》等热门的电子游戏快速渲染图形，但在这个过程中，深度学习的研究人员意识到，GPU同样擅长运行支撑神经网络的数学。在邓力和辛顿打造其语音原型的同一间微软实验室里，有三名工程师曾在2005年对这个想法进行了修改完善。[3]另外，斯坦福大学的一个团队也在同一时间偶然发现了同样的技术诀窍。[4]基于这些芯片，神经网络能够在更短的时间内从更多的数据中进行学习。这与杨立昆20世纪90年代初在贝尔实验室的工作如出一辙，不同的是，GPU是现成的硬件。研究人员不必制造新的芯片来加速深度学习的进程。多亏了像《侠盗猎车手》这样的游戏和Xbox这样的游戏机，他们才可以使用已经存在的芯片进行训练。在多伦多大学，辛顿和他的两名学生——阿卜杜勒-拉赫曼·穆罕默德（Abdel-rahman Mohamed）和英语教授的儿子乔治·达尔，利用这些专门的芯片训练了他们的语音系统，这就是推动该系统超越最先进技术的核心。

在辛顿结束在微软的短暂停留之后，邓力坚持让穆罕默德和达尔都来微软的 99 号楼做客，而且希望他们在不同的时间来，这样这个项目的进展在接下来的几个月里都不会停滞。辛顿和他的学生都同意这个延长的实验，并解释说，如果没有一套完全不同的硬件，包括一块价值一万美元的 GPU 显卡，这个项目就不会成功。起初，邓力对这一代价感到犹豫不决。他的上司亚历克斯·阿塞罗（Alex Acero）告诉他，这是一笔不必要的开支，阿塞罗后来去了苹果公司负责 iPhone（苹果手机）上的智能语音助手 Siri。GPU 是用来玩游戏的，而不是用来做人工智能研究的。"不要浪费钱。"他说，并且告诉邓力不用考虑昂贵的英伟达设备，在当地的弗莱电子商店购买通用显卡就行。但辛顿敦促邓力进行反驳，他解释说，廉价的硬件会破坏实验的目的。神经网络要连续几天分析微软的语音数据，如果这些通用显卡运行那么久，那么它们可能被烧毁。但他提出的一个更重要的观点是，神经网络要依靠额外的处理能力实现蓬勃发展。邓力不仅需要购买单价为一万美元的 GPU 显卡，而且可能需要不止一块，外加一台可以运行该显卡的专用服务器，服务器的价格与显卡的价格相当。辛顿在给邓力的一封电子邮件中说："这将花费你大约一万美元。我们自己则要订购三套，但我们是一所资金雄厚的加拿大大学，不是一家资金短缺的软件销售商。"最终，邓力购买了必要的硬件。

那一年，微软聘请了彼得·李（Peter Lee）作为其雷德蒙研究实验室的新负责人。彼得·李是一名训练有素的研究人员，具有管理人员的气质，他曾在卡内基-梅隆大学工作过20多年，最终成为计算机科学系主任。当他刚加入微软并开始审核实验室的研究预算时，他无意中发现了一张工作表单，上面列出了邓力语音项目的费用，包括支付给辛顿、穆罕默德和达尔的费用，在惠斯勒语音研讨会支出的费用，以及购买GPU的费用。彼得·李大吃一惊，他认为这整个安排是他看到的最愚蠢的想法之一。20世纪80年代，他在卡内基-梅隆大学认识了辛顿，当时他就认为神经网络很荒谬。现在，他甚至认为他们疯了。但是，当他来到雷德蒙的时候，这个项目已经启动。彼得·李说："我有时会想，如果我一年前被微软聘用，那么这一切都不会发生。"

突破是在那年夏天发生的，当时乔治·达尔来拜访微软实验室。达尔是一个长着一张大脸却戴着一副小眼镜的高个子男人，他在大学二年级时就决定将研究机器学习作为自己一生的追求，他认为这是一种替代的计算机编程方式——即使你不完全知道如何处理，它也能帮你解决问题，你只需要让机器进行学习即可。他沉浸在神经网络之中，但并不是一位真正的语音研究人员。"我开始研究语音的唯一原因，是杰夫团队中的其他人都在研究视觉。"他经常这么说。他想要证明，辛顿的实验室里酝酿出的想法不仅仅适用于图像。他做到了。"乔治不太懂语音，"邓力说，"但他懂GPU。在微软，达尔利用这些单价一万美元的显卡，利用微软通过必应语音搜索服务收集的口语词汇，对神经网络进行了训练，他使辛顿的语音识别原型的性能超越了该公司正在开发的其他任何产品。达尔、穆罕默德和辛顿所展示的是，神经网络可以在一片嘈杂的语音海洋中筛选出重要的东西，发现人类工程师无法自行找到的模式，区分众多微妙的声音，识别不同的单词。这是人工智能漫长历史中的一个转折点。在几个月的时间里，一位教授和他的两名研究生的成果超越了世界上最大的公司之一已经研发了十几年的一个系统。"辛顿是个天才，"邓力说，"他知道如何不断地制造影响力。"

———————————————————————————————

　　几个月之后，站在多伦多大学的办公桌前，望着国王学院路的鹅卵石路面，杰夫·辛顿打开了一封陌生人发的电子邮件，发信人是威尔·内维特（Will Neveitt），他问辛顿能否派一名学生去北加州的谷歌总部。通过语音识别工作，辛顿和他的学生们在整个科技行业引发了连锁反应。在微软培育了一个新的语音项目并公布研究成果给所有人看到之后，辛顿和学生们将这个技巧应用在了第二家科技巨头IBM身上。2010年秋天，在拜访微软9个月之后，阿卜杜勒-拉赫曼·穆罕默德开始与IBM的托马斯·沃森研究中心合作，该中心所在的大楼是建筑师埃罗·萨里宁的另一个雄伟的作品，配有镜面窗户，隐藏在纽约市北部起伏的群山之中。现在，轮到谷歌了。

　　穆罕默德还在和IBM合作，而乔治·达尔忙于其他研究，所以辛顿向一个几乎与他们的语音工作没有关系的学生求助。这名学生就是纳夫迪普·贾特利，他的父亲是加拿大的印度裔移民，他在成为计算生物学家几年之后，最近才开始参与人工智能的研究。他是一位特别和蔼可亲的研究人员，剃着光头，跟达尔一起在辛顿办公室走廊尽头的供应室里工作，他还在市场上做行业实习。辛顿曾试图在黑莓智能手机制造商 RIM（移动研究公司）给他找一个职位，但这家加拿大公司表示对语音识别不感兴趣。就在几年前，RIM 配备键盘的设备还主导着手机市场，但它已经错过了触屏智能手机领域的飞跃。现在，下一次大飞跃即将被这家公司错过。当辛顿第一次向贾特利推荐谷歌的工作时，他拒绝了。他和妻子即将迎来一个孩子，另外，因为他已经在美国申请了绿卡，他知道自己无法获得在谷歌工作所需的签证。但几天之后，他重新考虑了一下，要求给辛顿发电子邮件的谷歌员工威尔·内维特购买一台装有 GPU 的机器。

当贾特利的谷歌实习开始时，内维特已经离开了谷歌，他的替代者是一位在法国出生的工程师，名叫文森特·万豪克（Vincent Vanhoucke）。万豪克发现自己拥有一台巨大的配备 GPU 的机器，但不太知道该怎么用，他还有一名加拿大的实习生，实习生知道如何使用这台机器，但因为没有签证，实习生不被允许在放置机器的办公室里工作。因此，万豪克给谷歌位于加拿大蒙特利尔小办事处的人打了电话，找到了一张空办公桌。那年夏天，贾特利就在这里工作，几乎完全靠着自己，通过互联网接入那台巨大的配备 GPU 的机器。但首先，他短暂地去了一趟北加州，这样他就可以见到万豪克，并让 GPU 机器开始运行。"没有其他人知道如何处理这些事，"万豪克说，"所以必须由他自己来做。"

当贾特利抵达时，这台机器被藏在走廊尽头的一个角落里，远离万豪克和语音识别团队的其他成员。"它在打印机后面嗡嗡作响。"万豪克说。他不想把机器放在别人的办公室里或者任何靠近别人工作地点的地方。每个GPU都配备了一个风扇，为了防止硬件过热，风扇会不停地运转，他担心有人会厌倦这种噪声，并在不知道机器在干什么的情况下就把它关了。他把机器放在打印机后面，这样任何听到风扇呼呼作响的人都会把所有的噪声归咎于打印机。这种机器在谷歌和微软都显得很奇怪，但原因不同。在打造其网络服务帝国的过程中，谷歌建立了一个覆盖数十万台计算机的全球数据中心网络。公司的工程师可以立即从任何一台谷歌个人电脑或笔记本电脑上获得巨大的计算能力。他们就是这样开发和测试新软件的，而不是靠把机器塞在打印机后面的角落里。"公司的文化是，每个人都在大数据中心运行他们的软件，"万豪克说，"我们有很多电脑，你为什么要去买一台自己的电脑呢？"问题是，谷歌数据中心的机器没有配备GPU芯片，而这正是贾特利所需要的。

他想在这里做穆罕默德和达尔在微软和IBM做过的事情：用神经网络重构公司现有的语音识别系统。但他还想走得更远。微软和IBM的部分系统仍然依赖于其他技术，贾特利的目标是拓展神经网络所学的知识，他希望最终打造一个通过分析口语词汇来学习一切的系统。在贾特利离开多伦多之前，达尔告诉他不要听大公司的话。达尔说："在谷歌，你要做自己想做的事情，而不是谷歌想让你做的事情。"因此，当贾特利在加州见到万豪克和其他人时，他提出要开发一个更大的神经网络。起初，他们有点儿犹豫。即使训练一个较小的神经网络也需要几天时间，而如果贾特利用谷歌的数据训练一个网络，那么他可能需要几周时间，但他只在那里待一个夏天。有一个谷歌的人问贾特利能否用 2 000 个小时的口语词汇训练一个网络，贾特利犹豫了。在多伦多大学，穆罕默德和达尔用 3 个小时的数据训练过网络。在微软，他们用了 12 个小时的数据。谷歌所有的数据规模都更大，因为该公司通过其大规模通用的网络服务，包括从谷歌搜索到 YouTube（优兔）的所有服务，来收集文本、声音和视频。但贾特利坚持自己的立场，在会议结束后，他给辛顿发了电子邮件。

"有人做过 2 000 个小时的训练吗？"他问道。

"没有，"辛顿回答，"但我不知道这为什么行不通。"

到了蒙特利尔之后，通过互联网接入那台嗡嗡作响的配备 GPU 的机器，贾特利在不到一周的时间里训练了他的第一个神经网络。当他测试这个新系统时，仅有约 21% 的单词会被识别错误——这是一个了不起的壮举。在全球安卓智能手机上运行的谷歌语音识别服务的错误率为 23%。又过了两周之后，他将系统的错误率降到了 18%。在贾特利开始测试之前，万豪克和他的团队认为这个项目是一个有趣的实验，他们从未想过它的性能会接近谷歌已经打造出来的东西。"我们原本认为自己处在一个不同级别的联盟，"万豪克说，"结果并非如此。"

这个系统运行得相当好、相当快，于是贾特利接着训练可以在 YouTube 视频中搜索特定口语词汇的第二个系统。（如果你让它找"惊喜"这个词，它就会指出视频中说出这个词的时刻。）谷歌已经推出了一项可以做同样事情的服务，但是它的错误率是53%。在夏天结束之前，贾特利将他的系统的错误率降到了48%，而且几乎完全是自己独立完成的。他想，能留在蒙特利尔工作是一件幸事，因为没有人会约束他。他忘记了自己的极限，每天晚上都工作到11点甚至午夜。当他回到家时，他的妻子会把孩子抱给他，孩子因为肠绞痛大半夜都没睡。但是，第二天重复同样的循环对他而言并不难。"这让人上瘾，"他说，"结果越来越好。"

在贾特利和他的家人回到多伦多之后，万豪克把他的整个团队都转移到了这个项目上。谷歌知道微软和IBM正在打造类似的技术，而它想第一个实现。问题是，贾特利的系统处理速度要提升10倍才能处理互联网上的实时查询。在目前这种速度下，没有人会使用它。当这个团队开始削减时，来自完全不同部门的另一个团队加入进来。碰巧的是，当贾特利在蒙特利尔埋头苦干时，其他几位研究人员，包括另一名辛顿的门徒，正在谷歌的加州总部创建一间专门的深度学习实验室。与万豪克的团队一起，这间新实验室在不到6个月的时间里，将这项技术推向了安卓智能手机。起初，谷歌并没有告诉全世界它的语音识别服务发生了变化，上线后不久，万豪克就接到了一家小公司的电话，这家公司为最新的安卓手机提供一种芯片。当你对着手机咆哮时，这种芯片可以消除背景噪声——这是一种清理声音的方法，这样语音识别系统就可以更容易地识别用户说话的内容。但这家公司告诉万豪克，其芯片已经无效，它无法再提升语音识别服务的性能了。万豪克听到他说的话，没过多久就意识到发生了什么。

谷歌新的语音识别系统非常优秀，它使得消除噪声的芯片过时了。事实上，当芯片无法清理声音时，该系统尤其有效。谷歌的神经网络已经学会了如何处理噪声。

证据：从谷歌大脑到 AlexNet

> 真空中的光速曾被认为是每小时 35 英里左右。然后，杰夫·迪恩花了一个周末优化了物理学。

吴恩达坐在离谷歌总部不远的一家日本餐厅里，等待拉里·佩奇的到来。谷歌的这位创始人兼首席执行官迟到了，吴恩达知道他会迟到。那是 2010 年底，近年来，谷歌已经成长为互联网领域最强大的一股力量，从一家规模虽小但利润惊人的网络搜索公司发展为一个科技帝国，主导着从个人电子邮件、网络视频到智能手机的一切。吴恩达是附近斯坦福大学的计算机科学教授，他坐在靠墙的一张桌子旁。他觉得，相比于坐在餐厅中间，佩奇坐在边上的话被认出或者被搭讪的可能性要低一些。跟他坐在一起等待的，是他的一位斯坦福大学同事——塞巴斯蒂安·特隆（Sebastian Thrun）。在佩奇让特隆管理一个项目后，特隆就离开了大学，这个项目直到 2010 年 10 月才被公之于众：谷歌自动驾驶汽车。[1] 现在，由特隆担任中间人，吴恩达要给佩奇介绍一个新的想法。

34 岁的吴恩达是一个个子挺高的男人，说话的声音却近乎耳语，他在笔记本电脑上准备了一张线图来解释自己的想法，但是当佩奇最终到达并坐下来时，吴恩达觉得，在与谷歌首席执行官共进午餐时，从包里拿出一台笔记本电脑不太妥当。所以，他用手势来描述这个想法，线图的走势向上、向右。随着神经网络分析越来越多的数据，它变得越来越精确，无论是学习视觉、声音还是语言。谷歌拥有的是数据——多年来通过谷歌搜索、Gmail 和 YouTube 等服务收集的照片、视频、语音和文本。吴恩达已经在斯坦福大学的实验室里探索了深度学习，现在，他希望依靠谷歌的影响力来支持这个想法。特隆正在谷歌新的"登月实验室"（也就是之前的谷歌 X 实验室）里制造一辆自动驾驶汽车。他们设想了另一个基于深度学习的登月实验室计划。

吴恩达出生于伦敦，在新加坡长大，是一位中国香港医生的儿子。在进入斯坦福大学之前，他分别在卡内基-梅隆大学、麻省理工学院和加州大学伯克利分校学习了计算机科学、经济学和统计学，在斯坦福大学，他的第一个大项目是自动直升机。他很快就与另一位机器人专家结婚了，并在工程杂志《电气和电子工程师学会会刊》（*IEEE Spectrum*）上宣布了这个消息，还配有彩色照片。[2] 尽管他曾经告诉整个会场的学生，杨立昆是地球上唯一能从神经网络中挖掘出有用信息的人，但他还是随着潮流而动。

辛顿说："吴恩达是少数儿个原本从事其他工作，然后转向神经网络的人之一，因为他意识到发生了什么。他的博士生导师认为他是个叛徒。"在获得邀请后，他加入了辛顿用加拿大政府资金创建的小规模研究集体，来从事"神经计算"研究。辛顿将这项技术引入谷歌的一个部门，而吴恩达将其引入另一个部门，这绝非巧合。从同样的有利位置观察这项技术，吴恩达也看到了其发展方向。但是，在向拉里·佩奇推销这个想法时，他给了这个想法一个额外的机会。

　　就像他杰夫·辛顿的工作的影响一样，他也深受一本 2004 年出版的名为《智能时代》（On Intelligence）的书的影响，这本书的作者是一位硅谷工程师、创业者和自大狂型的神经科学家杰夫·霍金斯（Jeff Hawkins）。[3]霍金斯在 20 世纪 90 年代发明了奔迈（PalmPilot），也就是 iPhone 的先驱，但他真正想做的是研究大脑。在他的书中，他认为整个新皮质——大脑中处理视觉、听觉、语言和推理的部分——是由单一的生物算法驱动的。他说，如果科学家能重新创造这种算法，他们就能重新创造大脑。吴恩达把这件事放在了心上。在斯坦福大学面对研究生的演讲中，他描述了一个涉及雪貂大脑的实验。视神经如果从视觉皮质（大脑中处理视觉的地方）断开，然后连接到听觉皮质（大脑中处理听觉的地方），雪貂仍然可以看到东西。正如吴恩达所解释的那样，大脑的这两个部分使用相同的基础算法，这种单一算法可以在机器中被重新构建。他认为，深度学习的兴起是朝着这个方向发展的。他说："以前，学生们经常来我的办公室，说他们想从事智能机器的制造工作，我往往会心一笑，然后给他们出一个统计学的问题。但是我现在相信，智能是我们可以在有生之年重新创造的东西。"

在他与拉里·佩奇共进日式午餐后的几天里，他为谷歌创始人准备了一份正式的推销材料，这成了他方案里的基本内容。他告诉佩奇，深度学习不仅能提供图像识别、机器翻译和自然语言理解，还能推动机器走向真正的智能。在年底前，这个项目被批准了。它被称为"马文项目"（Project Marvin），这是对马文·明斯基的致敬，没有任何讽刺的意思。

<hr />

谷歌的总部位于加利福尼亚州山景城，在旧金山以南约 40英里的 101 号高速公路旁，处于旧金山湾的最南端，办公区主体坐落在公路旁的一座小山上。在那里，一组红蓝黄主题的建筑环绕着一个长满青草的大庭院，庭院中有一个铺满沙子的排球场和一个金属恐龙雕像。当吴恩达在 2011 年初加入谷歌时，这里并不是他工作的地方。他在谷歌 X 实验室工作，该部门在山景城其他地方的一栋大楼里设立了工作室，处于不断扩张的主营业务的边缘。但在加入公司后不久，他和特隆去了一趟山上的总部，以便与谷歌搜索的负责人见面。为了落实探索吴恩达的想法所需的预算、资源和政治资本，特隆安排了他与谷歌内部几个主要人

物的会面，第一位是主管谷歌搜索引擎近丨年的阿密特·辛格哈尔（Amit Singhal）。吴恩达给他推销的内容与给拉里·佩奇的一样，只是更聚焦于搜索引擎，而搜索引擎是这家公司皇冠上的宝石。谷歌搜索引擎多年来一直很成功，已成为全世界通往互联网的主要门户，它以一种简单的方式回答用户的询问：对关键词做出响应。你用 5 个词搜索，然后将它们的顺序打乱再搜索，可能每次都会得到相同的结果。但吴恩达告诉辛格哈尔，深度学习可以改善他的搜索引擎，而如果没有深度学习，这种改善就永远不可能实现。通过分析数百万次的谷歌搜索行为，寻找人们点击和不点击的模式，神经网络可以学会给出更接近用户实际需要的东西。"用户可以直接问问题，而不仅仅是输入关键词。"吴恩达说。

辛格哈尔却不感兴趣。"用户不想问问题，他们想输入关键词，"他说，"如果我让他们问问题，他们只会感到困惑。"即使他想超越关键词这种搜索方式，从根本上，他也反对去建立一个如此大规模地学习用户行为的系统。神经网络是一个"黑盒子"，当它做出决策，比如选择搜索结果时，我们没有办法确切地知道它为什么做出这个决策。每一个决策都基于几天甚至几周的计算，这些计算运行在几十个计算机芯片中。没有一个人能够掌控神经网络所学的一切，而改变它所学到的东西绝非小事，需要新的数据和全新一轮的试错。在运行谷歌搜索 10 年之后，辛格哈尔不想失去对搜索引擎运行方式的控制。当他和工程师对他们的搜索引擎进行修改时，他们确切地知道自己在改变什么，并且他们可以向任何询问的人解释更改的内容，而神经网络不是这样的。辛格哈尔给出的信息很明确。"我不想跟你交流了。"他说。

吴恩达还见了谷歌图像搜索和视频搜索服务的负责人，他们也拒绝了他。直到他和杰夫·迪恩走进同一间微型厨房，他才真正找到了合作者。[4] 微型厨房是一个非常谷歌化的术语，指的是一种遍布整个办公区的公共空间，员工可以在这里找到零食、饮料、餐具、微波炉，甚至可以简单地聊聊天。迪恩是谷歌的传奇人物。

杰夫·迪恩是一位热带疾病研究员和一位医学人类学家的儿子，他在成长的过程中在全球各地很多地方待过。由于父母的工作性质，他们家从他出生的夏威夷搬到了索马里，在那里，他在中学期间协助管理了一座难民营。当他还是佐治亚州亚特兰大的一名高三学生时，他的父亲在当地的疾病控制和预防中心工作，杰夫·迪恩为疾控中心开发了一款软件工具，帮助研究人员搜集疾病数据，并且在约 40 年后，这些数据仍然是整个发展中国家流行病学的主要内容。[5] 在研究生阶段，他学习的是计算机科学的基础层——"编译器"，它可以将软件代码转化为计算机可以理解的东西。毕业之后，他加入了由 DEC（数字设备公司）运营的硅谷研究实验室，随着这家曾经的计算机行业巨头的影响力不断减弱，他成为在谷歌公司开始快速发展时加入谷歌的顶级 DEC 研究人员之一。[6] 谷歌早期的成功通常被归功于 PageRank（网页排名），这是拉里·佩奇和他的联合创始人谢尔盖·布林在斯坦福大学读研究生期间开发的搜索算法。迪恩身材苗条，下巴方方的，身上带着一种古典的帅气，说话时带着礼貌的羞涩和轻微的口齿不清，他对公司的快速发展来说同样重要。他和其他一些工程师搭建了全面支撑谷歌搜索引擎的软件系统，这些系统跨越数千台计算机服务器和多个数据中心，让 PageRank 在每一秒都能立即为数百万人提供服务。塞巴斯蒂安·特隆说："迪恩的专长是用数百万台计算机构建一个系统，并使其运行得像一台计算机一样。在计算机历史上，从来没有人做到过这样。"

在工程师群体里，迪恩像硅谷的其他人一样受到尊敬。"在我还是一名年轻工程师时，这是我们的午餐话题。我们会围坐在一起谈论他有多么强大，"凯文·斯科特（Kevin Scott）回忆道，他是一个早期的谷歌人，后来成了微软的首席技术官，"他有一种不可思议的能力，能够针对这些非常复杂的技术细节来确定它们的本质。"在某年愚人节的那天——这是谷歌成立初期的一个神圣时刻，该公司的内网上出现了一个网站，展示了一份叫作"杰夫·迪恩事实"的清单，这是即兴模仿在互联网上疯传的"查克·诺里斯事实"，而后者是对这位 20 世纪 80 年代动作电影明星表达的讽刺性赞美。

- 杰夫·迪恩曾经在一次图灵测试中失败，因为他在不到一秒的时间里正确识别了第 203 个斐波那契数。
- 杰夫·迪恩在提交代码之前对其进行了编译和运行，只是为了检查编译器和 CPU 的错误。
- 杰夫·迪恩的个人识别码是圆周率的最后 4 位。
- 真空中的光速曾被认为是每小时 35 英里左右。然后，杰夫·迪恩花了一个周末优化了物理学。

该网站鼓励其他谷歌员工添加他们自己的"事实"，很多人也这样做了。创建网站的年轻工程师肯顿·瓦达（Kenton Varda）小心翼翼地隐藏了自己的身份，但在将隐藏在谷歌服务器日志中的一些数字线索拼凑起来之后，迪恩找到了他，并给他发了一封感谢信。起初这只是一个愚人节玩笑，后来却演变成了谷歌神话，一个经常在公司内外被重复讲述的故事。

吴恩达知道，杰夫·迪恩将为他的项目带来其他人很少可以提供的技术专长，以及有助于项目在公司内部蓬勃发展的政治资本。因此，他们在微型厨房的碰面至关重要，当时迪恩问吴恩达在谷歌做什么，吴恩达小声说他在打造神经网络。根据公司的传说，这是一个偶然的时刻，却引发了谷歌人工智能实验室的创建。但实际上，迪恩在碰面之前已经给吴恩达发了邮件。从到公司的最初几天起，吴恩达就知道他的项目取决于杰夫·迪恩的兴趣。他一直关心如何让迪恩加入，并让他留在其中。他不知道的是，迪恩曾经接触过神经网络。迪恩比吴恩达年长近 10 岁，20 世纪 90 年代初在明尼苏达大学读本科的时候，在连接主义研究的第一次复兴时期，迪恩就探索了这个想法。为了写毕业论文，他在一台名为"恺撒"的有 64 个处理器的机器上训练了一个神经网络，该机器在当时看起来非常强大，但对这项技术最终需要做的有用的事情来说，它还相去甚远。他说："我觉得，通过在 64 个处理器上进行并行计算，也许我们能够做一些有趣的事情，但我太天真了。"他需要 100 万倍的计算能力，而不是 60 多倍。所以，当吴恩达说他正在研究神经网络时，迪恩完全知道这意味着什么。事实上，另外两位谷歌人，包括一位名叫格雷格·科拉多（Greg Corrado）的神经科学家，已经在探索这个想法了。"我们在谷歌有很多电脑，"他以典型的直白方式告诉吴恩达，"为什么我们不训练一些真正庞大的神经网络？"毕竟，这是迪恩的专长——汇集数百甚至数千台机器的计算能力，并将它们应用于同一个问题。那年冬天，他在谷歌 X 实验室内部配置了一张额外的办公桌，并将他的"20% 的时间"——谷歌人传统上每周花一天时间做自己感兴趣的业余项目——投入吴恩达的项目。一开始，马文项目只是另一个实验，吴恩达、迪恩和科拉多只是把他们的一部分精力放在这项工作上。

他们打造了一个系统，呼应了 21 世纪初一个非常人性化的网络消遣：在 YouTube 视频中观察猫。[7] 它利用遍布谷歌数据中心的 16 000 多块计算机芯片的能力，分析了数百万条视频，并自学了如何识别一只猫。[8] 尽管结果远不如当时领先的图像识别工具准确，但这是神经网络在 60 年发展进程中往前迈出的一步。第二年夏天，吴恩达、迪恩和科拉多发表了他们的研究成果，在人工智能专家中，这份研究被称为"小猫论文"（Cat Paper）。[9] 该项目还出现在《纽约时报》上，被描述为"人脑的模拟"。[10] 这就是研究人员看待他们工作的方式。神经科学家迪恩和科拉多最终将所有的时间都投入吴恩达的项目中。他们还从斯坦福大学和多伦多大学聘请了额外的研究人员，因为该项目从谷歌 X 实验室"毕业"之后进入了一个专门的人工智能实验室——"谷歌大脑"。

行业中的其他人，甚至"谷歌大脑"里的部分人，都没有意识到将会发生什么。正当实验室发展到了这个关键的时刻，吴恩达却决定离开。他还有一个在进行中的项目需要他的关注。他在创立一家初创公司 Coursera，专门从事 MOOC，即大规模开放在线课程，这是一种通过互联网提供大学教育的方式。2012 年，创业者、投资人和记者们确信，这是能彻底改变世界的硅谷创意之一。与此同时，塞巴斯蒂安·特隆也在创建一家类似的初创公司，名为 Udacity（优达学城）。但是，这两家公司都无法与"谷歌大脑"内部即将展开的项目相提并论。

吴恩达的离开，间接地催化了这个项目。临走前，他推荐了一位替代者：杰夫·辛顿。多年之后看来，这对所有相关人员来说似乎是自然而然的一步。辛顿不仅仅是吴恩达的导师，他在一年前将纳夫迪普·贾特利送到谷歌时，就已经为实验室的第一次巨大成功播下了种子，这一成功让辛顿培育了几十年的技术得以实现。但是，当谷歌在 2012 年春天来找他时，他对离开多伦多大学不感兴趣。他是一位 64 岁的终身教授，负责培养一大批研究生和博士后，所以他只同意在谷歌的新实验室待一个夏天。[11]由于谷歌招聘规则的特殊性，该公司以暑期实习生的名义将他引入，同时招聘的还包括几十名大学生。在迎新周期间，辛顿感觉自己像一个怪人，当时似乎只有他不知道 LDAP 是登录谷歌计算机网络的一种方式。[12]"过了没几分钟，他们决定抽出 4 名教练中的一个，让他站在我旁边。"他回忆道。但在这次迎新周上，他也注意到了另一群稍显格格不入的人：几位高管和他们的私人助理，他们似乎都笑得合不拢嘴。一天午饭时，辛顿走近他们，问他们为什么参加迎新周，他们说自己的公司刚刚被谷歌收购。于是辛顿觉得，把一家公司卖给谷歌是一个让自己开心的好方法。

在那个夏天，"谷歌大脑"的团队已经扩展到十几名研究人员，他们搬进了一栋大楼，该大楼与拉里·佩奇和其他高管团队所在的大楼隔着一个院子。辛顿认识其中一位名叫马克·奥雷利奥·兰扎托（Marc'Aurelio Ranzato）的研究人员，他曾是多伦多大学的博士后，他还对杰夫·迪恩印象深刻。他把迪恩比作巴恩斯·沃利斯（Barnes Wallis），后者是英国经典战争电影《溃坝者》（*The Dan Busters*）中描绘的一位 20 世纪的科学家和发明家。在影片中，沃利斯向一名政府官员索要一架惠灵顿轰炸机。[13] 他需要一种测试炸弹在水面弹跳的方法，这是一个看似荒谬的想法，没有人认为会奏效。这位官员拒绝了，解释说正在打仗，惠灵顿轰炸机很难找到。这位官员说："它们的价值甚至超过同等重量的黄金。"但当沃利斯透露是他设计了惠灵顿轰炸机时，这位官员终于给了他想要的东西。在辛顿进行暑期"实习"期间，有一个项目遭遇了谷歌对可用计算能力的限制。于是，研究人员告诉杰夫·迪恩，迪恩又订购了价值 200 万美元的设备。是他创建了谷歌的基础设施，这意味着他可以在他认为合适的时候使用。辛顿说："他打造了一种可以让'谷歌大脑'的团队运作起来的机制，我们不用担心其他任何事情。如果你需要什么，你找迪恩，他就能给你。"辛顿认为，迪恩的奇怪之处在于，与大多数如此聪明、如此强大的人不同，他不是自我驱动型的，但总是愿意合作。辛顿把他比作艾萨克·牛顿，只不过牛顿是个"浑蛋"："大多数聪明人，比如牛顿这样的人，都会记仇。杰夫·迪恩的个性中似乎没有那种元素。"

具有讽刺意味的是，实验室的方法完全错了。他们使用了错误的计算能力，并且运行了错误的神经网络。纳夫迪普·贾特利的语音系统是在 GPU 芯片上成功训练出来的。然而，迪恩和"谷歌大脑"的其他创始人是在支撑谷歌全球数据中心网络的机器上训练系统的，这些机器使用了成千上万个 CPU（这种芯片是计算机的核心），而不是 GPU。[14] 塞巴斯蒂安·特隆曾游说谷歌的基础设施主管在其数据中心内安装配备 GPU 的机器，但遭到了拒绝，理由是这将使该公司的数据中心运营复杂化，并推高成本。当杰夫·迪恩和他的团队在一次大型人工智能会议上展示他们的方法时，当时还是蒙特利尔大学学生的伊恩·古德费洛就从观众席的座位上站起来，斥责他们没有使用 GPU——尽管他很快就会后悔自己如此轻率地公开批评杰夫·迪恩。"当时我不知道他是谁，"古德费洛说，"而现在我有点儿崇拜他了。"

那个被称为 DistBelief 的系统也运行了错误的神经网络。通常，研究人员必须先给每幅图像贴上标签，然后才能帮助训练神经网络。他们必须将每只猫识别为一只猫，并在每只动物周围画一个数字"边界框"。但是，谷歌的"小猫论文"详细介绍了一个系统，该系统可以学习从未标记的原始图像中识别猫和其他物体。尽管迪恩和他的合作者展示了他们可以在不标记图像的情况下训练一个系统，但事实证明，如果给神经网络的数据是被标记过的，系统就会更加准确、可靠和高效。那年秋天，辛顿在谷歌短暂"实习"后回到多伦多大学，他和他的两名学生非常清楚地证明了，谷歌走错了路线。于是，他们创建了一个系统，这个系统可以分析标记过的图像，并学会识别物体，其准确度远远超过任何人以前打造的任何技术，这表明，当人类将其指向正确的方向时，机器的效率会更高。如果有人给神经网络指明猫的确切位置，神经网络就会以更加强大的方式进行学习。

2012年春天，杰夫·辛顿打电话给加州大学伯克利分校的教授吉腾德拉·马利克，后者曾公开抨击过吴恩达的一个观点——深度学习是计算机视觉的未来。尽管深度学习在语音识别上取得了成功，但马利克和他的同事质疑这项技术能否掌握识别图像的艺术。因为马利克通常把陌生来电当作试图向他推销东西的推销员打来的，所以他能接起辛顿的电话倒是令人惊讶。电话接通后，辛顿说："我听说你不喜欢深度学习。"马利克说是的，当辛顿问及原因时，马利克说，任何关于深度学习在计算机视觉方面可能优于其他任何技术的说法，都缺乏科学证据支持。辛顿指出，最近的论文表明，深度学习在多个基准测试中识别物体的效果都很好。马利克说这些数据集太陈旧了，没人关心它们。"这无法说服任何一个与你的意识形态偏好不一致的人。"他说。辛顿于是问怎样才能说服他。

起初，马利克说深度学习必须掌握一个名为 PASCAL 的欧洲数据集。"PASCAL 的体量太小了，"辛顿告诉他，"要让系统有效，我们需要大量的训练数据。ImageNet 如何？"马利克答应了。ImageNet 竞赛是一场年度比赛，由斯坦福大学的一间实验室举办，那个地方位于伯克利以南约 40 英里。[15] 该实验室已经汇编了一个巨大的数据库，里面有被精心标记的照片，从小狗、鲜花到汽车，不一而足。全球的研究人员每年都在竞争中打造系统，比试哪个系统能够识别出最多的图像。辛顿认为，如果能在 ImageNet 竞赛中脱颖而出，他就肯定会赢得这场争论。他没有告诉马利克的是，他的实验室已经在为即将到来的比赛打造一个神经网络，多亏了他的两名学生——伊利亚·萨特斯基弗和亚历克斯·克里哲夫斯基，这个系统快要完工了。

萨特斯基弗和克里哲夫斯基是人工智能研究国际化的典型代表。两人都出生在苏联，随后移居以色列，再之后到了加拿大多伦多。但除此之外，他们之间的差异很大。野心勃勃、略显急躁甚至爱出风头的萨特斯基弗，早在 9 年前就敲开了辛顿办公室的大门，当时他还是多伦多大学的本科生，他通过在当地一家快餐店炸薯条来挣外快。当门打开时，他立即操着短促的东欧口音问，他能否加入辛顿的深度学习实验室。

"你为什么不约个时间，这样我们可以谈谈。"辛顿说。

"好的，"萨特斯基弗说，"现在怎么样？"

于是，辛顿邀请他进来。萨特斯基弗是一名数学系的学生，在那几分钟里，他看起来像一个敏锐的人。辛顿给了他一篇反向传播论文的复印件——这份论文在25年前揭示了深层神经网络的潜力——并告诉他读完之后再回来。几天后，萨特斯基弗回来了。

"我不明白。"他说。

"这只是基本的微积分。"辛顿说，他既惊讶又失望。

"哦，不是的。我不明白的是，你为什么不求导并采用一个合理的函数优化器。"

"我花了5年时间才想到这一点。"辛顿对自己说。于是他递给这名21岁的学生第二篇论文。一周后，萨特斯基弗又回来了。

"我不明白。"他说。

"为什么呢？"

"你训练一个神经网络来解决一个问题，然后，如果你想解决一个不同的问题，你又要用另一个神经网络重新开始，继续训练它来解决一个不同的问题。其实，你应该训练一个神经网络来解决所有的问题。"

辛顿意识到，萨特斯基弗有一种得出结论的方法，即使经验丰富的研究人员也需要花数年时间才能得到这些结论，于是辛顿邀请他加入自己的实验室。当他刚刚加入时，他的受教育水平远远落后于其他学生——辛顿认为可能落后了几年，但他在几周之内就赶上了。辛顿把他视为自己教过的唯一一个比自己有更多好想法的学生，而萨特斯基弗——他总是把自己的黑发剪得很短——似乎总是愁眉苦脸，并以一种近乎疯狂的能量去尝试这些想法。当一些伟大的想法出现时，他会在与乔治·达尔合住的多伦多大学公寓的中央，用倒立俯卧撑的方式来强调这一时刻。"成功有保障了。"他会说。2010 年，在阅读了瑞士的于尔根·施米德胡贝的实验室发表的一篇论文后，他和其他几位研究人员站在走廊里，宣布神经网络将解决计算机视觉问题，并坚称这仅仅是由谁去做这项工作的问题。

辛顿和萨特斯基弗这些有想法的人看到了神经网络要如何在 ImageNet 竞赛中胜出，但他们需要亚历克斯·克里哲夫斯基的技能才能实现。言简意赅且腼腆的克里哲夫斯基并不赞成这个伟大的想法，但他是一位非常有才华的软件工程师，拥有创建神经网络的诀窍。依靠经验、直觉和一点儿运气，像克里哲夫斯基这样的研究人员通过反复试验打造了这些系统，通过几个小时甚至几天的计算机计算，他们努力从中得到一个结果，而这些计算是他们永远无法自行完成的。他们将微小的数学运算工作分配给数十个数字神经元，将数千张小狗的照片输入这个人工神经网络，并希望经过数小时的计算，它能学会识别小狗。如果没有成功，他们就调整数学公式，然后一次又一次地尝试，直到成功。克里哲夫斯基是一些人口中的"黑暗艺术"大师。但更重要的是，至少在目前，他有办法从一台装有 GPU 芯片的机器中榨出最后一点速度，而 GPU 芯片仍然是一种不寻常的计算机硬件。"他非常擅长神经网络研究，"辛顿说，"但他也是一位了不起的软件工程师。"

在萨特斯基弗提到 ImageNet 竞赛之前，克里哲夫斯基甚至没有听说过它，在了解这个计划的内容之后，他也不像实验室伙伴那样对它的可能性充满热情。萨特斯基弗花了几周时间修改数据，这样处理起来就会特别容易，而辛顿告诉克里哲夫斯基，每次将神经网络的性能提高 1%，他就可以有额外的一周时间来写他的"深度论文"，这是一个全校知名的项目，已经晚了几周。（"那是个玩笑。"克里哲夫斯基说。"他可能以为这是个玩笑，但并非如此。"辛顿说。）

克里哲夫斯基仍然跟父母住在一起，他在卧室的计算机上训练他的神经网络。几周过去了，他从机器的两个 GPU 显卡中挖掘了越来越多的性能，这意味着他可以将越来越多的数据输入他的神经网络。辛顿常常说，多伦多大学甚至都不用支付电费。每周，克里哲夫斯基都会启动训练，随着时间的推移，在他卧室计算机的屏幕上，他可以看到训练的进展——黑色的屏幕上写满了往上计数的白色数字。一周之后，他用一组新的图像测试该系统，但是没有达到目标，所以他修改 GPU 代码，并调整神经元的权重，然后再训练一周、再一周。每周，辛顿都会在他的实验室里监督学生们的聚会，这些聚会就像贵格会的教友聚会一样。大家只是坐在那里，直到有人决定畅所欲言，分享他们正在做的工作和看到的进展。克里哲夫斯基很少说话，但是，当辛顿让他说出训练结果时，房间里爆发出一种真正的兴奋感。"每周，他都会试图让亚历克斯·克里哲夫斯基多说一点儿，他知道这有多么了不起。"亚历克斯·格雷夫斯回忆道，他是那些年实验室里的另一名成员。到了秋天，克里哲夫斯基的神经网络已经超过了当时最先进的技术水平。它的精确度几乎达到了全世界第二好的系统的两倍。[16] 它赢得了 ImageNet 竞赛。

克里哲夫斯基、萨特斯基弗和辛顿接着发表了一篇论文来描述他们的系统（后来被命名为 AlexNet），克里哲夫斯基 10 月底在意大利佛罗伦萨举行的计算机视觉会议上公布了这篇论文。面对 100 多名研究人员，他用典型的柔和且近乎带有歉意的语气描述了这个项目。当他发言结束时，会场里爆发出一些争论。一位名叫阿列克谢·埃弗罗斯（Alexei Efros）的加州大学伯克利分校教授从会场前排的座位上站起来，告诉会场里的其他人，ImageNet 竞赛不是一种可靠的计算机视觉测试。"它不像真实世界。"他说，其中可能包括数百张 T 恤的照片，AlexNet 可能已经学会了识别这些 T 恤，但这些 T 恤是整齐地摆放在桌子上的，没有一丝皱纹，不是穿在真人身上的。"也许你可以在亚马逊的目录中检测到这些 T 恤，但这无助于你检测真实世界里的 T恤。"埃弗罗斯在伯克利分校的同事吉腾德拉·马利克曾告诉辛顿，如果一个神经网络能赢得 ImageNet 竞赛，那么这将改变他对深度学习的看法。马利克说他对此印象深刻，但在这项技术被应用于其他数据集之前，他不会给出自己的判断。克里哲夫斯基没有机会为自己的工作辩护，辩护工作是由杨立昆来承担的，他站出来说，这是计算机视觉历史上一个明确的转折点。"这就是证据。"他的声音从房间的另一头传来。

他是对的。在面对多年来对神经网络未来的怀疑之后，事实证明他是正确的。在赢得 ImageNet 竞赛的过程中，辛顿和他的学生们使用了杨立昆在 20 世纪 80 年代后期创新成果的一个修改版本：卷积神经网络。但对杨立昆实验室的一些学生来说，这也是一种失落。在辛顿和他的学生们发表了 AlexNet 的论文之后，杨立昆的学生们感到，一种深深的遗憾降临在他们的实验室——一种感觉，经过 30 年的奋斗，他们跌跌撞撞地走到了最后一关。"多伦多大学的学生比纽约大学的学生行动更快。"杨立昆在当天晚上讨论这篇论文时，这样对埃弗罗斯和马利克说。

在随后的几年里，辛顿将深度学习比作大陆漂移理论。阿尔弗雷德·魏格纳（Alfred Wegener）第一次提出这个理论是在 1912 年。[17]几十年来，这个理论不断地被地质学界驳回，部分原因是魏格纳不是地质学家。辛顿说："魏格纳有证据，但他是一名气候学家，不是'我们中的一员'，所以他被嘲笑了。神经网络的情况也是如此。"有大量的证据表明，神经网络可以在各种各样的任务中取得成功，但它被忽视了。"如果你从随机权重开始，且拥有大量的数据，那么你去实现所有这些美妙的结果，要我们相信这个简直是太过分了，你做梦去吧，一厢情愿。"

最终，阿尔弗雷德·魏格纳被证明是正确的，但是他没有活到享受被认可的那一刻。他死于去格陵兰探险的途中。在深度学习领域，没有活到见证这一刻的先驱是戴维·鲁梅尔哈特。在 20 世纪 90 年代，他患上了一种叫皮克病的大脑退行性疾病，这种疾病开始破坏他的判断力。[18] 在被确诊之前，他在一段漫长而幸福的婚姻后与妻子离婚，并为了另一段不太幸福的婚姻而辞职。他最终搬到了密歇根州，他的哥哥在那里照顾他。他于 2011 年去世，比 AlexNet 出现的时间早了一年。"如果还活着，"辛顿说，"他会是一位重要人物。"

AlexNet 的论文成了计算机科学史上最有影响力的论文之一，被其他科学家引用超过 6 万次。辛顿常常说，这篇论文被引用的次数至少比他父亲写过的任何一篇论文都多 5.9 万次。"但是谁会数呢？"他会问。AlexNet 不仅是深度学习的转折点，也是全球科技行业的转折点。它表明，神经网络可以在多个领域取得成功——不仅仅是语音识别，而 GPU 对于这一成功至关重要，它改变了软件和硬件市场。在百度认识到其重要性后，深度学习研究员余凯向李彦宏解释了这一时刻。在邓力赢得时任执行副总裁陆奇的支持后，微软也认识到了。谷歌同样如此。

正是在这个关键时刻，辛顿创建了 DNNresearch 公司。那年 12 月，他们在太浩湖酒店的房间里，以 4 400 万美元的价格拍卖了这家公司。在分配收益的时候，辛顿的计划一直是三人平分。但辛顿的两名研究生告诉他，他应该得到更大的份额：40%。"你们这是在放弃一大笔钱，"他告诉两名学生，"你们先回房间睡觉去吧。"

第二天早上回来时，他们依然坚持要辛顿拿更大的份额。"这体现了他们是什么样的人，"辛顿说，"但没有体现出我是什么样的人。"

06 DeepMind 的野心与谷歌的收购

> **让我们真正做大！**

对阿兰·尤斯塔斯而言，收购 DNNresearch 只是一个开始。作为谷歌的工程主管，他一心想垄断深度学习研究人员的全球市场，或者至少接近这个目标。几个月前，首席执行官拉里·佩奇将此作为优先事项，当时他和谷歌高管团队的其他成员聚集在南太平洋的一座（未披露的）岛屿上举行战略会议。佩奇告诉他的副手们，深度学习将会改变这个行业，谷歌需要率先到达那里。"让我们真正做大！"他说。尤斯塔斯是会议室里唯一真正知道他在说什么的人。"他们都退缩了，"尤斯塔斯回忆道，"但我没有。"然后，佩奇让尤斯塔斯自由发挥，以确保在这个仍然很小的领域里掌控所有领先的研究人员，这可能需要招募数百名新员工。他已经从多伦多大学带来了辛顿、萨特斯基弗和克里哲夫斯基，现在，在 2013 年 12 月的最后几天，他又飞往伦敦去追逐 DeepMind。

DeepMind 差不多与"谷歌大脑"同时成立，这是一家有着极其崇高的目标的初创公司。公司旨在打造所谓的"通用人工智能"技术，这项技术可以做到人类大脑能做的任何事情，并且会做得更好。这还需要几年、几十年甚至几个世纪的时间，但这家小公司的创始人相信总有一天会实现，就像吴恩达和其他乐观的研究人员一样，他们相信，像多伦多大学这样的实验室所酝酿的很多想法都是强有力的起点。尽管与主要竞争对手相比，DeepMind 欠缺雄厚的财力，但它还是会去参与竞拍辛顿的初创公司，并且聚集了可能是世界上最令人印象深刻的年轻的人工智能研究人员，即使与谷歌迅速增长的名单相比也是如此。结果，这个潜在的偷猎者成了其他偷猎者（包括谷歌最人的竞争对手 Facebook 和微软）的目标。这给尤斯塔斯的行动增添了一些紧迫感。尤斯塔斯、杰夫·迪恩和另外两名谷歌人计划在伦敦市中心拉塞尔广场附近的 DeepMind 办公室待上两天，这样他们就可以考察实验室的技术和人才了，他们知道，应该还有一名谷歌人会加入他们：杰夫·辛顿。但是，当尤斯塔斯要求辛顿加入他们的跨大西洋考察之旅时，辛顿礼貌地拒绝了，说自己腰背的状况不允许他出行。他说，航空公司会要求他在飞机起飞和降落时坐下，但他已决定不再坐下了。起初，尤斯塔斯表面上接受了辛顿的拒绝，但他说自己会找到解决办法。

尤斯塔斯不仅仅是一名工程师。他身材修长，腰板笔挺，戴着一副无框眼镜，他还是一名飞行员、跳伞运动员和一个全能型寻求刺激的人，他用制造计算机芯片时的那种冷静、理性来规划每一次新的刺激。当他穿上压力服，从飘浮在地球上方25英里平流层中的气球上一跃而下时，他很快就创造了一项世界纪录。[1] 就在最近，他和其他几名跳伞者从一架湾流喷气式飞机上跳伞——一件从未有人做过的事情——这让他产生了一个想法。在他们中的任何一个人跳下之前，必须有人打开飞机后部的门，而为了确保他们在跳跃之前不会翻滚到远处，他们穿上了全身式登山安全带，安全带上有两条长长的黑色带子，挂在机舱内壁的金属环上。尤斯塔斯认定，如果谷歌租一架私人飞机，他们就可以给辛顿套上安全带，把他放在固定于地板的床上，然后用同样的方法把他挂到飞机上。他们就是这么做的。他们乘坐私人湾流飞机到伦敦，辛顿躺在一张由两个座位折叠成的临时床上，两条带子把他固定住。"所有人都对我很满意，"辛顿说，"因为这让他们也可以乘坐私人飞机。"

这架私人飞机的基地位于加州圣何塞，这些飞机经常被谷歌和其他硅谷科技巨头租用，不同的公司使用时，机组人员还会改变机舱内的照明方案，以匹配其企业标志。2013年12月的一个星期天，谷歌的人登机时，灯是蓝色、红色和黄色的。辛顿不确定安全带如何保证他的人身安全，但他觉得这样至少能让他在飞机起飞和降落时不至于在飞机里翻滚，也不至于一头撞上谷歌的同事。那天晚上，他们在伦敦着陆，第二天早上，辛顿走进了

DeepMind 的办公室。

————————————

　　DeepMind 由一群强大的头脑领导。其中两人，戴密斯·哈萨比斯和戴维·西尔弗（David Silver），相识于在剑桥大学读本科的时候，但他们最初是在西尔弗的家乡、英国东海岸附近举办的一场青年国际象棋锦标赛上相遇的。[2] "在哈萨比斯认识我之前，我就知道他了，"西尔弗说，"我看到他出现在我们镇上，他赢得了比赛，然后离开了。"哈萨比斯的母亲是一位华裔新加坡人，父亲是希腊裔塞浦路斯人，他们在伦敦北部经营着一家玩具店，哈萨比斯一度是世界上排名第二的 14 岁以下的国际象棋选手，但他的天赋不仅限于国际象棋。他以计算机科学第一名的成绩毕业于剑桥大学，他有办法掌握大多数思维类的游戏。1998年，21 岁时，他参加了在伦敦皇家节日大厅举行的"全能脑力"比赛，来自世界各地的选手们挑选五类游戏参与比赛，包括国际象棋、围棋、拼字游戏、双陆棋和扑克，哈萨比斯大获全胜。在接下来的五年里，他又赢了四次，另外那一次，是他没参加。在第二次赢得比赛后，他在网络日记中写道："尽管脑力运动看起来很高深，但它与其他任何运动一样竞争激烈。在最高级别的比赛中，一切都会发生。辱骂对手、摇晃桌子和各种作弊手段都是比赛的一部分。我过去参加的青年国际象棋锦标赛的桌子下面安装了隔板，以防止参赛者互相踢腿。别被骗了，这就是战争。"[3]
杰夫·辛顿后来说，哈萨比斯堪称有史以来最伟大的游戏玩家，
然后辛顿尖锐地补充说，他的实力不仅展示在智力上，还展示在
他对胜利的极端且坚定不移的渴望上。在"全能脑力"比赛上取
得成功之后，哈萨比斯在《外交风云》（*Diplomacy*）游戏比赛上
赢得了世界团体冠军。[4]这是一款以第一次世界大战前的欧洲为
背景的棋盘游戏，在该游戏中，顶尖玩家要依靠国际象棋棋手的
分析和战略技巧，同时也需要利用谈判、欺骗和共谋等计策才能
走向胜利。"他有三样东西，"辛顿说，"他很聪明，很有竞争性，
也非常擅长社交。这是一个危险的技能组合。"

有两件事情让哈萨比斯痴迷。一件是设计电子游戏。在缺席
"全能脑力"比赛那年，他帮助著名的英国设计师彼得·莫利纽
克斯（Peter Molyneux）创建了《主题公园》（*Theme Park*）游戏，
在这款游戏里，玩家们建造并运营一个巨大的数字模拟摩天轮与
过山车游乐园。[5]这款游戏的销量估计有 1 000 万份，它激发了
一种重新创造大量物理世界的全新游戏类型——模拟游戏。另一
件让哈萨比斯痴迷的事是人工智能。他相信自己有一天会创造出
一台可以模仿大脑的机器。在接下来的几年里，随着他创立起
DeepMind，这两件令他痴迷的事让人难以预料地融合在了一起。

在剑桥大学本科生戴维·西尔弗身上，哈萨比斯找到了一种
志趣相投的感觉。大学毕业后，他们两人创立了一家名为 Elixir
的电子游戏公司。哈萨比斯在伦敦发展这家公司的过程中，一直
在网上记录着公司内外的生活（大部分是公司内部的）。[6]这是

一种宣传手段，由他的一位设计师代笔，这种方式引起了人们对他的公司及其游戏的兴趣。但他在某些地方非常诚实，展示了自己的极客魅力、足智多谋和钢铁般坚定的必胜决心。有一次，他记录了自己与英国知名的游戏发行商 Eidos 的会面情况，Eidos 同意发行 Elixir 的第一款游戏。哈萨比斯说，对一家游戏开发商来说，与发行商建立深厚的信任感是至关重要的，他觉得在伦敦办公室里的这次长谈会面取得了成功。但是当会议结束时，Eidos 的董事会主席——伊恩·利文斯通（Ian Livingstone），一个后来因为行业贡献而被授予大英帝国司令勋章的人——注意到会议室里有一张桌上足球台，他向哈萨比斯提出挑战。哈萨比斯思考了一下他是否应该输掉这场比赛，以便让他的发行商感到开心，然后得出结论：除了赢下来，他别无选择。哈萨比斯说："伊恩不是一个普通的玩家，有传言说，他曾和史蒂夫·杰克逊（Steve Jackson）一起获得过赫尔大学的双人冠军。这把我置于一个可怕的境地。成为 Eidos 董事会主席的手下败将（面对出色的球技）意味着获得一张门票。不过，你得在某个地方划清界限。毕竟，游戏就是游戏。我以 6∶3 的比分获胜。"[7]

他的日记似乎不局限于 Elixir 公司，也涉及他的下一次创业。启动第一次创业时，他坐在家里的长椅上，听着科幻电影《银翼杀手》（Blade Runner）的配乐（第十二首，《雨中泪水独白》，单曲循环）。正如斯坦利·库布里克在 20 世纪 60 年代末启发了年轻的杨立昆一样，雷德利·斯科特（Ridley Scott）在 20 世纪 80 年代初用这部现代科幻经典抓住了年轻的哈萨比斯的想象力。在这部经典影片中，一位科学家和他专横的公司制造了一些行为像人类的机器。随着规模较小的游戏开发商被挤出市场，哈萨比斯关闭了 Elixir，并决定创建另一家公司。他认为，新公司将会比上一家更加野心勃勃，回到他在计算机科学和科幻小说的根本上。2005 年，他下定决心创建一家能够再造人类智能的公司。

他知道自己离迈出第一小步还差好几年时间。在实际创办一家公司之前，他在伦敦大学学院攻读了神经科学博士学位，希望在再造大脑之前更好地了解大脑。"我在学术界的逗留总是暂时的。"他说。戴维·西尔弗也回到了学术界，但不是作为神经科学家。[8] 他在加拿大阿尔伯塔大学进入了一个相邻的领域——人工智能。在重新走到一起创办 DeepMind 之前，他们两人在研究领域上的差异表明了神经科学与人工智能之间的关系，至少这些年推动人工智能实现巨大变化的很多研究人员都是这么看的。没有人能真正理解大脑，也没有人能再造它，但有些人相信这两种努力最终会相互带动。哈萨比斯称之为"一种良性的循环"。

在伦敦大学学院，哈萨比斯探索的是大脑中记忆与想象的交集。在一篇论文中，他研究了一些大脑受损后出现遗忘症、无法记住过去的人，他发现这些人在想象自己处于新环境时也很困难，比如去购物中心或去海滩度假。[9] 识别、存储和回忆图像在某种程度上与创造图像有关联。2007 年，世界领先的学术期刊《科学》提名这项研究成果为年度十大科学突破之一。[10] 但这只是另一块垫脚石而已。在获得博士学位之后，哈萨比斯开始在伦敦大学学院实验室的盖茨比计算神经科学中心做博士后研究，该研究中心聚焦于神经科学和人工智能的交会处，由英国超市巨头戴维·塞恩斯伯里（David Sainsbury）资助，创始教授是杰夫·辛顿。

在创办仅仅三年之后，辛顿就离开了这个职位，回到多伦多大学担任教授，而哈萨比斯那时还在经营他的游戏公司。几年之后，他们才终于相遇，但也仅仅是匆匆一见。哈萨比斯与盖茨比中心的一位研究人员沙恩·莱格（Shane Legg）达成了共识。正如他后来回忆的那样，当时通用人工智能并不是严肃的科学家们公开讨论的内容，即使在盖茨比中心这样的地方。"这基本上是一个被人耻笑的领域，"他说，"如果你跟任何人谈论通用人工智能，最好的情况是别人认为你很古怪，最坏的情况是别人认为你具有某种妄想的、非科学的特征。"但莱格是新西兰人，他曾一边练习芭蕾，一边学习计算机科学和数学，他和哈萨比斯有着同样的见解。他梦想打造"超级智能"，一种可以超越大脑能力的技术，尽管他担心这些机器有一天会危及人类的未来。他在论文中说，超级智能可以带来前所未有的财富和机会，或者导致威胁人类生存的"噩梦场景"。[11] 他认为，即使打造出超级智能的可能性微乎其微，研究人员也必须考虑可能的后果。"一个人如果认同，真正的智能机器的影响可能是深远的，并且在可预见的未来至少有很小的概率会发生这种情况，那么他就需要谨慎地提前做好准备。如果到了智能机器短期内很有可能出现的时候，我们再来深入讨论和思考所涉及的问题，那就太晚了，"他写道，"我们现在就需要认真对待这些事情。"[12] 他更大的信念是，大脑本身将为构建超级智能提供一张地图，这就是他来到盖茨比中心的原因。"那里似乎是一个非常自然的去处。"他说。在那里，他可以探索他所谓的"大脑和机器学习之间的联系"。

多年之后，杰夫·辛顿描述沙恩·莱格时，将他与戴密斯·哈萨比斯做了对比："他不那么聪明，不那么好胜，也不那么擅长社交。但是，几乎所有人都是这样的。"即便如此，在接下来的几年里，莱格的想法几乎与他更知名的搭档的想法具有同样的影响力。

哈萨比斯和莱格有着同样的野心。用他们自己的话来说，他们想"解决智能问题"。但是，在最佳实现方式上，他们意见不一。莱格建议他们从学术界开始，而哈萨比斯说，他们别无选择，只能进入产业界，他坚持认为，要获得必要的资源来面对如此极端的任务，这是唯一的方法。哈萨比斯了解学术界，在 Elixir 创业了一段时间后，他也了解了商业世界。他不想为了创业而创业。他想创建一家公司，以便为他们希望促进的长期研究做好独特的准备。他告诉莱格，他们可以从风险投资机构那里融资，其金额要超过教授写资助申请所获得的资金。另外，他们能够以大学无法实现的速度搭建好必要的硬件。莱格最终同意了。"我们实际上没有将计划告诉盖茨比中心的其他任何人，"哈萨比斯说，"他们会认为我们有点儿疯狂。"

在博士后阶段，他们开始与一位名叫穆斯塔法·苏莱曼（Mustafa Suleyman）的创业者和社会活动家待在一起。当他们三人决定成立 DeepMind 时，苏莱曼提供财务构思，负责创造公司的收入以维持研究所需。他们在 2010 年秋天推出了 DeepMind，它的名字是对深度学习和神经科学的认可，也是对英国科幻小说

《银河系搭车客指南》中计算生命终极问题的超级计算机"沉思"（Deep Thought）的致敬。对于一家着眼于人工智能领域且致力于在近期解决问题的公司，哈萨比斯、莱格和苏莱曼拥有各自独特的观点，他们也公开对这项技术在现在和未来的危险性表示关注。公司的既定目标——写在商业计划书的第一行——是通用人工智能。但与此同时，他们也告诉任何愿意倾听的人，包括潜在的投资人：这项研究可能很危险。他们说永远不会与军方共享自己的技术，并且警告说超级智能可能会成为一种生存威胁，这一点与莱格论文中的观点相呼应。

在公司成立之前，他们就接触了 DeepMind 最重要的投资人。最近几年，莱格参加了一个名为奇点峰会的未来学家年度会议。"奇点"是一个理论时刻，此时技术已经进步到了人类无法控制的地步。这个小型会议的创始人们属于一个由边缘学者、创业者和追随者组成的不拘一格的团体，他们相信这一时刻即将到来。他们不仅致力于探索人工智能，还关注生命延长技术、干细胞研究和其他不同的未来主义。其中一位创始人名叫埃利泽·尤德考斯基（Eliezer Yudkowsky），他是自学成才的哲学家，并且自称人工智能研究人员，他在 21 世纪第一个十年的早期向莱格介绍了超级智能的概念，当时他们在与一家总部位于纽约的初创公司 Intelligensis 合作。但是，哈萨比斯和莱格把目光投向了会议的另一位创始人：彼得·蒂尔（Peter Thiel）。

2010 年夏天，哈萨比斯和莱格计划在奇点峰会上发表演讲，他们知道每位演讲者都会被邀请到蒂尔位于旧金山的别墅参加私人聚会。[13] 蒂尔是网络支付服务商贝宝（PayPal）的创始成员之一，后来他作为 Facebook、LinkedIn（领英）和 Airbnb（爱彼迎）的早期投资人，获得了更大的声誉和更多的财富。哈萨比斯和莱格觉得，他们如果能进入蒂尔的别墅，就有机会向他推销自己的公司，并游说他参与投资。蒂尔不仅有钱，还有意愿。他是一个相信极端想法的人，甚至比典型的硅谷风险投资家更相信极端想法。毕竟，他在资助奇点峰会。在未来的几年里，与硅谷的很多巨头不同，他全力支持特朗普，在 2016 年美国总统选举之前及之后都是如此。"我们需要一个疯狂到足以投资一家通用人工智能公司的人，"莱格说，"他是一个具有深度逆向思维的人——针对所有的事情。这个领域的大多数人都不认同我们所做的事情，所以他的深度逆向思维很可能会对我们有利。"

会议在旧金山市中心的一家酒店里召开，哈萨比斯在第一天发表了一场演讲，他认为，打造人工智能的最佳方式是模仿人类大脑的工作方式。当工程师按照大脑的形象设计技术时，他称之为"生物方法"，无论是神经网络还是其他数字化创新，都是如此。[14] "我们应该专注于大脑的算法水平，"他说，"提取大脑在解决问题时的那种表征和算法，而这些问题是我们想要通用人工智能来解决的。"[15] 这是定义 DeepMind 的核心支柱之一。第二天，沙恩·莱格用自己的演讲描述了另一个核心支柱。他告诉听众，人工智能研究人员需要明确的方法来跟踪自己的进展。否则，他们无法知道自己什么时候走上了正确的道路。[16] "我想知道我们要去哪里，"他说，"我们需要一个关于什么是智能的概念，需要一种衡量它的方法。"[17] 哈萨比斯和莱格不仅仅是在描述他们的新公司将如何运作。最重要的是，他们的演讲是一种接近蒂尔的方式。

蒂尔的别墅坐落在贝克街，隔着一个淡水湖与旧金山艺术宫遥望，旧金山艺术宫是约 100 年前为了一场艺术展而建造的一座石头城堡。当哈萨比斯和莱格穿过前门走进客厅时，迎接他们的是一副棋盘。每颗棋子都摆在自己的位置上，白棋与黑棋对垒，等待有人来下棋。他们先见到了尤德考斯基，尤德考斯基将他们介绍给了蒂尔。但他们没有推销自己的公司——至少没有马上推销。哈萨比斯开始谈论国际象棋。[18] 他告诉蒂尔，他也是一名棋手，他们讨论了这种古老游戏的持久力量。哈萨比斯说，它延续了这么多个世纪，是因为马和象之间的紧张关系，及其在技能和弱点上的拉锯战。蒂尔被迷住了，邀请他们两人第二天再来，这样他们就可以推销自己的公司了。

当他们第二天早上回来时，蒂尔穿着短裤和 T 恤，刚刚结束日常锻炼，大汗淋漓。他们坐到餐桌前，一名管家给他拿来了一杯可乐。哈萨比斯开始推销，他说自己不仅仅是一名游戏玩家，还是一位神经科学家，他们正在按照人脑的形象打造通用人工智能，并且将从学会玩游戏的系统开始进行漫长的探索，全球计算能力的持续指数级增长将推动他们的技术达到更高的水平。对于这次推销，连彼得·蒂尔都感到惊讶。"这件事可能有点儿大。"他说。但他们一直在交谈，在接下来的几周里，沟通仍在继续，蒂尔和他的风险投资机构——创始人基金（Founders Fund）的几位合伙人都参加了。最后，他主要的反对意见不在于公司的野心过大，而在于公司的总部设在伦敦。这让他关注被投公司更困难一些，这也是硅谷风险投资家的典型担忧。尽管如此，他还是在 DeepMind 第一轮 200 万英镑的种子投资中投了 140 万英镑。[19] 在接下来的几个月和几年里，其他知名投资人也加入进来，包括埃隆·马斯克，这位硅谷的大亨在创建火箭公司 SpaceX 和电动汽车公司特斯拉之前，曾与蒂尔一起创立了贝宝公司。"投资有一个特定的圈子，"莱格说，"他是决定参与投资的亿万富翁之一。"

DeepMind 的雪球就此滚动起来。哈萨比斯和莱格聘请了辛顿和杨立昆担任技术顾问，这家初创公司很快招募了该领域的很多后起之秀：弗拉德·姆尼，他曾在多伦多大学辛顿门下学习；科拉伊·卡武库奥格鲁，他是一位出生于土耳其的研究人员，曾在纽约大学杨立昆手下工作；亚历克斯·格雷夫斯，他在跟随辛顿从事博士后研究之前，在瑞士是于尔根·施米德胡贝的学生。他们告诉彼得·蒂尔，学习玩游戏是起点。自 20 世纪 50 年代以来，游戏一直是人工智能的试验场，当时的计算机科学家制造了第一个自动化棋手。[20] 1990 年，研究人员打造了一台名叫奇努克（Chinook）的机器，它击败了世界上最好的跳棋选手，这是一个转折点。[21] 7 年之后，IBM 的"深蓝"超级计算机超越了国际象棋特级大师加里·卡斯帕罗夫（Garry Kasparov）。[22] 2011 年，另一台 IBM 机器"沃森"超越了《危险边缘》游戏的所有赢家！[23] 现在，由弗拉德·姆尼领导的一组 DeepMind 研究人员开始开发一个系统，玩家基于此系统可以玩雅达利的老游戏，包括20世纪80年代的经典游戏，如《太空入侵者》(*Space Invaders*)、《乒乓》(*Pong*)和《越狱》(*Breakout*)。哈萨比斯和莱格坚持认为，在人工智能的开发过程中，研究人员应该密切评估其进展，原因之一是这有助于深入关注其中的危险。这些游戏提供了这种评估标准。分数是绝对的，结果是确定的。"这就是我们插下旗子并攻下山头的方式,"哈萨比斯说，"接下来我们应该去哪里？下一座珠穆朗玛峰在哪里？"另外，玩游戏的人工智能提供了一种非常好的演示。演示可以促进软件销售，有时也可以促进公司的出售。在2013年初，这一点是显而易见的，甚至是不可否认的。

在《越狱》游戏中，玩家用一个小球拍将球弹向一堵彩砖墙。当球击中一块砖时，它会消掉，玩家就赢得了几分。但是，如果球拍漏掉球的次数太多，比赛就结束了。在DeepMind，姆尼和他的同事们打造了一个深度神经网络，它通过反复试错来学习《越狱》的细微差别，玩了成千上万局游戏，同时密切跟踪哪些动作有效、哪些无效，这种技术被称为"强化学习"。这个神经网络可以在两个多小时内掌握这款游戏。[24] 在最开始的30分钟内，它学会了基本概念——朝着球移动、将球击向砖块——尽管它还没有掌握游戏。一个小时之后，它变得足够熟练了，每次都能击中球，每次命中都能得分。两个小时之后，它学会了一个控制游戏的技巧，即将球击到彩砖墙后面去，使它落入一个狭小空间，在那里，它几乎可以无休止地反弹，一块接一块地击中砖块，一点一点地得分，而且永远不会弹回球拍。最终，该系统玩游戏的速度和精度超越了所有人类玩家。

在姆尼和他的团队打造了这个系统之后不久，DeepMind 给公司的投资方创始人基金的投资人，包括一个名叫卢克·诺塞克（Luke Nosek）的人，发送了一段视频。诺塞克最初是与彼得·蒂尔和埃隆·马斯克一起作为贝宝公司的创始团队成员而声名鹊起的，他们就是所谓的"贝宝黑帮"（PayPal Mafia）。在收到 DeepMind 的雅达利游戏人工智能视频之后不久，正如诺塞克后来对一位同事所说的那样，他和马斯克在一架私人飞机上，当他们观看视频并讨论 DeepMind 时，另一位碰巧在飞机上的硅谷亿万富翁拉里·佩奇无意中听到了他们的对话。佩奇就这样了解到了 DeepMind，并引发了一场追逐，这场追逐最终以谷歌一行人乘坐湾流飞机前往伦敦而告终。佩奇想收购这家初创公司，即使在如此早期的阶段。但哈萨比斯感到不太确定，他一直打算创建属于自己的公司，至少他对员工是这么说的。他说 DeepMind 将在未来 20 年甚至更长时间内保持独立。

———————————————————

辛顿和其他谷歌人乘电梯去 DeepMind 办公室，却被困在两层楼之间。在他们等待的时候，辛顿担心迟到会让 DeepMind 的人感觉不佳，其中很多人他都认识。"这一定很尴尬。"他想。当电梯终于重新启动，这些谷歌人到达顶层时，他们受到了哈萨比斯的迎接，哈萨比斯把他们带进了一间会议室，里面有一张长长的会议桌。他并没有表现出尴尬，只是有些紧张，他担心将实验室的研究暴露给一家公司，而这家公司拥有超级强大的资源，能够以他自己的实验室永远无法实施的方式加速这项研究。他不想暴露公司的秘密，除非他确定自己想出售公司，同时谷歌愿意收购。在谷歌人进入房间后，他开始讲话，介绍了 DeepMind 的使命。随后，几位 DeepMind 研究人员透露了实验室正在研究的部分内容，从具体的到理论的。与钱相关的部分由弗拉德·姆尼来介绍，跟往常一样，这指的是《越狱》。

当姆尼介绍这个项目时，筋疲力尽的杰夫·辛顿躺在地板上，其他人坐在旁边的桌子旁。偶尔，当辛顿想提问时，姆尼会看到他把手举了起来。姆尼想，这就像他们在多伦多大学的日子一样。演示结束时，杰夫·迪恩问，系统是否真的在学习《越狱》的技能。姆尼说是的，它在自动寻找一些特定的策略，因为这些策略赢得了最多的奖励——在这种情况下，指的是最高的分数。这项强化学习技术并不是谷歌正在探索的，但它是 DeepMind 内部的一个主要研究领域。沙恩·莱格在他的博士后导师发表了一篇论文后接受了这个概念，该论文认为大脑的工作方式与此基本相同。DeepMind 已经招募了很多专门研究这个想法的研究人员，包括戴维·西尔弗。阿兰·尤斯塔斯认为，强化学习让 DeepMind 构建了一个系统，这是在通用人工智能方面的第一次真正尝试。"系统在大约一半的比赛中有超人的表现，在有些情况下，表现令人震惊，"他说，"这台机器会制定出一个撒手锏般的策略。"

雅达利游戏演示结束之后，沙恩·莱格根据他的博士论文做了一场演讲，描述了一种可以在任何环境中学习新任务的数学智能体。弗拉德·姆尼和他的团队已经打造出了一些智能体，它们可以在《越狱》和《太空入侵者》等游戏中学习新的行为。莱格提出的是这项工作的延伸——超越游戏并进入更为复杂的数字领域以及现实世界。就像软件智能体可以学习通关《越狱》一样，机器人可以学习在客厅里行走，汽车可以学习在社区里导航。或者，以大致相同的方式，这些智能体中的一个可以学习掌握英语。这些问题都要困难得多。游戏是一个封闭的宇宙，其中的奖励机制是明确定义的，有积分和终点线。而现实世界要复杂得多，奖励机制更难以定义，但这是 DeepMind 为自己规划的路线。尤斯塔斯说："沙恩·莱格的论文构成了他们所做的事情的核心。"

这是一个遥远的未来目标，但是在这个过程中，会有很多小的步骤，这些步骤会在不久的将来形成实际的应用。在谷歌人的注视下，在苏格兰长大、父母都是美国人的亚历克斯·格雷夫斯展示了其中的一个应用：可手写的系统。通过分析定义物体的模式，神经网络就可以学会识别它。如果系统能理解这些模式，那么系统也可以生成该物体的图像。在分析了一组手写单词后，格雷夫斯的系统就可以生成手写单词的图像。他们希望，通过分析小狗和小猫的照片，这种技术也能生成小狗和小猫的图像。研究人员称之为"生成模型"，这也是 DeepMind 研究的一个重要领域。

当谷歌在全世界范围给每位研究人员支付几十万美元（如

果不到数百万美元）薪酬时，对于亚历克斯·格雷夫斯这样的人，DeepMind 每年支付的薪酬不到 10 万美元，这是公司所能承受的。这家小公司在成立三年之后，仍然没有产生收入。苏莱曼和他的团队正在试图开发一款移动应用程序，通过人工智能来帮助用户筛选出最新款的时装——时尚编辑和作家偶尔会在人工智能研究人员的陪同下来到拉塞尔广场的办公室，还有一个单独的小组即将在苹果应用商店上线一款新的人工智能电子游戏，但尚未产生收入。当格雷夫斯和其他研究人员向来自谷歌的访问者描述自己的工作时，哈萨比斯知道，有些事情必须改变了。

演示结束后，杰夫·迪恩问哈萨比斯是否可以看一下公司的计算机代码。哈萨比斯起初犹豫不决，但随后同意了，迪恩坐在一台机器旁，旁边是科拉伊·卡武库奥格鲁，他是 Torch（该公司用来构建和训练其机器学习模型的软件）的负责人。看了大约 15 分钟的代码之后，迪恩就知道 DeepMind 能与谷歌匹配。"很显然，这是由那些知道自己在做什么的人做出来的，"他说，"我觉得，他们的文化与我们的文化是兼容的。"至此，毫无疑问谷歌将收购这间伦敦实验室。马克·扎克伯格和 Facebook 最近加入了与谷歌、微软和百度的竞争，以获得这类人才，谷歌下定决心要保持自己的领先地位。尽管哈萨比斯早就向员工承诺 DeepMind 将保持独立，但他现在别无选择，只能出售。如果不卖，公司就会死掉。莱格说："这些市值千亿美元的企业不顾一切地招募我们所有的顶尖人才，这让我们无法承受。我们设法留住所有人，但是从长远来看，这是不可持续的。"

尽管如此，在把 DeepMind 出售给谷歌的谈判过程中，他们至少争取到了哈萨比斯对其员工所做的部分承诺。DeepMind 保持独立的时间不会超过三周了，更不用提 20 年的事情，但哈萨比斯、莱格以及苏莱曼坚持要求，他们与谷歌的协议中要包括两个条件，以维护他们的理想。其中一条是禁止谷歌将任何 DeepMind 的技术用于军事目的，另一条是要求谷歌设立一个独立的道德委员会，负责监督 DeepMind 通用人工智能技术的使用，无论该技术什么时候能实现。一些了解协议的人质疑这些条款是否有必要，在随后的几年里，很多人工智能圈子里的人认为这只是一个噱头，旨在提高 DeepMind 的出售价格。"如果他们说自己的技术是危险的，其技术似乎就显得更强大，他们就可以要求更高的对价。"有人这么说。但是，DeepMind 的创始人坚称，除非这些要求得到满足，否则不会出售公司，他们将继续为相同的理想而奋斗，直到最后。

在加利福尼亚州登上湾流飞机之前，辛顿曾说他将乘火车回加拿大——这是一个为了保护其伦敦之行秘密的封面故事。在返程的航班上，飞机绕了一小段航程去加拿大让他下飞机，降落在多伦多的时间就是他如果乘火车大约应该到达的时间。这个计策如约实施。1 月，谷歌宣布以 6.5 亿美元收购了一家拥有 50 名员工的公司——DeepMind，这是该公司另一件大功告成的事。[25] Facebook 也参与竞拍了这间伦敦实验室，而每位 DeepMind 创始人可以从 Facebook 套现的金额是从谷歌套现金额的两倍。

WHO OWNS INTELLIGENCE? ||||||||||||||||||

PART

TWO

谁拥有智能

◯7 人才争夺战：Facebook vs 谷歌

❝你好，我是 Facebook 的马克。❞

2013 年 11 月下旬，克莱门特·法拉贝特坐在位于布鲁克林的一居室公寓的沙发上，在笔记本电脑上编写代码，这时他的 iPhone 手机铃响了，屏幕上显示的是"加州门洛帕克"。他接起电话，一个声音说道："你好，我 Facebook 的马克。"法拉贝特是纽约大学深度学习实验室的研究员。几周前，另一位 Facebook 高管出人意料地联系了他，但他仍然没想到马克·扎克伯格会打来电话。扎克伯格以非常直接和毫不客气的方式告诉法拉贝特，他将前往太浩湖参加 NIPS 会议，并询问他们是否可以在内华达州见面交流。距离 NIPS 会议召开还有不到一周的时间，法拉贝特也没有计划那一年的旅行，但他同意在会议开始的前一大，在哈拉斯赌场酒店的顶层套房与扎克伯格会面。挂掉电话后，他赶紧预订了一个跨境航班和一个住宿的地方，但直到他抵达内华达州，走进哈拉斯的顶层套房，看到坐在Facebook创始人兼首席执行官后面沙发上的人是谁，他才彻底意识到发生了什么。那个人就是杨立昆。

扎克伯格没有穿鞋。在接下来的半个小时里，他穿着袜子在套房里来回踱步，称人工智能是"下一个大事件"和"Facebook的下一步"。这是谷歌一行人飞往伦敦与DeepMind会面的前一周。Facebook正在打造一间自己的深度学习实验室，公司几天前已经聘请了杨立昆来负责该实验室。现在，与杨立昆和Facebook首席技术官迈克·斯科洛普夫（Mike Schroepfer）一起，扎克伯格正在为这个新项目招募人才。法拉贝特是一位出生于法国里昂的学者，专门研究图像识别，并用了数年的时间设计用于训练神经网络的计算机芯片，而他只是在当天下午进入哈拉斯顶层套房与扎克伯格见面的众多研究人员之一。"他基本上想招募所有的人，"法拉贝特说，"他知道这个领域每位研究人员的名字。"

那天晚上，Facebook在酒店的一个舞厅里举办了一场私人聚会。[1]几十名工程师、计算机科学家和学者挤在一个错层结构的空间里，这里还有一个可以俯瞰下面人群的露台。杨立昆宣布，公司正在曼哈顿筹备一间人工智能实验室，实验室离他在纽约大学的办公室不远。"这是一场天堂（也被称为纽约市）里的婚礼。"杨立昆说，然后举起酒杯敬"马克和斯科洛普夫"。[2]

Facebook已经聘请了另一位纽约大学的教授在新的实验室里与杨立昆一起工作，这间实验室被称为FAIR，全称是Facebook人工智能研究实验室，几个更著名的人物很快将加入他们，包括从谷歌挖来的三位研究人员。但最终，尽管跟随杨立昆学习的时间很长，但法国人克莱门特·法拉贝特没有加入。他和其他几位学者正在创建一家叫Madbits的创业公司，他下定决心坚持到底。6个月之后，在这家小小的新公司接近发布第一款产品时，它就被硅谷的另一家社交网络巨头Twitter（推特）收购了。对人才的争夺已经如此激烈，而且愈演愈烈。

Facebook位于硅谷的总部是一片感觉像迪士尼乐园的企业园区。这要归功于一个由壁画家、雕塑家、丝网印刷工艺师和其他驻场艺术家组成的团队，每栋建筑、每间房间、每条走廊和每个门厅都精心装饰着丰富多彩的奢侈品，在这中间，餐厅也以同样的热情为自己做广告，大托尼比萨位于一角，汉堡小屋位于另一角。那年早些时候，在16号楼里面，靠近皇家泰迪玉米片的地方，马克·扎克伯格与DeepMind的创始人坐在一起。他们之间有一个知名的对接人——彼得·蒂尔，他是DeepMind的第一位投资人，也是Facebook的董事会成员。不过，扎克伯格还不太确定如何看待这家来自伦敦的小微初创公司。他最近约见了其他几家初创公司，它们都在做所谓的人工智能的东西，而 DeepMind 似乎只是众多同行中的一家。

交流结束后，一位名为卢博米尔·布尔德夫（Lubomir Bourdev）的 Facebook 工程师告诉扎克伯格，他们听到的信息绝不夸张，哈萨比斯和莱格已经掌握了一项正在兴起的技术。"这些家伙是来真的。"布尔德夫说。作为计算机视觉领域的专家，布尔德夫正在领导一项新的尝试，他要打造一项服务来自动识别上传到 Facebook 的照片和视频中的物体。在 AlexNet 之后，他跟其他很多见过深度学习的人一样，知道神经网络将改变数字技术的构建方式。他告诉扎克伯格，DeepMind 是 Facebook 应该收购的公司。

在 2013 年，这还是一个奇怪的想法。在更广泛的科技行业，包括 Facebook 的大多数工程师和高管在内，人们甚至都没有听说过深度学习，当然也不理解它日益增加的重要性。说得更确切一些：Facebook 是一家社交网络公司，它打造互联网技术是为了眼下，而不是为了通用人工智能或其他任何在未来几年内不太可能进入现实世界的技术。该公司的座右铭是"快速行动，破除陈规"，这个口号几乎没完没了地重复出现在遍布企业园区墙壁上的小小的丝网印刷标志上。Facebook 运营的社交网络覆盖全球超过十亿人口，并且致力于尽快扩展和扩大这项服务。它没有从事 DeepMind 想要做的那种研究，那种研究更多的是探索新的前沿，而不是快速行动和破除陈规。但现在，在 Facebook 成为世界上最强大的公司之一后，扎克伯格下定决心，Facebook 要与其他公司——谷歌、微软、苹果和亚马逊——竞争"下一个大事件"。

这就是科技行业的运作方式。最大的一些公司正在陷入一场永不停息的竞赛，追逐下一项变革性技术，无论那是什么。每家公司都想率先抵达那里，如果有谁抢先一步，那么其他人将面临更大的压力，必须毫不拖延地抵达。通过收购杰夫·辛顿的初创公司，谷歌首先介入了深度学习。到2013年中，扎克伯格决定他也必须抵达那里，即使他竞争的是第二名。Facebook只是一个社交网络，没有关系；在这个社交网络上，他不在乎除了定向广告和图像识别之外，深度学习并没有明显适合Facebook的东西，也不在乎公司没有做真正长期的研究。扎克伯格一心想把深度学习研究带到Facebook。这就是他交给斯科洛普夫的工作。

5年前，在扎克伯格的哈佛室友、公司联合创始人达斯汀·莫斯科维茨（Dustin Moskovitz）辞去工程主管一职后，迈克·斯科洛普夫就加入Facebook并担任该职。他戴着黑框眼镜，留着恺撒式的短发，这个发型与扎克伯格的很像。斯科洛普夫比Facebook的首席执行官大了将近10岁，他是一名硅谷资深人士，曾在斯坦福大学与其他一些硅谷资深人士一起学习。他曾在Mozilla公司担任首席技术官，该公司在21世纪初挑战了微软及其IE浏览器的垄断地位。当他加入Facebook时，他的主要工作是确保为世界上最大的社交网络提供支持的硬件和软件能够稳定地运行，能处理从1亿人扩展到10亿人甚至更多人的负载。但在2013年，当他被提升为首席技术官时，他的优先事项发生了变化。现在他的任务是推动 Facebook 进入全新的技术领域，从深度学习开始。"马克对未来的观点相当清晰，这只是例子之一。"斯科洛普夫后来说。他没有说的是，谷歌也已经得出了同样的结论。

最终，扎克伯格和斯科洛普夫对 DeepMind 进行了一次不成功的报价收购。哈萨比斯告诉他的同事们，他觉得自己跟扎克伯格没有"化学反应"，他不太明白这位 Facebook 创始人想要用 DeepMind 做什么，DeepMind 的实验室与 Facebook 痴迷于增长的企业文化不相符。但对哈萨比斯、莱格和苏莱曼来说，更大的问题是，扎克伯格没有认同他们对人工智能崛起的伦理担忧，无论是短期还是长期的担忧。他还拒绝接受一项合同条款，该条款保证 DeepMind 的技术将由一个独立的道德委员会监督。"如果只是为了钱，那么我们本可以赚得更多，"莱格说，"但我们不是。"

伊恩·古德费洛是蒙特利尔大学的一名研究生，他很快就成了该领域的知名人士之一，他也是 Facebook 在此期间招募的众多研究人员之一。当他参观 Facebook 公司总部并与扎克伯格见面时，扎克伯格花了很多时间谈论 DeepMind，这让他印象深刻。古德费洛说："我想我应该猜到了，他正在考虑收购的事。"但当 Facebook 与谷歌一样，着眼于相同的技术未来时，Facebook 面临着一个先有鸡还是先有蛋的问题：公司无法吸引顶尖的研究人员，因为没有研究实验室；同时，公司没有设立研究实验室，因为它无法吸引顶尖的研究人员。突破口是马克·奥雷利奥·兰扎托。作为一名来自意大利帕多瓦的前职业小提琴手，兰扎托曾曲折地进入了技术世界，因为他无法以音乐家的身份谋生，他认为可以将自己重新塑造为一名录音工程师。然后，他进入了声音和图像的人工智能领域。这位瘦瘦的、说话轻声细语的意大利人曾在纽约大学杨立昆的门下学习，然后在多伦多大学辛顿门下学习，成为辛顿在21世纪第一个十年后期组织的神经计算研讨会上的常客。就在"谷歌大脑"创建之际，吴恩达将他作为首批招募的员工之一带到了实验室。他是研究"小猫论文"和新的安卓语音服务的研究人员之一。然后，在2013年夏天，Facebook打来了电话。

那一年，Facebook承办了湾区视觉会议，这是一场聚集整个硅谷计算机视觉研究人员的年度聚会。会议由Facebook的工程师卢博米尔·布尔德夫组织，就是他力荐扎克伯格收购DeepMind的。Facebook的一位同事建议让兰扎托来担任主题发言人，于是布尔德夫去谷歌总部与这位年轻的意大利研究员共进午餐，沿着101号高速公路，谷歌的总部位于Facebook园区以南约7英里处。起初，兰扎托以为布尔德夫是想在谷歌找一份工作，但随着午餐的进行，很明显，这位Facebook工程师不仅想让兰扎托在湾区视觉会议上发言，还想让他加入Facebook。兰扎托提出异议。尽管他在"谷歌大脑"工作得并不是很开心——他花了更多的时间在工程工作上，而花在他喜欢的创造性研究上的时间较少——但Facebook似乎没有什么改善，它甚至都没有人工智能实验室。但在接下来的几周里，通过电话和电子邮件的沟通，布尔德夫一直在征询他的意见。

某一天，兰扎托打电话给他以前的研究生院导师杨立昆，提及 Facebook 要招募他的事。杨立昆没有赞成。早在 2002 年，杨立昆也曾面临类似的境地。当时成立仅 4 年的谷歌给他提供了一份研究主管的工作机会，他拒绝了，因为他担心公司从事这类工作的能力。（当时谷歌只有大约 600 名员工。）"很明显，谷歌正走在一条非常好的轨道上，但它的规模还无法承担得起研究的投入。"他说。此外，谷歌似乎更注重短期结果，而不是长期规划。很多人认为这是该公司的一大优势，认为正是这一点让谷歌仅用 6 个月的时间就在安卓手机上部署了深度学习语音引擎，从而超越了微软和 IBM，抢占了一个相当具有影响力的市场。但这种关注立竿见影的效果的做法曾让杨立昆感到担忧，现在让他感到担忧的是，Facebook 似乎也在以同样的方式运营。"他们不做研究，"杨立昆告诉兰扎托，"你要确保自己在那里真的能做研究。"

尽管如此，兰扎托还是同意再次与布尔德夫见面，这次是在 Facebook 的总部，在他们下午的交流接近尾声时，布尔德夫说他想让兰扎托见另一个人。他们穿过园区，走进另一栋大楼，来到一间有玻璃墙的会议室，马克·扎克伯格在里面。几天之后，兰扎托同意加入 Facebook。扎克伯格承诺设立一间用于长期研究的实验室，并在自己的办公桌旁给他留了一张桌子。在随后的几年里，这成为扎克伯格和斯科洛普夫推动公司进入新技术领域的重要手段，从深度学习到虚拟现实，每个新的团队都坐在老板的旁边。一开始，这让一些人对公司产生了误解。Facebook 智囊团的其他成员认为，在扎克伯格的旁边设置一间长期的研究实验室会与公司"快速行动，破除陈规"的文化相冲突，并在普通员工中传播怨恨。但 Facebook 由扎克伯格主导，他是创始人兼首席执行官，与大多数首席执行官不同的是，他在董事会里控制着大多数的投票权。

一个月后，扎克伯格给杨立昆打了电话。他解释了公司在做什么，并请求帮助。杨立昆受宠若惊，尤其是当扎克伯格强调读过他的研究论文时。但杨立昆说，在纽约大学做一名学者让他很开心，除了提供一些建议，他做不了什么。他说："我可以跟你探讨，但仅此而已。"杨立昆过去跟斯科洛普夫也有过类似的对话，他的立场一直都是这样的。不过，扎克伯格一直在努力。Facebook 又走进了一条死胡同。斯科洛普夫接触过该领域的其他几位领导者，从吴恩达到约书亚·本吉奥，但该公司仍然没有人来负责其实验室，他们需要一个有实力吸引世界顶尖研究人员的人。

然后，在 11 月下旬，兰扎托告诉扎克伯格，他将前往 NIPS。"什么是 NIPS？"扎克伯格问。兰扎托解释说，数百名人工智能研究人员会聚集在太浩湖的一家赌场酒店，扎克伯格问是否可以跟着去。兰扎托说，考虑到扎克伯格是一个流行文化的标志，这可能会有点儿尴尬，但他建议，如果安排他的老板在太浩湖发表演讲，他们就可以避免扎克伯格在未经通知的情况下随意参加会议，从而避免分散大家的注意力。于是，扎克伯格与会议组织者安排了一场演讲，然后又更进了一步。得知杨立昆将在 NIPS

开始的前一周到硅谷参加一场研讨会，扎克伯格邀请这位纽约大学教授去他在帕洛阿尔托的家中吃饭。

扎克伯格住在一栋有白色壁板外墙的房子里，这栋房子隐藏在斯坦福大学周围精心修剪的树丛中。在与杨立昆共进晚餐的过程中，就在他们两人之间，扎克伯格解释了Facebook在人工智能方面的宏伟愿景。他告诉杨立昆，未来在社交网络上的互动将由强大到足以独立完成任务的技术驱动。在短期内，这些技术将识别照片中的人脸，识别语音指令，并在不同的语言之间进行翻译。从长远来看，智能体或机器人将巡视Facebook的数字世界，接受指令，并根据需要执行指令。需要预订航班吗？告诉机器人。要给你妻子订购鲜花？机器人也能做到。当杨立昆问Facebook是否有任何不感兴趣的人工智能研究领域时，扎克伯格说："可能是机器人学。"但其他一切——数字领域的一切——都在兴趣范围之内。

更大的问题是扎克伯格如何看待企业研究的哲学。杨立昆相信"开放"——与更广泛的研究人员群体公开分享概念、算法和技术，而不是隔离在一家公司或一所大学里。他的观点是，这种信息的自由交流会加速整个研究的进展。每个人都可以在其他人的工作基础上再接再厉。开放研究是该领域学者们的规范，但通常来说，大型互联网公司会将其最重要的技术视为商业秘密，小心翼翼地保护细节，不让外人知道。扎克伯格解释说，Facebook是一个很大的例外。该公司成长于开源软件时代，在那个时代，软件代码在互联网上自由共享，并且Facebook已经广泛且

深入地将这一概念扩展到其技术帝国的方方面面，甚至共享了为
Facebook 提供服务的大型计算机数据中心里定制硬件的设计。[3]
扎克伯格认为，Facebook 的价值在于那些使用社交网络的用户，
而不在于其软件或硬件。即使有了原材料，也没有人能重新创造
一个 Facebook，但如果公司共享原材料，其他人就可以帮助改
进它们。杨立昆和扎克伯格之间存在共同点。

　　第二天，杨立昆参观了 Facebook 总部，在"水族馆"里与
扎克伯格、斯科洛普夫和其他人聊天。"水族馆"是 Facebook 老
板开会用的一间玻璃墙会议室。扎克伯格没有闪烁其词，他说：
"我们需要你来创建一间 Facebook 人工智能实验室。"杨立昆说
他有两个条件："我不会离开纽约，也不会放弃在纽约大学的工
作。"扎克伯格当场就同意了。在接下来的几天里，该公司还聘
请了另一位纽约大学教授——罗布·弗格斯（Rob Fergus），他刚
刚和一位名叫马特·泽勒（Matt Zeiler）的年轻研究生一起赢得
了 ImageNet 竞赛。然后，扎克伯格飞到了 NIPS。在会议开始的
前一天晚上，他在 Facebook 私人派对上透露了公司将设立新实
验室。随后，他在会议主厅发表演讲时，向全世界公布了这一
消息。

当杰夫·辛顿把他的公司卖给谷歌时，他保留了自己在多伦

多大学的教授职位。他不想抛弃他的学生们，也不想离开他现在的家乡。这是一种独特的安排。此前，谷歌一直坚持要求其聘用的任何学者要么从大学请假，要么完全辞职。但辛顿不接受这一点，尽管独特的新安排在收益上并不完全对他有利。"我知道多伦多大学付给我的钱要少于我可能获得的养老金，"他说，"所以我是付钱给学校，让他们允许我继续教书的。"辛顿的初创公司DNNresearch发生的最大一笔金钱开支，是支付与谷歌进行协议谈判的律师费——大约40万美元。这份协议为杨立昆和其他很多跟随辛顿进入产业界的学者树立了样板。与辛顿类似，杨立昆把自己的时间分配在纽约大学和Facebook之间，尽管比例完全不同。他每周有一天在大学，四天在公司。

因为在谷歌和Facebook等企业工作的大多数顶尖研究人员都来自学术界，而且还有很多人仍然是学术界人士，至少在部分时间如此，所以杨立昆的开放研究愿景变成了规范。"我不知道如何做研究，除非研究是开放的，除非我们是研究圈子的一部分，"杨立昆说，"因为如果你的研究秘密进行，你的研究质量会很差，你无法吸引最好的人才，你不会招募到有能力推动最先进技术发展的人。"即使像杰夫·迪恩这样在注重保密的公司文化中成长起来的老手，也开始看到开放的优势。[4] 谷歌开始像Facebook或其他任何科技巨头一样公开分享其研究成果，发布描述其最新技术的研究论文，甚至开源大部分的软件。这一行为加速了这些技术的发展，有助于吸引顶尖的研究人员，并进一步加速这一过程。

这个美丽新世界的失败者是微软。当辛顿和他的学生们与邓力在语音识别方面联手时，微软目睹了深度学习的兴起，该公司在美国和中国的语音实验室都在关注这项技术。2012年底，在谷歌将其新的语音引擎部署到安卓手机上之后，微软的研究主管里克·拉希德（Rick Rashid）在中国的一次活动上展示了该公司自己的语音研究成果，披露了一个可以接收口语单词并将其翻译成另一种语言的原型产品。[5]他常常说，很多观众在看到和听到这项技术能做什么时都流泪了。然后，在2013年秋天，在微软长期从事视觉研究的拉里·齐特尼克（Larry Zitnick）招募了加州大学伯克利分校的研究生罗斯·吉尔西克（Ross Girshick），让他来创建一间新的计算机视觉实验室，专门研究深度学习。他对吉尔西克的一次演讲印象深刻，后者在演讲中描述了一个系统，该系统的图像识别水平超越了辛顿和他的学生们在2012年12月所展示的水平。在加入他们的人当中，有一个名叫梅格·米切尔（Meg Mitchell）的年轻研究员，他开始将类似的技术应用于语言。米切尔是南加州人，曾在苏格兰学习计算语言学，后来成为深度学习运动的关键人物，此前她告诉《彭博新闻》，人工智能遇到了"人海"（sea of dudes）的问题——这种新型技术将无法实现其承诺，因为它几乎完全是由男性构建的。这个问题将困扰包括微软在内的一些大型互联网公司。目前，这三名研究人员正在致力于打造能够读取照片并自动生成标题的系统。但是，尽管实验室试图顺应时代的文化氛围——团队成员在办公室开阔区域的办公桌旁并肩工作，这种硅谷风格的设置在微软研究院内部并不常见——但进展缓慢。部分问题在于，他们正在几台微不足道的藏在办公桌底下的 GPU 机器上训练神经网络，还有一部分问题在于他们使用了"错误"的软件。

20 世纪 90 年代，当该公司引领全球软件业务时，其主要优势来源于 Windows 操作系统，该系统运行在全球 90% 以上的家用和商用电脑上，以及在全球数据中心内部提供网络应用的大多数服务器上。但是到了 2014 年，微软在 Windows 上的深度投入给公司带来了压力。新一波的互联网企业和计算机科学家没有使用 Windows。他们选择了 Linux，这是一个可以自由使用和修改的开源操作系统。Linux 提供了一种更便宜、更灵活的方式来构建大规模分布式系统并定义互联网时代，包括深度学习。在构建这些系统的过程中，全球范围内的人工智能研究人员自由地交换各种基于 Linux 的构建模块，但这些微软研究人员被 Windows 系统所束缚，他们花了大量时间试图找到下一个不成熟的产品，希望使得这些 Linux 工具能够在微软的操作系统上运行。

所以，当 Facebook 打电话来招募时，他们就离开了。Facebook 提供了一个机会，让研究人员可以更快地打造这种新的人工智能，更快地将其推向市场，最关键的是，让它与谷歌以及其他很多公司与学术实验室正在进行的所有工作连接起来。这与微软在 20 世纪 90 年代获胜的"军备竞赛"不同，在现在这场竞赛中，一些公司失去了武器，或者至少是失去了很多武器。微软看到了正在发生的事情，然后，一个竞争对手夺走了它的优势资源，Facebook 招募了吉尔西克和齐特尼克，而梅格·米切尔去了谷歌。

另一个挑战是招募和留住顶尖研究人员的巨额费用，这不仅仅是针对微软而言。因为这一领域的人才非常稀少——其价格已经由谷歌收购 DNNresearch 和 DeepMind 决定了——这些行业巨头在四五年的时间里向研究人员支付了数百万甚至数千万美元，包括工资、奖金和公司股票。根据 DeepMind 在英国的年度财务账目，有一年的员工成本总计为 2.6 亿美元，而该公司当时只有700 名员工，平均每名员工 37.1 万美元。[6] 刚从研究生院毕业的年轻博士生每年就能挣到 50 万美元，该领域的明星研究人员可以获得更多的收入，一方面因为他们独特的技能，另一方面因为他们的名字可以吸引其他拥有同样技能的人。正如微软副总裁彼得·李告诉《彭博商业周刊》的那样，招募一名人工智能研究人员的成本与招募一名美国职业橄榄球联盟四分卫的成本相当。[7]另一位玩家的崛起也加剧了这种残酷的气氛。在 Facebook 公布其研究实验室以及谷歌收购 DeepMind 之后，百度宣布，吴恩达将为该公司管理其硅谷和北京两地的实验室。[8]

08 炒作

"成功是有保证的。"

2012 年，阿兰·尤斯塔斯在一次跨国飞行中读着飞机座椅背后的一份免费杂志，他偶然看到了奥地利冒险家菲利克斯·鲍姆加特纳（Felix Baumgartner）的介绍。鲍姆加特纳和他的团队正在计划依靠一种新型太空舱让这个奥地利人像宇航员一样进入平流层，然后从那里来一次单人跳伞挑战。但是，尤斯塔斯认为，他们的方法是完全错误的。他认为，如果他们不是把鲍姆加特纳当作宇航员，而是当作一名戴着水下呼吸器的潜水员，那么结果会更好：他确信，使用配备了水下呼吸器的潜水服是一种更为灵活的方式，可以提供人类在稀薄空气中生存所需的一切。菲利克斯·鲍姆加特纳从距离地球 24 英里的太空舱中跳下，很快创造了高空跳伞的世界纪录。[1]但是，尤斯塔斯已经打算打破这项纪录。在接下来的两年里，他把大部分业余时间都用于与一家私人工程公司合作，制作一套高空"潜水服"以及其他一切所需的东西，以超越鲍姆加特纳。他计划在2014年秋天从新墨西哥州罗斯韦尔的一条废弃跑道上空几英里的地方进行飞跃。但在此之前，他与谷歌进行了最后一次"飞跃"。

在谷歌以4 400万美元收购了克里哲夫斯基、萨特斯基弗和辛顿的公司，并以6.5亿美元收购了DeepMind之后，尤斯塔斯几乎彻底垄断了深度学习研究人员的市场。来自多伦多大学的三人组很快发现，谷歌仍然欠缺的是加速这些研究人员工作所需的硬件设施，这些设施才能匹配他们的天赋和野心。克里哲夫斯基用为GPU芯片编写的代码赢得了ImageNet竞赛，但当抵达硅谷的山景城时，他们发现谷歌的版本是由一位名叫沃伊切赫·扎伦巴（Wojciech Zaremba）的研究人员开发的，使用的是标准芯片，就像其他所有为DistBelief开发的东西一样（DistBelief是谷歌为运行其神经网络而定制的硬件和软件系统）。它被称为WojNet，是以扎伦巴的名字命名的，辛顿反对这个项目的名字，后来辛顿开始称之为AlexNet，全球人工智能研究人员的圈子也纷纷效仿。克里哲夫斯基反对谷歌的技术，公司花了几个月的时间来打造运行神经网络的系统，但他没有兴趣使用。

在这家公司上班的第一天，他就在当地的一家电子商店买了一台GPU机器，把它放在走廊尽头的壁橱里，接入网络，并开始在这个单独的硬件上训练他的神经网络，而其他研究人员把 GPU 机器随手放在自己的桌子下面。虽然电费由谷歌来支付，但与克里哲夫斯基在多伦多大学时在卧室里的工作方式相比，现在没有太大的区别。谷歌的其他人在公司庞大的数据中心网络上开发和运行其软件，利用的可能是世界上最大的私人计算机集群，但克里哲夫斯基不得不接受一些小得多的东西。管理公司数据中心的人认为，没有理由在数据中心里铺满 GPU 机器。

这些思想更传统的谷歌人没有意识到的是，深度学习是未来，而 GPU 可以加速这一新兴技术的发展，其速度是普通计算机芯片无法企及的。这种情况经常发生在大型科技公司或小公司内部：大多数人看不到自己正在做的事情之外的东西。阿兰·尤斯塔斯认为，诀窍在于让自己处在一些特定人群周围，这些人能够将新的专业知识应用到旧技术似乎无法解决的问题上。"大多数人是以特定的方式、特定的视角和特定的历史来看待特定问题的，"他说，"他们无法看到那些能改变格局的专业知识的交会点。"这也是他在高空跳伞时秉持的哲学。当他计划飞跃时，他的妻子不想让他参加。她坚持要他自拍一段视频，解释自己为什么要去冒险，这样如果他活不下来，她就可以拿给他们的孩子看。他拍了，但告诉她风险很小，几乎不存在风险。他和他的团队找到了一种新的飞跃方式，尽管其他人可能不理解，但他知道这是可行的。"人们经常问我：'你不怕死吗？'但我与不怕死的人相反，"他说，"我招募了我能找到的最棒的人，我们一起努力，基本上消除了每一项可能的风险，并对每一项风险进行测试，试图达到一种看似非常危险、实则非常安全的效果。

杰夫·迪恩的办公室离克里哲夫斯基的办公室不远，迪恩知道谷歌的硬件需要调整。除非基于 GPU 重建 DistBelief，否则公司无法进一步推动深度学习的发展。因此，在 2014 年春天，他约见了谷歌的人工智能主管约翰·詹南德雷亚（John Giannandrea），公司的每个人都称他为"J. G."，他负责管理多年来协助创建的"谷歌大脑"和人工智能专家这两个姐妹团队。当克里哲夫斯基这样的研究人员的桌子底下或走廊尽头壁橱里需要更多的 GPU 时，他们就会去找他。J. G. 和杰夫·迪恩坐下来讨论，他们应该在一个巨大的数据中心里安装多少个图形芯片，才能满足研究人员的需求。

最初的建议数量是 2 万个，但他们认为这个数量太少了，应该要 4 万个。不过，当他们向谷歌谨慎的决策层提交申请时，他们立即遭到拒绝。4 万个 GPU 构成的网络要花费公司大约 1.3 亿美元，尽管谷歌经常在数据中心硬件上投入巨额资金，但他们从未投资过这样的硬件。所以，迪恩和詹南德雷亚把他们的申请提交了阿兰·尤斯塔斯，而他即将从平流层飞跃。尤斯塔斯理解这件事，他又将申请提交给了拉里·佩奇，就在他穿着"潜水服"打破鲍姆加特纳的高空跳伞纪录之前，1.3 亿美元的图形芯片申请获得了批准。[2] 芯片安装之后不到一个月，所有 4 万个芯片都夜以继日地运行起来，开始训练一个又一个的神经网络。

那时，亚历克斯·克里哲夫斯基正在为谷歌一个完全不同的部门工作。当年12月，在假期回多伦多看望父母时，他收到了一位女士的电子邮件，这位女士是阿妮莉亚·安杰洛娃（Anelia Angelova），她想参与谷歌的自动驾驶汽车项目。她实际上并没有在这个领域工作过，而是曾在"谷歌大脑"与克里哲夫斯基共事。但她知道实验室正在进行的计算机视觉研究——这是克里哲夫斯基在多伦多大学工作的延伸——将重塑谷歌制造自动驾驶汽车的方式。谷歌的自动驾驶汽车项目已经启动了将近5年时间，该项目在公司内部被称为"司机"。这意味着，在没有深度学习帮助的情况下，谷歌花了近5年的时间尝试打造自动驾驶汽车。

在20世纪80年代末的卡内基－梅隆大学，迪安·波默洛曾经在神经网络的帮助下设计过一辆自动驾驶汽车，但当谷歌在将近20年后开始从事自动驾驶汽车研究时，研究领域的核心人员，包括卡内基－梅隆大学为谷歌项目招募的很多研究人员，早已放弃了这个想法。神经网络可以帮助打造一辆能够独自行驶在空旷街道上的汽车，但仅此而已。这是一种好奇的尝试，而不是打造可以像人类司机那样在繁忙的交通环境中行驶的车辆。然而，安杰洛娃并不信服。在谷歌的一栋空荡荡的大楼里，在其他人都回家享受假期时，她开始研究深度学习，将它作为汽车在行人过马路或在人行道上漫步时对他们进行监测的一种方法。因为一切对她来说都是全新的，她向那个被她称为"深度网络大师"的男人伸出了手。他同意帮忙，因此，在度假期间，她和克里哲夫斯基创建了一个系统，通过分析数千张街道照片，系统学会了如何识别行人。当大家新年假期之后回来工作时，他们与汽车项目的负责人分享了他们的新原型。这个原型非常有效，他们都被邀请去参与"司机"项目。后来这个项目被分拆成独立的公司，并改名为 Waymo。"谷歌大脑"最终把克里哲夫斯基的办公桌给了一名实习生，因为克里哲夫斯基几乎从来没有用过这张桌子，他总是在"司机"那边。

"司机"项目的工程师称他为"人工智能密语者"[3]，他的方法很快在整个项目中传播开来。深度学习成为谷歌汽车识别道路上的各种物体——停车标志、街道标记、其他车辆等——的一种方式。克里哲夫斯基称这些为"容易摘到的果子"。在接下来的几年里，他和同事们将这项技术推广到汽车导航系统的其他部分。经过合适的数据的训练，深度学习可以帮助汽车规划前进路线，甚至预测未来事件。在过去的5年里，汽车团队一直以手工的方式对汽车的行为进行编程。而现在，他们可以打造自主学习的系统，不再试图一次一行代码地去定义行人是什么样的了，他们可以使用成千上万张街道照片，在几天之内训练一个系统。理论上，如果谷歌能够收集足够的数据——显示汽车在道路上可能遇到的各种情况的图像，然后将其输入一个巨大的神经网络，这个单一的系统就可以完成所有的驾驶行为。在最顺利的情况下，这种未来的情形还需要很多年才能实现，但在2014年，这就是谷歌调整之后的方向。

这一时刻是谷歌内部更大规模调整的一部分。至此，神经网络这个单独的想法改变了谷歌在其不断扩张的帝国版图中构建技术的方式，无论是在物理世界，还是在数字世界。在这 4 万个 GPU 芯片以及更多芯片——一个名为"麦克卡车项目"的数据中心——的帮助下，深度学习已经渗透了一切领域，从谷歌照片应用程序（可以在海量的图像中迅速找到目标）到 Gmail（可以预测你将要键入的单词）。它还可以让 AdWords 的运行更为高效，公司 560 亿美元年收入的绝大部分是由这个在线广告系统实现的。[4] 通过分析用户曾点击过哪些广告的数据，深度学习可以帮助系统预测他们以后会点击什么，更多的点击意味着更多的收入。谷歌花费了数亿美元购买 GPU 芯片，还花了数百万美元招募研究人员，但它已经将这些钱赚回来了。

　　很快，谷歌搜索的主管阿密特·辛格哈尔承认，互联网技术正在发生变化。2011 年，当吴恩达和巴斯蒂安·特隆与他接触时，他曾强烈抵制深度学习。现在，他和他的工程师们别无选择，只能放弃对搜索引擎构建方式的严格控制。2015 年，他们推出了一个名为 RankBrain 的系统，[5] 该系统使用神经网络来辅助选择搜索结果，这一举措推动增加了公司约 15% 的搜索查询。[6] 总的来说，在预测用户点击行为时，它比资深搜索工程师更为准确。几个月之后，辛格哈尔被指控性骚扰并离开了公司，[7] 人工智能主管约翰·詹南德雷亚取而代之，成为谷歌搜索的新主管。[8]

　　在伦敦，戴密斯·哈萨比斯很快透露，DeepMind 已经开发了一个系统，它可以降低谷歌数据中心的网络功耗，并借鉴了该实验室用来破解《越狱》游戏的相同技术。[9]该系统决定何时打开、何时关闭单个计算机服务器中的冷却风扇，何时打开、何时关闭数据中心进行额外冷却的窗口，何时使用冷却器和冷却塔，以及服务器何时可以不使用这些设施。[10]哈萨比斯说，谷歌的数据中心如此之大，DeepMind 的技术如此有效，它已经为公司节省了数亿美元。[11]换句话说，这补偿了收购 DeepMind 的成本。

谷歌 GPU 集群的强大之处在于，它允许该公司对大量的技术进行大规模试验。打造神经网络是一项反复试验的工作，有了成千上万的 GPU 芯片可供使用，研究人员就可以在更短的时间内探索更多的可能性。同样的现象很快刺激了其他公司。在出售 1.3 亿美元的图形芯片给谷歌的刺激下，英伟达围绕深度学习的思路进行了重组，很快就不再满足于仅仅出售用于人工智能研究的芯片，而是自己也参与了研究，探索图像识别和自动驾驶汽车的边界，希望进一步拓展市场。在吴恩达的带领下，百度也在各个方面进行了探索，从新的广告系统到能够预测其数据中心内硬盘何时发生故障的技术。但最大的变化是可对话式数字助理的兴起，这些服务不仅接收从网络浏览器中输入的关键词，还能像搜索引擎一样通过一些互联网链接进行响应。它们可以倾听你的问题和命令，并以语音的方式回答，就像一个真人一样。谷歌在安卓手机上重构了语音识别，在它超越了苹果 Siri 的效果之后，同样的技术在整个行业普及开来。2014 年，亚马逊推出了 Alexa（个人语音助手），并将这项技术从手机端转移到了客厅的茶几上，其他市场也迅速跟进。现在被称为"谷歌助手"的谷歌技术，既可以在手机上运行，也可以在茶几设备上运行。百度、微软甚至 Facebook 都打造了自己的助手。

随着所有这些产品、服务和想法的激增，再加上这些公司和很多其他科技公司的营销部门通常以夸张的方式宣传它们，"人工智能"成了这 10 年的流行词，无休止地在新闻稿、网站、博客和新闻报道中重复出现。一如既往，这是一个让人感到充满压力的术语。对普通大众来说，"人工智能"重振了科幻小说的比喻——可对话的计算机、有感知能力的机器、拟人化的机器人，它们可以做人类能做的任何事情，但最终可能会毁灭它们的创造者。我们更不用说媒体在头条新闻、照片和报道中提到像《2001：太空漫游》和《终结者》这样的电影，试图描述新的技术浪潮了。这就像是弗兰克·罗森布拉特和感知机的历史重现。随着深度学习的兴起，自动驾驶汽车的概念也随之兴起。就在同一时期，牛津大学的一个学术团队发布了一项研究，预测自动化技术将很快在就业市场上崭露头角。[12] 在某种程度上，这一切都混合成了一锅快要溢出的大杂烩，其中包含非常真实的技术进步、毫无根据的炒作、疯狂的预测，以及对未来的担忧。"人工智能"则是描述这一切的术语。

媒体在人工智能上的叙事需要英雄，于是它们选择了辛顿、杨立昆、本吉奥，有时还会包括吴恩达，这在很大程度上归功于谷歌和 Facebook 在推广上的努力。但媒体宣传并没有延伸到于尔根·施米德胡贝这里，生活在德国卢加诺湖畔的这名研究人员在 20 世纪 90 年代和 21 世纪初在欧洲点燃了神经网络的火炬。有些人对施米德胡贝被排除在外表示异议，包括他自己。2005 年，他和后来加入 DeepMind 的研究员亚历克斯·格雷夫斯发表了一篇论文，描述了一个基于长短期记忆的语音识别系统——具有短期记忆的神经网络。"这是疯狂的施米德胡贝的成果，"辛顿告诉自己，"但它确实有效。"现在，这项技术正在为谷歌和微软等公司的语音服务提供支持，施米德胡贝想要得到他应得的。在辛顿、杨立昆和本吉奥在《自然》杂志上发表了一篇关于深度学习兴起的论文后，施米德胡贝写了一篇评论文章，认为这些"加拿大人"并不像他们看起来那样具有影响力，因为他们的工作是建立在欧洲和日本其他人的想法之上的。大约在同一时期，当伊恩·古德费洛介绍他关于 GAN（生成对抗网络）的论文时——这项技术很快就在整个行业产生了反响——施米德胡贝从观众席中站了起来，指责他没有引用瑞士 20 世纪 90 年代的相关论文。他经常做这种事情，以至于他的名字变成了一个动词，比如："你一直都在施米德胡贝。"[13] 但他并不是唯一一个为正在发生的事情邀功的人。多年来，很多深度学习研究人员的想法在这个圈子一直被忽视，他们感到迫切需要宣扬自己在一场真正的技术变革中的个人贡献。"每个人的内心都有对荣誉的一点儿虚荣，"辛顿说，"你也可以在自己身上看到这一点，意识到这一点很好。"

亚历克斯·克里哲夫斯基是一个例外。正如辛顿所说："他内心没有那么在意名声。"坐在"司机"项目的办公桌前，克里哲夫斯基是这场人工智能热潮的核心人物，但他不认为自己的角色有那么重要，也不认为自己的角色在于人工智能。他的角色在于深度学习，深度学习只是数学、模式识别，或者正如他所说的——"非线性回归"。这些技术已经存在了几十年，只是像他这样的人在正确的时间出现了，当时有足够的数据和足够的处理能力来让这一切发挥作用。他打造的技术一点儿也不智能，这些技术只在非常特殊的情况下有效。"深度学习不应该被称为人工智能，"克里哲夫斯基说，"我读研究生是为了研究曲线设置，而不是人工智能。"他的工作，先是在"谷歌大脑"，然后在自动驾驶汽车项目，都是将数学应用于新场景。这与任何重建大脑的尝试都相去甚远，更谈不上需要担心有一天机器会超出我们的控制范围。这是计算机科学，其他人都认同，但这并不能成为头条新闻的观点。更响亮的声音来自他在多伦多大学实验室的老同学伊利亚·萨特斯基弗。

2011 年，还在多伦多大学的时候，萨特斯基弗飞到伦敦参加 DeepMind 的面试。他在拉塞尔广场附近跟戴密斯·哈萨比斯和沙恩·莱格碰面，在三个人交流时，哈萨比斯和莱格解释了他们正在做什么。他们在打造通用人工智能，而起点是会玩游戏的系统。萨特斯基弗一边听，一边觉得他们已经脱离了现实，他觉得通用人工智能不是严肃的研究人员谈论的话题。所以，他拒绝

了这家初创公司提供的工作，回到了大学，最终加入了谷歌。但是一进入谷歌，他就意识到人工智能研究的本质正在发生变化，它不再是一两个人在学术实验室里摆弄神经网络了，参与的都是大团队，所有人都朝着共同的大目标努力，背后有大量的计算能力做支撑。他一直喜欢大的想法，当他进入"谷歌大脑"时，他的想法变得更大了。作为伦敦实验室和"谷歌大脑"跨大西洋合作的一部分，他在DeepMind办公室待了两个月，之后他开始相信，取得真正进展的唯一途径是触达看似遥不可及的东西。他的想法与杰夫·迪恩（他更关心对市场产生即时影响）的目标不同，也与杨立昆（他一心用自己的研究展望未来，但从未走得太远）的目标不同，而是更接近于DeepMind创始人的观点。他说的好像遥远的未来就在眼前——可以超越人类思维的机器，可以创建其他计算机数据中心的计算机数据中心。他和他的同事们需要的只是更多的数据和处理能力。然后，他们就可以训练一个系统去做任何事情了——不仅仅是开车，还包括阅读、交谈和思考。"他是一个不惧怕相信的人，"谢尔盖·莱文（Sergey Levine）说，莱文是一位机器人研究员，这些年来在谷歌一直与萨特斯基弗共事，"不怕的人有很多，但他尤其不怕。"

当萨特斯基弗加入谷歌时，深度学习已经重构了语音和图像识别。下一个重大步骤是"机器翻译"，这项技术可以即时将任何一种语言翻译成其他语言。这是一个更加困难的问题。它涉及的不是识别单一的东西，比如照片中的小狗。它是将"一系列的东西"（比如组成一个句子的单词）转换成另一个系列（那个句子的翻译）。这需要一种完全不同的神经网络，但萨特斯基弗相信解决方案并不遥远，他并不孤单。"谷歌大脑"的两位同事的目标跟他一样，在百度和蒙特利尔大学等地方，还有其他人也在尝试同样的道路。

"谷歌大脑"已经探索出了一种被称作"词嵌入"的技术，这涉及通过大量的文本分析（新闻文章、维基百科文章、自出版书籍等），使用神经网络来构建英语的数学地图，以显示该语言中每个单词和其他单词之间的关系。[14] 这不是一张你可以想象的地图。它不是像路线图那样的二维，也不是像电子游戏那样的三维，它有成千上万个维度，类似的东西你从未见过，也永远看不到。在这张地图上，"哈佛"这个词与"大学"、"常春藤"和"波士顿"很接近，尽管这些词在语言上并不相关。地图给每个单词一个数学值，这个值定义了它与语言中其他部分的关系，这被称为"向量"。"哈佛"的向量看起来很像"耶鲁"的向量，但它们并不完全相同。与"耶鲁"接近的是"大学"和"常春藤"，但不是"波士顿"。

萨特斯基弗的翻译系统是这一想法的延伸。[15] 运用瑞士的于尔根·施米德胡贝和亚历克斯·格雷夫斯开发的长短期记忆方法，萨特斯基弗将大量的英语文本和它们的法语译文一起输入神经网络。通过分析原文和译文，这个神经网络学会了为一个英语句子建立一个向量，然后将其映射到一个具有相似向量的法语句子。即使你不懂法语，你也能看到其中数学的力量。"玛丽崇拜约翰"的向量与"玛丽爱上了约翰"和"玛丽尊重约翰"的向量非常相似，而与"约翰崇拜玛丽"的向量完全不同。"她在花园里给了我一张卡片"的向量与"我在花园里收了她给的一张卡片"和"在花园里，她给了我一张卡片"的向量相匹配。到了年底，萨特斯基弗和他的合作者们打造的系统的性能超过了其他所有翻译技术，至少在他们测试的少量英语和法语翻译中是这样的。

2014 年 12 月，当年的 NIPS 会议在加拿大蒙特利尔举行，萨特斯基弗向来自全球的研究人员展示了一篇描述他们工作的论文。[16] 他告诉与会的观众们，这个系统的优势在于其简洁性。"我们用最小的创新，获得了最大的结果。"他说，观众掌声雷动，甚至让他大吃一惊。他解释说，神经网络的力量在于，你可以向它输入数据，它会自行学习。虽然训练这些数学系统有时就像黑魔法，但这个项目并非如此。"它想工作。"他说。在接收数据并进行一段时间的训练之后，它就会给出结果，不需要反复试验。但萨特斯基弗并不认为这仅仅是在翻译上的突破，他认为这是在任何涉及序列的人工智能问题上的突破，从自动为照片生成标题，到用一两句话对一篇新闻文章做即时总结。他说，人类在几分之一秒内能做的任何事情，神经网络也能做，它只需要正确的数据。他告诉观众："真正的结论是，如果你有一个非常大的数据集和非常大的神经网络，那么成功是有保证的。"

杰夫·辛顿在会场的后面观看他的演讲。正如萨特斯基弗所说的"成功是有保证的"，他认为："只有萨特斯基弗才不受到质疑。"有些研究人员对这种大胆的说法感到愤怒，但其他人被吸引住了。萨特斯基弗可以这样说，而不会引起太多的怨恨。他就是这样的人，虽然从别人口中说出来有些可笑，但从他口中说出来的就是真实的。他也是对的，至少在翻译方面是这样的。在接下来的 18 个月里，"谷歌大脑"将这个原型转变成了一个被数百万人使用的商业系统，这与该实验室三年前对纳夫迪普·贾特利的语音原型所做的工作如出一辙。但在这里，该实验室改变了等式，这在整个领域引发了另一波涟漪，并最终放大了伊利亚·萨特斯基弗和其他很多人的野心。

"我们需要另一个谷歌。"杰夫·迪恩告诉乌尔斯·霍尔泽（Urs Holzle），后者是一位出生于瑞士的计算机科学家，谷歌数据中心的负责人。这是真的。谷歌在部分安卓手机上发布新的语音识别服务几个月之后，迪恩意识到一个问题：如果谷歌继续扩展这项服务，那么这项服务最终就能覆盖全球 10 多亿部安卓手机，而这 10 多亿部手机每天只分别使用这项服务 3 分钟，公司却将需要两倍的数据中心来处理所有额外的流量。这是一个巨人的问题。谷歌的数据中心已经超过 15 个——从美国加州到芬兰，再到新加坡——每个数据中心的建设成本都高达数亿美元。[17] 但是，在与霍尔泽及其他几位专门研究数据中心基础设施的同事召开的常务会议上，迪恩提出了一个替代方案：他们可以开发一种新的计算机芯片，仅用于提供神经网络。

谷歌在开发自主的数据中心硬件方面有着较长的历史。[18]它的数据中心如此庞大，消耗了巨量的电力，为了以更便宜、更高效的方式提供谷歌服务，霍尔泽和他的团队花了数年时间设计计算机服务器、网络设备和其他设备。这项鲜有讨论的业务与惠普、戴尔和思科这些商业硬件制造商形成竞争，并最终从它们的核心业务中抢走了大量资金。由于谷歌开发了自己的硬件，它不需要在公开市场上采购，随着Facebook、亚马逊和其他公司开始效仿，这些互联网巨头创造了一个计算机硬件的影子行业。[19]但是，谷歌从来没有开发过自己的计算机芯片，它的竞争对手们也没有。因为这需要更高水平的专业知识和更大的投资，在经济上不划算。英特尔和英伟达等公司以如此庞大的规模生产芯片，其成本优势是谷歌无法匹敌的，并且它们生产的芯片能够完成谷歌需要完成的工作。英伟达的GPU芯片推动了深度学习的兴起，帮助训练了像安卓语音服务这样的系统。但是，现在迪恩正在处理一个新问题。在训练了这项服务后，他需要一种更有效的方式来运行它——通过互联网提供服务，并将其传递给全世界。迪恩可以用GPU或标准处理器来实现，但这两者都没有他所需要的高效性能。因此，他和他的团队开发了一种新的芯片，专门用于运行神经网络。他们在周围各种不同的部门筹集资金，包括搜索团队。此时，所有人都已经看到了深度学习能够做什么。

多年来，谷歌一直在威斯康星州麦迪逊的一个半秘密实验室里设计数据中心硬件。霍尔泽是一位前计算机科学教授，戴着钻石耳钉，留着一头蓬松的斑白短发，他将这项工作视为公司真正的竞争优势，小心翼翼地保护其设计免受Facebook和亚马逊等竞争对手的关注。麦迪逊是一个偏僻的地方，但还是依靠威斯康星大学工程学院吸引了源源不断的人才。现在，迪恩和霍尔泽在新的芯片项目中利用了这些人才资源，同时还从惠普等硅谷公司聘请了经验丰富的芯片工程师。他们的成果就是张量处理器，即TPU，它是设计用来处理支撑神经网络的张量的，而张量就是数学对象。其中的诀窍在于它的计算不像典型的处理器那样精确。[20]神经网络进行的计算量如此之大，但每次计算都不必精确，它处理的是整数而不是浮点数。TPU不是将13.646乘以45.828，而是砍掉了小数点，将13和45相乘。这意味着它每秒钟可以执行数万亿次额外的计算，而这正是迪恩和他的团队需要的，不仅是为了语音服务，也是为了语言翻译。

萨特斯基弗的工作是研究，而不是开发大规模的消费级产品。他的系统可以很好地处理普通词汇，但不能处理更大体量的词汇，也不能真正与谷歌10多年来通过互联网提供的翻译服务竞争——现有的服务是建立在完善的老式规则和统计数据之上的。但多亏了他搜集的所有数据，公司才去搜集了大量的翻译，使用萨特斯基弗和他的同事们所展示的方法，这些翻译有助于训练一个更大的神经网络。他们的数据集比萨特斯基弗过去训练系统所用的数据集大100到1 000倍。[21]因此，在2015年，迪恩挑选了三名工程师来打造一个可以从这些数据中学习的系统。[22]

谷歌现有的翻译服务是将句子分解成片段，再将它们转换成另一种语言的片段，然后努力将这些片段连接成一个连贯的整体，因此，深夜电视节目主持人吉米·法伦（Jimmy Fallon）开玩笑说谷歌翻译的句子杂乱无章、略显混乱、不够连贯。对英语和法语来说，其 BLEU 评分（衡量翻译质量的标准方法）不足 30 分，这意味着效果不太好，而且在 4 年的时间里只提高了 3 分多。[23]经过短短几个月的工作，迪恩的团队打造了一个神经网络，其评分比现有系统高 7 分。[24]与所有深度学习方法一样，该方法的强大之处在于这是一个单一的学习任务，没有必要把句子分解成几个部分。"突然之间，事情从不可理解变成了可以理解，"麦克达夫·休斯（Macduff Hughes）说，他是开发旧系统的团队负责人，"就像有人把灯打开了。"

但是，有一个问题。翻译一个由 10 个单词组成的句子需要10 秒钟，这在开放的互联网上永远都行不通。[25]用户是不会使用的。休斯认为，公司需要三年时间来完善该系统，使其能够毫不拖延地提交翻译。[26]但是，迪恩不这么认为。[27]在旧金山一家酒店里召开的公司会议上，他告诉休斯："我们如果下定决心，就可以在年底前完成。"[28]休斯对此表示怀疑，但他告诉他的团队要在年底前为新的服务做好准备。[29]他说："我不会是那个说杰夫·迪恩无法实现这一速度的人。"[30]

他们在和百度赛跑。几个月前，这家中国互联网巨头发表了一篇描述类似研究成果的论文，[31]同年夏天，它又发表了一篇论文，展示了与"谷歌大脑"内部打造的系统相当的性能。随着杰夫·迪恩和他的团队打造出新版本的谷歌翻译，他们决定在中英文翻译上首次推出该服务。由于这两种语言之间的巨大差异，这是为深度学习提供最大改进的配对。从长远来看，这也是翻译能够提供最大好处的配对。毕竟，这是世界上最大的两个经济体。最终，谷歌工程师比迪恩的最后期限还提前了三个月，原因就在于 TPU。在谷歌新芯片的帮助下，2月，在普通硬件上需要翻译10秒的句子可以在几毫秒内被翻译出来。[32] 他们在美国劳动节之后发布了这项服务的第一个版本，远远早于百度。[33] "我很惊讶它能如此有效。我想每个人都会感到惊讶的，"辛顿说，"没人能想到，这么快就能这么有效。"

当杰夫·辛顿来到谷歌时，他和杰夫·迪恩参与了一个他们称之为"蒸馏"（Distillation）的项目。[34] 这是一种采用他们在公司内部训练的巨型神经网络的方式，他们将它所学的一切缩小到合适的规模，使得谷歌可以在实时网络服务中实际使用，迅速将其技能传递给全球网民。这是辛顿漫长的职业生涯（神经网络）与迪恩的职业生涯（全球计算）的结合。然后，辛顿超越了神经网络，转向一种全新的、更复杂的模仿大脑的工作。那是他在20世纪70年代末首先提出的一个想法，他称之为"胶囊网络"。在谷歌收购 DeepMind 后的那个夏天，辛顿计划在伦敦实验室待上三个月，并决定用这三个月的时间来研究这个"新的旧想法"。

他买了两张从纽约到英国南安普敦的"玛丽女王2号"的

船票——一张是他自己的，一张是给他的妻子杰基·福特的，她是一位艺术史学家。在第一任妻子罗莎琳德因卵巢癌去世后，辛顿在20世纪90年代末与杰基结婚。他们计划在一个星期天从纽约启航。在他们离开多伦多之前的一个星期四，杰基被诊断为患有晚期胰腺癌。医生预计她还有大约一年的生存期，并建议她立即开始化疗。在知道没有治愈的机会后，她决定去英国旅行，然后在秋天时回到多伦多开始治疗。她的家人和很多朋友还在英国，这将是她最后一次见到他们。因此，她和辛顿去了纽约，并于周日起航前往南安普敦。辛顿确实花了整个夏天围绕着"胶囊网络"的想法工作，但没有取得太大进展。

09 反炒作

> 谷歌可能会偶然制造出某种邪恶的东西。

2014 年 11 月 14 日，埃隆·马斯克在一个名为 Edge.org 的网站上发布了一条消息。[1] 他说，在 DeepMind 这样的实验室里，人工智能正在以惊人的速度发展。

除非你直接接触过像 DeepMind 这样的团队，否则你不会知道它的增长速度有多快——接近指数级了。5 年、最多 10 年的时间内，有发生严重危险事件的风险。我不是对自己不懂的事情大喊狼来了。我不是唯一一个认为我们应该保持警惕的人。领先的人工智能公司已经采取了重大的措施来确保安全。它们意识到了危险，但它们相信自己可以塑造和控制数字化超级智能体，防止有害的智能体逃进互联网。结果还有待观察……

发布后不到一个小时，这条消息就消失了。但其内容与马斯克几个月来在公开和私下场合所说的并没有太大的不同。

一年前，马斯克在硅谷与《彭博商业周刊》的记者阿什利·万斯（Ashlee Vance）共进晚餐。刚坐下几分钟，马斯克就说自己最大的担忧是拉里·佩奇正在建立的一支人工智能机器人大军，其最终可能会毁灭人类。[2]问题不在于佩奇是恶意的，佩奇是他的密友，他经常睡在佩奇家的沙发上。[3]问题是，佩奇的行为基于这样一种假设，即谷歌所做的任何事情都会对世界有益。[4]正如马斯克所说："他可能会偶然制造出某种邪恶的东西。"[5]这段谈话内容一直保密了多年，直到万斯出版了马斯克的传记，但在他们共进晚餐后不久，马斯克在美国国家电视台和社交媒体上说了很多类似的话。在美国全国广播公司财经频道（CNBC）的一次露面中，他提及了《终结者》。[6]他说："有过一些与此相关的电影。"他在 Twitter 上发布了一条消息，声称人工智能"可能比核武器更危险"。[7]

在同一条消息中，他敦促自己的追随者们阅读《超级智能：路线图、危险性与应对策略》（*Superintelligence: Paths, Dangers, Strategies*），这是牛津大学哲学家尼克·波斯特洛姆（Nick Bostrom）出版的一本大部头。[8]跟 DeepMind 的联合创始人沙恩·莱格一样，波斯特洛姆认为超级智能可以保卫人类的未来——或者摧毁它。[9]"这很可能是人类有史以来所面临的最重要、最艰巨的挑战,"他写道,"而且无论我们成功还是失败,这可能是我们要面临的最后一个挑战。"[10]他担心的是,科学家会设计一个系统来完善我们生活中的某个特定部分,但他们没有意识到的是,有一天这个系统会以任何人都无法阻止的方式造成严重破坏。他经常重复的比喻是一款"回形针"游戏,其目标是生产尽可能多的回形针。他说,这样的系统可以"首先将整个地球,然后将越来越大的太空全都转化为回形针生产设施"。

那年秋天,马斯克出现在纽约"名利场"会议的讲台上,他警告作家沃尔特·艾萨克森(Walter Isaacson)为"递归的自我提升"而设计的人工智能的危险性。[11]他解释说,如果研究人员设计了一个系统来对抗垃圾电子邮件,它最终可能会得出结论:消除所有垃圾邮件的最好方法就是消灭所有人。[12]当艾萨克森问他是否会使用他的SpaceX火箭来逃离这些杀手机器人时,马斯克表示,逃跑也许是不可能的。[13]他说:"如果有某种世界末日的情景,那可能是地球上的人造成的。"[14]

几周后,马斯克在Edge.org上发布了他的那条信息[15],该网站由一个非营利性组织Edge基金会运营,其不仅探索新的科学思想,还主办了一个名为"亿万富翁晚宴"的年度聚会,参与者包括马斯克、拉里·佩奇、谢尔盖·布林和马克·扎克伯格等名人。在主要资金支持者之一、亿万富翁杰弗里·爱泼斯坦(Jeffrey Epstein)因性交易被捕、并随后在监狱里自杀之后,[16]该组织很快陷入争议。从他在该组织网站上的留言来看,马斯克的态度比过去更加明确。他指出，DeepMind 就是世界正在向超级智能发展的证据。[17] 他说危险的出现最多还有 5~10 年。[18] 作为 DeepMind 的投资者之一，在伦敦实验室突然被谷歌收购之前，他已经在其内部见识过了。我们不清楚他看到了什么其他人没有看到的东西。

马斯克在周五发布了那条消息。在接下来的周三，他和马克·扎克伯格一起吃饭。这是他们第一次见面。扎克伯格邀请马斯克到他家，他的家位于帕洛阿尔托，周围绿树成荫。扎克伯格希望能让这位南非企业家相信，所有这些关于超级智能危险性的言论都没有多大意义。当听到 DeepMind 的创始人们坚称，如果收购方不能保证设立一个独立的道德委员会来监督他们的通用人工智能，他们就不会出售自己的实验室时，扎克伯格犹豫了。现在，随着马斯克在电视和社交媒体上放大这一信息，扎克伯格不想让立法者和政策制定者得到这样的印象，即 Facebook 这样的公司会因为突然进军人工智能领域而对世界造成伤害。为了处理这种状况，他还邀请了杨立昆、迈克·斯科洛普夫和在新的 Facebook 实验室与杨立昆一起工作的纽约大学教授罗布·弗格斯。这些 Facebook 的人花了一顿饭的时间，试图解释马斯克对人工智能的观点被少数误导的声音扭曲了。扎克伯格和他的同事们说，尼克·波斯特洛姆的哲学思考与马斯克在 DeepMind 或其他任何人工智能实验室中看到的东西都没有任何关系。神经网络距离超级智能还有很长的路要走。DeepMind 构建了一些系统，其可以在游戏中优化积分数值，比如《乒乓》或《太空入侵者》，但它们在其他地方毫无用处。你可以轻松地关闭游戏，就像将汽车熄火一样。

但马斯克不为所动。他说，问题在于人工智能的进步实在太快了。风险在于，这些技术可以在任何人意识到发生了什么之前，从无害跨越到危险的境地。他在 Twitter、电视节目和公开露面中都提出了相同的论点，当他表达自己的观点时，没有人能判断他说的是不是他自己所相信的，或者他只是故作姿态，着眼于一些其他的最终结果。"我真的认为这很危险。"他说。

在帕洛阿尔托的晚宴后几天，埃隆·马斯克给杨立昆打了电话。他说自己正在特斯拉公司制造一辆自动驾驶汽车，他咨询杨立昆的意见，询问应该招募谁来运营这个项目。那一周，他联系了其他几位 Facebook 的研究人员，问了他们同样的问题。这个策略最终引起了马克·扎克伯格的愤怒。杨立昆告诉马斯克，他应该联系乌尔斯·穆勒（Urs Muller），穆勒是杨立昆在贝尔实验室的老同事，他已经拥有一家通过深度学习探索自动驾驶汽车的初创公司。然而，在马斯克招募这位瑞士研究员之前，已经有人抢先了一步。在杨立昆接到马斯克电话的几天后，他回应了英伟达创始人兼首席执行官黄仁勋同样的咨询，并给出了同样的答案，英伟达立即采取了行动。该公司的野心是打造一间实验室，拓展自动驾驶的边界，并在这个过程中，帮助该公司销售更多的GPU 芯片。

马斯克一边敲响警钟、声称人工智能的竞赛可能毁灭我们所有人，一边也加入了这场竞赛。那个时候，他感兴趣的想法是自动驾驶汽车，但他很快就去追逐与 DeepMind 相同的宏伟想法，创建自己的实验室来研究通用人工智能。对马斯克来说，这一切都被同一种技术趋势包裹。首先是图像识别，然后是翻译，再之后是自动驾驶汽车，最后是通用人工智能。

越来越多的研究人员、企业高管和投资者在努力打造超级智能的同时，也警告其危险性，马斯克就是其中一员，还有 DeepMind 的联合创始人和早期支持者，以及很多被吸引到其轨道上的思想家。对外行来说，这简直是无稽之谈。没有证据表明超级智能在任何地方接近了现实。当前的技术仍然难以实现可靠地驾驶汽车，或进行对话，或仅能通过八年级的科学测试。即使通用人工智能有所接近，像马斯克这样的人的立场似乎也很矛盾。有很多人会问："如果它会杀掉我们所有人，那么我们为什么要打造它？"但是对这个小圈子内部的人来说，针对他们认可的一些独特且重要的技术，考虑其背后的风险是很自然的事情。有人要打造超级智能，最好在打造它的同时，防范出现意外的后果。

早在 2008 年，沙恩·莱格在他的论文中就描述了这种态度，他认为尽管风险很大，但潜在的回报也很大。[19] "如果说有什么东西在靠近绝对力量，那么超级智能机器比较接近。根据定义，它能够在各种不同的环境下实现广泛的目标，"他写道，"如果提前为这种可能性做好准备，那么我们不仅可以避免灾难，还可能带来一个前所未有的繁荣时代。"[20] 他承认这种态度似乎很极端，但他也指出了持类似信念的其他一些人。在创立 DeepMind 时，他和哈萨比斯就进入了这个圈子。他们通过奇点峰会接触到了彼得·蒂尔，还从互联网电话服务商 Skype 的联合创始人贾恩·塔林（Jaan Tallinn）那里获得了另一笔投资，后者很快加入了一个学术团体，创建了他们所谓的生命未来研究所，该组织致力于探索人工智能和其他技术存在的风险。然后，哈萨比斯和莱格把这些想法带到了新的地方。他们给马斯克做了介绍，还把这些想法带到了 Facebook 和谷歌，这两家科技巨头正争先恐后地想收购他们的初创公司。当他们吸引了投资者和收购方的兴趣时，莱格并不避讳谈论自己对未来的看法。他说，超级智能将在未来 10 年到来，风险也将到来。马克·扎克伯格对这些想法犹豫不决，他只想要 DeepMind 的这些人才，但拉里·佩奇和谷歌欣然接受了所有。一旦进入谷歌，苏莱曼和莱格就搭建了一个 DeepMind 团队，致力于研究他们所谓的"人工智能安全"，努力确保实验室的技术不会造成伤害。"如果技术要在未来成功得到应用，道德责任必须默认被纳入其设计之中，"苏莱曼说，"当你开始打造这个系统的时候，你必须考虑伦理方面的因素。"随着埃隆·马斯克投资了 DeepMind，并开始表达很多类似的担忧，以及亲自在这个领域发力，他就加入了一场运动，然后就走向了极端。

2014 年秋季，生命未来研究所成立还不到一年，当时它邀请了这个不断发展的圈子里的人参加在波多黎各举办的一场私人峰会。[21] 在麻省理工学院宇宙学家和物理学家迈克斯·泰格马克（Max Tegmark）的领导下，这场峰会旨在延续阿西洛马会议的思路——那是 1975 年的一场开创性聚会，世界领先的遗传学家在此聚会上讨论了他们的基因编辑工作最终是否会毁灭人类。[22] 该研究所发出的邀请函包括两张照片：一张是波多黎各的圣胡安海滩，另一张是一群可怜的人在某个寒冷的地方铲雪，雪堆里埋着一辆大众甲壳虫。（意思是："一月初，你在波多黎各会快乐得多。"）他们还承诺不会有媒体参加。（意思是："你可以自由讨论你对人工智能未来的担忧，而不会被《终结者》相关的头条新闻惊醒。"）他们称这次闭门会议为"人工智能的未来：机遇和挑战"。戴密斯·哈萨比斯和沙恩·莱格都出席了。埃隆·马斯克也来了。2015 年的第一个星期天，在跟马克·扎克伯格共进晚餐 6 周后，马斯克上台讨论了智能大爆炸，即人工智能突然达到连专家都没有预料到的水平的威胁。[23] 他说，这是最大的风险：这项技术可能会突然进入危险区域，而没有人意识到这一点。[24] 这是对波斯特洛姆的回应，他也在波多黎各的讲台上，但马斯克有办法放大这个信息。

贾恩·塔林承诺每年为生命未来研究所提供 10 万美元的活动资金。在波多黎各，马斯克承诺投入 1 000 万美元，专门用于探索人工智能安全的项目。[25] 但当他准备宣布这份大礼的时候，他又担心这个消息会影响即将发射的 SpaceX 火箭及其在太平洋无人船上的着陆。[26] 有人提醒他，会议上没有记者，与会者会遵循查塔姆宫守则，这意味着与会者同意不透露任何人在波多黎各峰会上的发言，但他仍然保持警惕。[27] 所以他在宣布这条消息的时候，没有透露具体的金额。[28] 过了几天，当他的火箭在着陆过程中坠毁时，他在 Twitter 上透露了这项 1 000 万美元的资助。[29] 对马斯克来说，超级智能的威胁只是众多威胁中的一个。他主要关心的，似乎是获得最大限度的关注度。"他是一个超级忙碌的人，没有时间去挖掘问题的细微差别，但他理解问题的基本状况，"塔林说，"他也真的很享受媒体的关注，并将这些关注转化为口号式的 Twitter 消息。马斯克与媒体之间存在共生关系，这让很多人工智能研究人员感到恼火，这是圈子必须付出的代价。"

在会议上，泰格马克分发了一封公开信，试图将聚集在波多黎各的研究人员的共同信仰编成法典。[30] 公开信中提道："我们认为，研究如何使人工智能系统变得强大和有益，既重要又及时。"[31] 然后公开信还推荐了从劳动力市场预测到可以确保人工智能技术安全可靠的工具开发等各种内容。泰格马克给所有与会者发了一份复印件，让所有人都有机会签名。这封信的语气很有分寸，内容也直截了当，主要坚持常识性的问题，但对那些致力于人工智能安全理念的人来说，这是一个标志——他们至少愿意倾听莱格、塔林和马斯克等人士的深切担忧。谷歌的总法律顾问肯特·沃克（Kent Walker）出席了会议，但没有签名。[32] 在波多黎各，他更像是一名观察者，而不是参与者，因为他的公司试图分别通过"谷歌大脑"和 DeepMind 在加州和伦敦扩大其人工智能方面的研究。但其他大多数与会者都签了名，包括"谷歌大脑"内部的一名顶级研究人员：伊利亚·萨特斯基弗。[33]

迈克斯·泰格马克后来写了一本关于超级智能对人类和整个宇宙潜在影响的书。[34] 在开篇中，他描述了在波多黎各会议之后，埃隆·马斯克和拉里·佩奇在一次晚宴上的会面。[35] 在美国加州纳帕谷的某个地方品尝了食物和鸡尾酒之后，佩奇为泰格马克所描述的"数字乌托邦主义"进行了辩护："数字生活是宇宙进化中自然且令人向往的下一步，如果我们让数字思维自由发展，而不是试图阻止或奴役它们，结果几乎肯定是好的。"[36] 佩奇担心，对人工智能崛起的偏执妄想会推迟这个数字乌托邦的到来，尽管它有能力给地球以外的世界带去生命。[37] 马斯克对此进行了反驳，他问佩奇如何确定这种超级智能不会最终毁灭人类。[38] 佩奇指责马斯克是"物种主义者"，因为他更喜欢碳基生命形式，而不是用硅创造的新物种。至少对泰格马克来说，这场在深夜一边品尝鸡尾酒一边辩论的方式，展示了科技行业核心人物之间的对立态度。

　　在波多黎各会议结束后大约 6 个月，格雷格·布罗克曼（Greg Brockman）沿着沙丘路往前走，这条短短的柏油路蜿蜒穿过硅谷 50 多家最大的风险投资机构。他要去 Rosewood 酒店，这是一家加州城市牧场风格的高档酒店，创业者们在这里向大牌风险投资家做融资推销，他一直在担心时间。在辞去备受瞩目的网络支付初创公司 Stripe 的首席技术官一职后，这位 26 岁的麻省理工学院辍学生正在赶去与埃隆·马斯克共进晚餐，他迟到了。但是当布罗克曼走进酒店的私人餐厅时，马斯克还没有到。根据惯例，这位特斯拉和 SpaceX 的创始人兼首席执行官一个小时内会出现。但是另一位引人注目的硅谷投资人已经到了：初创公司 Y Combinator（后简称 YC）的总裁萨姆·阿尔特曼（Sam Altman）。他跟布罗克曼打了个招呼，并把他介绍给一小群人工智能研究人员，他们聚在面向帕洛阿尔托西部山丘的露台上。其中一位是伊利亚·萨特斯基弗。

在他们坐下准备吃饭时，马斯克到了，他有着异常宽阔的肩膀，开朗的个性似乎感染了整个房间。但是，他跟其他人一样，不太确定大家聚在这里做什么。阿尔特曼将他们召集在一起，希望能创建一间新的人工智能实验室，以对抗大型互联网公司内部快速扩张的实验室，但没有人知道这是否可行。布罗克曼离开了 YC 最成功的公司之一——Stripe，他当然想创建实验室。他实际上从未在人工智能领域工作过，直到最近才购买了第一台 GPU 机器，并训练了他的第一个神经网络。但正如他几周前告诉阿尔特曼的那样，他一心想加入一场新的运动。马斯克也是如此，他看到了谷歌和 DeepMind 内部深度学习的兴起。但没有人确定他们如何进入一个已经由硅谷最有钱的公司主导的领域。如此多的人才在谷歌和 Facebook 内部已经开始赚得盆满钵满，还有挖走吴恩达担任首席科学家之后重新焕发活力的百度，以及刚刚收购了两家著名深度学习初创公司的 Twitter。阿尔特曼邀请了萨特斯基弗和其他几位志同道合的研究人员来到 Rosewood 酒店，一同探索实施的可能性，但他们整晚都在问问题，而不是给出答案。"有一个很大的问题：跟一群最优秀的人一起设立一间实验室会不会太晚了？这种事情有可能实现吗？没有人能说这完全是不可能的，"布罗克曼回忆道，"有人说：'这真的很难。你需要获得这个关键的东西。你需要跟最好的人一起合作。你打算怎么做？这里存在一个先有鸡还是先有蛋的问题。'我听到的意思是，这并非不可能。"

那天晚上，当布罗克曼和阿尔特曼一起开车回家时，布罗克曼发誓要创建一间他们似乎都想要的新实验室。[39] 他首先给这一领域的几位领袖人物打电话，其中包括蒙特利尔大学的教授约书亚·本吉奥，他曾与杰夫·辛顿和杨立昆一起帮助推动深度学习运动，但本吉奥明确表示，他仍致力于学术界。本吉奥列出了一份整个圈子里有前途的年轻研究人员的名单，当布罗克曼跟这些人联系时，他引起了几位研究人员的兴趣，他们至少跟马斯克一样对人工智能的危险性有一些担忧。其中的 5 个人，包括伊利亚·萨特斯基弗，最近在 DeepMind 度过了一段时间。设立一间不受大型互联网公司控制的实验室，这个想法对他们产生了吸引力，完全摆脱了驱动这些公司发展的利润动机。他们认为，这是确保人工智能以安全的方式发展的最佳方式。"很少有科学家会考虑他们工作的长期后果，"沃伊切赫·扎伦巴说，他是布罗克曼接触的研究人员之一，"我希望实验室认真考虑人工智能可能对世界产生广泛负面影响的可能性，尽管这是一个令人难以置信的智力难题。"但是，这些研究人员中没有一位承诺加入一间新的实验室，除非有其他人这样做。为了打破僵局，布罗克曼邀请他的十大候选人，在一个秋天的下午来到旧金山北部纳帕谷的一家酿酒厂。这群人包括萨特斯基弗和扎伦巴，他们在谷歌工作了一段时间后跳槽到了 Facebook。布罗克曼租了一辆大巴车，把他们从他在旧金山的公寓带到葡萄酒之乡，他觉得，只有这样才有助于巩固他们的伟大想法。他说："一种被低估的将人们聚集在一起的方式，就是在无法加快到达目的地的速度时，你必须出现，你必须发声。"

在纳帕谷，他们讨论了一种新的虚拟世界，一个数字游乐场，这里的人工智能软件智能体可以通过学习在个人电脑上做任何人类可以做的事情。这将推动 DeepMind 风格的强化学习的发展，不仅仅是在《越狱》等游戏中，而且在任何软件应用程序中，从网络浏览器到微软的 Word 文字处理器。他们认为，这是一条通向真正智能机器的道路。毕竟，网络浏览器扩展到了整个互联网。它是所有机器和所有人的入口。要用网络浏览器导航，你不仅需要动作技能，还需要语言技能。即使对最大的科技公司而言，这也是一项耗费资源的工作，但他们下定决心在没有公司支持的情况下解决这个问题。他们设想了一间完全没有企业压力的实验室，一间将放弃所有研究成果的非营利实验室，这样任何人都可以与谷歌和 Facebook 竞争。过完周末，布罗克曼邀请所有这 10 名研究人员加入这间实验室，并给了他们三周的时间来考虑。三周之后，10 个人中有 9 个人同意了。他们将这间新的实验室命名为 OpenAI。萨特斯基弗说："我喜欢做最激烈的事情，这感觉就像是最激烈的事情。"

但是，在他们向世界展示这间实验室之前，像扎伦巴和萨特斯基弗这样的研究人员必须告知 Facebook 和谷歌。除了在"谷歌大脑"和 Facebook 人工智能实验室工作过之外，扎伦巴还在 DeepMind 待过一段时间。在他同意加入 OpenAI 之后，互联网巨头提供了他所谓的"近乎疯狂的"报酬来试图改变他的想法——这份报酬是他市场身价的两到三倍。但与谷歌提供给萨特斯基弗的报酬相比，这份报价就显得微乎其微了，谷歌的报价是每年数百万美元，但两人都拒绝了。即使他们飞往了蒙特利尔参加 NIPS，并打算在那里公布新创建的 OpenAI 实验室，更高的报价还是来了。这场曾经吸引了数百名研究人员的会议，现在的参会人数接近 4 000。顶级思想家发布顶级论文的演讲厅里挤满了人，无数公司争先恐后地在侧厅安排会议，以争夺这个星球上最有价值的科技人才。这里就像淘金热时期的西部矿业小镇。

到达蒙特利尔后，萨特斯基弗见到了杰夫·迪恩，后者再次提出让他留在谷歌。他忍不住考虑了一下。谷歌开出的薪酬是 OpenAI 的两到三倍，第一年接近 200 万美元。[40] 马斯克、阿尔特曼和布罗克曼别无选择，只能推迟他们的声明，等待萨特斯基弗做出决定。萨特斯基弗给远在多伦多的父母打了电话，在他继续权衡利弊时，布罗克曼一条又一条地给他发短信，敦促他选择 OpenAI。这样持续了好几天。最后，在周五，NIPS 会议的最后一天，布罗克曼和其他人决定，无论萨特斯基弗是否加入，他们都需要宣布这间实验室。宣布的时间定在下午三点，时间很快就到了，他们没有宣布，也没有收到萨特斯基弗的决定。然后，萨特斯基弗给布罗克曼发了短信，说他要加入。

马斯克和阿尔特曼将 OpenAI 的目的描绘成对抗大型互联网公司所带来的危险性。[41] 在谷歌、Facebook 和微软仍然对一些技术保密时，由马斯克、彼得·蒂尔和其他人超过 10 亿美元的资助承诺所支持的非营利组织 OpenAI，将毫无保留地贡献出未来的技术。[42] 人工智能将向所有人，而不仅仅是地球上最富有的公司开放。[43] 马斯克和阿尔特曼承认，如果他们公开所有的研究成果，那么坏人也可以利用它们。[44] 如果他们打造了可以用作武器的人工智能，任何人都可以将其用作武器。但他们认为，正是因为任何人都可以使用他们的技术，所以恶意人工智能的威胁会削弱。[45] 阿尔特曼说：“我们认为，很多人工智能更有可能去阻止偶尔出现的坏人。”[46] 这是一个理想主义的愿景，它最终被证明完全不切实际，但这是他们所相信的，他们的研究人员也相信这一点。不管他们的宏伟愿景是否可行，马斯克和阿尔特曼至少可能正在靠近世界上最有希望的技术运动的中心。很多顶尖的研究人员现在都在为他们工作。在纽约大学跟着杨立昆学习的扎伦巴说，那些“近乎疯狂”的报价并没有来引诱他。[47] 它们没有把扎伦巴纳入考虑范围，并将他推向了 OpenAI。扎伦巴觉得，那些有钱的大公司不仅是为了留住研究人员，也是为了阻止新实验室的建立。萨特斯基弗也有同感。

并不是每个人都相信马斯克、阿尔特曼等人所宣扬的理想主义。在 DeepMind，哈萨比斯和莱格被激怒了，他们不仅觉得被自己公司的投资人马斯克出卖了，还觉得被 OpenAI 所招募的很多研究人员出卖了。其中的 5 个人曾在 DeepMind 工作，对哈萨比斯和莱格来说，新实验室将在通往智能机器的道路上制造一场不健康的竞争，这可能会产生危险的后果。如果实验室之间在新技术上相互竞争，他们就不太会意识到哪里可能出错。在接下来的几个月里，哈萨比斯和莱格对萨特斯基弗和布罗克曼讲了很多攻击的话。在 OpenAI 宣布成立后的几个小时里，萨特斯基弗走进会议酒店的一个派对，听到了更刺耳的话。派对是由 Facebook 举办的，在结束之前，杨立昆找到了他。

在酒店大堂开阔空间的一个角落，站在电梯旁，杨立昆告诉萨特斯基弗，他正在犯一个错误，并给出了 10 多条理由：OpenAI 的研究人员都太年轻了；实验室没有丰富的经验，也没有谷歌或 Facebook 这种公司的资金支持；非营利的形式也不会赚钱；实验室吸引了一些优秀的研究人员，但从长远来看，它无法争夺人才；实验室公开分享其所有的研究成果，这个想法并不像看上去那么吸引人。Facebook 已经在更大的圈子里分享了公司大部分的工作成果，谷歌也开始做同样的事情。杨立昆告诉萨特斯基弗："你会失败的。"

神经网络的爆发：AlphaGo 的胜利

> 哈萨比斯推动 AlphaGo 就像奥本海默执行曼哈顿计划一样。

2015 年 10 月 31 日，在 Facebook 迪斯尼乐园般的公司总部，首席技术官迈克·斯科洛普夫站在一张桌子的一端，向满屋子的记者发表讲话。[1] 他指着墙上平板显示器上的幻灯片，描述了该公司最新的一系列研究项目——在无人机、卫星、虚拟现实和人工智能方面的实践。就像一些精心策划的事件一样，这些项目大部分也都是旧闻。然后，他提到 Facebook 纽约和加州办公室的几位研究人员正在教神经网络下围棋。几十年来，机器在跳棋、国际象棋、双陆棋、《奥赛罗》，甚至《危险边缘》等游戏中击败了世界上最好的玩家！但是，围棋是一款还没有机器可以击败人类的智力游戏。2014 年，《连线》杂志发表了一篇专题报道，讲述了一位法国计算机科学家花了 10 年时间试图构建人工智能，以挑战世界上最好的围棋选手。[2] 像国际人工智能研究界的大多数人一样，这位科学家认为他或其他任何人还需要 10 年才能达到这个高度。但正如斯科洛普夫对满屋子的记者所说的那样，Facebook 的研究人员相信，他们可以利用深度学习更快地破解这个游戏，如果他们真的破解了，那么这将标志着人工智能的一次重大飞跃。[3]

围棋是两位棋手在一张 19 乘 19 的格子棋盘上对弈。他们轮流在交叉线放置棋子，试图占领部分棋盘，并在此过程中，吃掉对方的棋子。国际象棋模仿的是地面战斗，而围棋就像是模仿冷战。在棋盘一角的某一招棋，可能会在其他地方产生涟漪，以微妙且经常令人惊讶的方式改变游戏的格局。在国际象棋中，每一步大约有 35 种下法可供选择。在围棋中，每一步的下法有 200 个选择，因此围棋比国际象棋复杂得多。在 21 世纪第一个十年的中期，这意味着机器的性能无论有多么强大，都无法在任何合理的时间内计算出每一步棋的结果。但正如斯科洛普夫解释的那样，深度学习有望改变这种局面。在分析了数百万张照片中的数百万张面孔后，神经网络可以学会将你与你的兄弟区分开来，或者将你的大学室友与其他人区分开来。他说，用同样的方法，Facebook 的研究人员可以制造一台机器，模仿职业围棋手的技能。通过将数以百万计的围棋下法输入神经网络，他们可以教它识别，好的下法是什么样子的。"最好的棋手最终会看视觉图案，看棋盘的视觉效果，以直观的方式了解什么是好的下法，什么是不好的下法，"他解释道，"因此，我们使用棋盘上的图案——一个视觉记录系统——来调整系统可能的下法。"[4]

他说，在某种程度上，Facebook只是在教机器玩游戏。在另一个层面上，这样做是在推进人工智能发展，以重塑Facebook。深度学习正在改进广告业务在公司社交网络产品上的用户定位方式，它为视力受损者分析照片并生成标题，[5]它推动了公司内部开发的智能手机数字助理Facebook M。[6]利用支撑围棋实验的相同技术，Facebook的研究人员正在打造一些系统，其目标不仅仅是识别口语单词，而且是真正理解自然语言。有一个团队最近开发了一个系统，这个系统可以阅读《指环王》中的段落，然后回答有关"托尔金三部曲"的问题，斯科洛普夫解释说，这些复杂问题涉及人物、地点和事物三者之间的空间关系。[7]他还表示，该公司的技术要想破解围棋，并且真正理解自然语言，还需要几年的时间，但通往这两个未来的道路已经铺好。这是一条计算机科学家数十年来一直致力于铺设的道路，其中充满了喧嚣，只有少量实用技术。他说，现在人工智能运动终于赶上了它的人创意。

他没有告诉那些记者的是，其他人也在同样的道路上前进。在描述Facebook努力破解围棋的新闻报道出现几天之后，其中一家公司做出了回应。戴密斯·哈萨比斯出现在一段网络视频中，直视镜头，脸部占据了整个画面。[8]这是DeepMind创始人一次罕见的露面。伦敦实验室大部分的发声方式是在《科学》和《自然》等知名学术期刊上发表研究论文，通常只有在取得重大突破后，实验室才会与外界交流。在视频中，哈萨比斯暗示研究工作仍在实验室内孕育着，涉及围棋游戏。他说："我还不能谈论它，但再过几个月，我想会有相当大的惊喜。"[9]Facebook 争取媒体关注的做法激起了它最大的竞争对手的斗志。在哈萨比斯的那段网络视频出现几周之后，一名记者问杨立昆，DeepMind 是否有可能打造一个可以击败顶级围棋选手的系统。"不会。"他说。他不止一次这么说，部分原因是他认为这项任务太难了，同时也因为他什么消息也没听到。圈子就那么小，"如果 DeepMind 击败了一名顶级围棋选手，"杨立昆说，"有人会告诉我的。"但是他错了。

几天之后，《自然》杂志刊登了一篇封面故事，其中哈萨比斯和 DeepMind 透露，他们的人工智能系统 AlphaGo 击败了三届欧洲围棋冠军。[10]这件事发生在 10 月的一场闭门比赛中。杨立昆和 Facebook 在消息公布的前一天听到了这个消息。当天下午，在扎克伯格亲自推动的一场奇怪而不幸的抢先公关活动中，该公司提醒媒体注意扎克伯格和杨立昆在网上发布的帖子，这些帖子吹嘘了 Facebook 自己的围棋研究，以及该公司内部其他形式的人工智能正在开拓的道路。但事实仍然是谷歌和 DeepMind 处于领先地位。在那场闭门比赛中，AlphaGo 赢下了全部的五盘比赛，对手是欧洲冠军，一位名叫范辉（Fan Hui）的中国裔法国棋手。几周之后，在韩国首尔，它将挑战过去 10 年世界上最好的棋手李世石。

在谷歌收购 DeepMind 几周之后，戴密斯·哈萨比斯和其他几位 DeepMind 研究人员飞往美国北加州，与他们新母公司的领导者进行会谈，并演示实验室通过《越狱》在深度学习上取得的成果。[11] 会谈结束后，他们就分成了一些非正式的小组，哈萨比斯跟谢尔盖·布林聊了起来。交谈中，他们意识到两人有一个共同的兴趣：围棋。布林说，当他和佩奇在斯坦福大学创建谷歌时，他下了太多的围棋，以至于佩奇担心他们的公司永远也无法创立。哈萨比斯说，如果布林和他的团队愿意，他们可以打造一个能够击败世界冠军的系统。"我认为这是不可能的。"布林说。那一刻，哈萨比斯下定决心要去实现它。

杰夫·辛顿将戴密斯·哈萨比斯比作罗伯特·奥本海默（Robert Oppenheimer），奥本海默在第二次世界大战期间负责实施的曼哈顿计划催生了第一颗原子弹。奥本海默是一位世界级的物理学家，他理解手头艰巨任务的科学性。但他也拥有必要的技能，来激励在他手下工作的庞大的科学家团队，结合他们不同的优势来支持更大的项目，并以某种方式克服他们的弱点。他知道如何打动男人（以及女人，包括杰夫·辛顿的堂姐琼安）。辛顿在哈萨比斯身上看到了同样的技能组合。辛顿说："他推动 AlphaGo 就像奥本海默执行曼哈顿计划一样。如果由其他任何人来执行，那么他们都不会让它推进得这么快、这么好。"

在剑桥大学读书时就认识哈萨比斯的研究员戴维·西尔弗和

DeepMind 的第二位研究员黄士杰（Aja Huang）已经在着手推进围棋项目了，他们很快与伊利亚·萨特斯基弗和一位名叫克里斯·马迪森（Chris Maddison）的谷歌实习生联手，后者在北加州启动了他们自己的项目。这 4 名研究人员在 2014 年中期左右发表了一篇关于他们早期工作的论文，之后该项目扩展成了一项更大的项目，最终在次年战胜了欧洲围棋冠军范辉。[12] 这一结果震惊了全球围棋界和全球人工智能研究人员，但 AlphaGo 与李世石的对弈将会产生更大的影响。1997 年，当 IBM 的"深蓝"超级计算机在曼哈顿西区的一座高楼里超越世界级冠军加里·卡斯帕罗夫时，它是计算机科学的一个里程碑，得到了全球媒体广泛而热情的报道。但与韩国首尔的比赛相比，那只是一个小事件。在韩国——更不用说在日本和中国了——围棋是一项全国性的娱乐活动。会有超过 2 亿人观看 AlphaGo 与李世石的比赛，这个数字是美国超级碗橄榄球决赛观众人数的两倍。[13]

在这场五盘制比赛前一天的新闻发布会上，李世石夸口说他会以 4∶1 的比分轻松获胜，甚至是 5∶0。大多数棋手也这么认为。尽管 AlphaGo 击败范辉的方式让人们毫不怀疑这台机器是更好的棋手，但范辉和李世石之间的水平存在鸿沟。根据 ELO 等级分，李世石处于完全不同的棋手梯队，这个等级分是衡量棋手能力的一个相对指标。[14] 但哈萨比斯相信结果会完全不同。第二天下午，在第一盘比赛开始之前的两个小时，当哈萨比斯和几名记者一起吃午饭时，他拿着一份《韩国先驱报》，这是韩国的桃色英语日报。他和李世石同时出现在头版头条上，他没想到自己会受到如此多的关注。这位 39 岁的英国人看起来有点儿孩子气，还有些秃顶。他说："我预计会得到很大的关注，但没想到这么大。"尽管如此，在这顿包括饺子、泡菜和烤肉的午餐中——他没有吃——哈萨比斯说他"谨慎自信"。他解释说，专家们不了解的是，自 10 月的比赛以来，AlphaGo 一直在不断磨炼自己的技能。他和他的团队最初通过向深度神经网络输入 3 000 万步下法来教机器下围棋。[15] 从那时起，AlphaGo 一场接一场地与自己对抗，同时仔细分析哪些下法被证明是成功的，哪些不是。这很像实验室为了玩老版雅达利游戏而打造的那些系统。在打败范辉后的几个月里，这台机器又跟自己下了几百万盘棋。AlphaGo 在持续自学围棋，而且学习的速度比任何人类都快。

在四季酒店顶楼的赛前餐会上，谷歌董事长埃里克·施密特（Eric Schmidt）坐在哈萨比斯的对面，用傲慢的方式阐述了深度学习的好处。一度有人称他为工程师，他予以纠正。"我不是工程师，"他说，"我是一名计算机科学家。"他回忆说，当他在 20 世纪 70 年代作为一名计算机科学家接受培训时，人工智能似乎承载了很人的顶期，但随着 20 世纪 80 年代和 90 年代的到来，那个预期从未真正兑现。现在，这个预期正在成为现实。他说："这项技术非常强大。"他认为人工智能不仅仅是一种处理照片的方式，还代表了谷歌 750 亿美元互联网业务的未来，以及包括医疗健康在内的无数其他行业的未来。[16] 之后，当他们聚在楼下观看比赛时，杰夫·迪恩加入了哈萨比斯和施密特的行列。施密特和迪恩的出现，表明这场比赛对谷歌有多么重要。三天后，当比赛达到高潮时，谢尔盖·布林飞抵首尔。[17]

第一盘比赛，哈萨比斯在大厅里的私人观看室和 AlphaGo 控制室之间来来回回走动。控制室里摆满了个人电脑、笔记本电脑和平板显示器，所有这些都接入了太平洋另一端谷歌数据中心内数百台电脑上运行的一项服务。[18] 一周前，一组谷歌工程师将他们自己的超高速光纤电缆接入控制室，以确保与互联网的可靠连接。[19] 事实证明，控制室不需要提供太多的控制：经过几个月的训练，AlphaGo 完全可以在没有人类帮助的情况下独立下棋。并不是说哈萨比斯和他的团队想帮忙就能帮得上忙，他们之中没有一个人的水平能达到围棋特级大师的水平。他们能做的只是看着。西尔弗说："我无法告诉你气氛有多么紧张，你很难知道该相信什么。一方面你要听评论员的讲解，另一方面你要看 AlphaGo 的评估，而且所有评论员的意见都不一致。"[20]

在比赛的第一天，他们和施密特、迪恩以及其他的谷歌贵宾一起见证了机器的胜利。在赛后的新闻发布会上，李世石坐在来自东西方的数百名记者和摄影师面前，告诉全世界，他很震惊。[21]"我没想到 AlphaGo 能以如此完美的方式下棋。"这位 33 岁的棋手说。经过 4 个多小时的比赛，这台机器证明了它可以与世界上最好的选手相媲美。李世石说 AlphaGo 的才能让他措手不及，他会在第二盘比赛中改变策略。

第二盘比赛开始大约一个小时后，李世石站了起来，离开了对局室，走到一个私人露台上抽烟。出生于中国台湾的 DeepMind 研究员黄士杰在对局室里坐在李世石的对面，代表 AlphaGo 下每一步棋，他在棋盘右侧的一个很大的空白区域下了一颗黑色的棋子，落在一颗单独的白色棋子的侧下方。这是棋局的第 37 手。在外面的解说室里，作为唯一一位达到九段且是这项运动在西方的最高级别的围棋选手，麦克·雷蒙（Michael Redmond）愣了一会儿才反应过来。他对在网上关注比赛的 200 多万名说英语的观众说："我真的不知道，这是一步好棋还是一步坏棋。"[22] 他的联合评论员克里斯·加洛克（Chris Garlock）是一家围棋网络杂志的长期编辑，也是美国围棋协会的副主席，他说："我认为这是一个错误。"[23] 几分钟后李世石回来了，他又花了几分钟盯着棋盘。总的来算，他花了大约 15 分钟来应对，这在这盘比赛第一阶段每方两个小时的分配用时中占了很大一部分，并且他一直没有完全站稳脚跟。4 个多小时后，他认输了。他以 0∶2 的比分落后。

第 37 手也让范辉大吃一惊，他在几个月前被机器彻底击败，之后加入了 DeepMind 团队，在 AlphaGo 与李世石的比赛开始之前，他担任 AlphaGo 的对战伙伴。他从未击败过 DeepMind 的人工智能，但他与 AlphaGo 的相遇让他学到了一些新的下法。事实上，在他败给人工智能后的几周内，他已经在与顶级人类棋手的比赛中取得了六连胜，他的世界排名在这个过程中攀升到了新的高度。现在，站在四季酒店七楼解说室外，在第 37 手之后的几分钟里，他看到了这"神之一手"的效果。"这不是人类的下法，我从未见过有人下过这一手，"他说，"太漂亮了。"[24] 他不停地重复这个词。太漂亮了。太漂亮了。太漂亮了。

第二天早上，戴维·西尔弗溜进了控制室，只是为了重温AlphaGo 在选择第 37 手时所做的决定。在每盘比赛中，AlphaGo利用其数千万次关于人类下法的训练，计算出人类采取特定下法的概率。它计算，第 37 手出现的概率是万分之一。AlphaGo 知道这不是一位职业围棋手会下出的招法。然而，通过与自己对战的数百万盘没有人类参与的棋局，它还是决定这么下。它意识到，虽然没有人会这么下，但这一手仍然是正确的。"它自己发现了这一点，"西尔弗说，"通过它自己的内省过程。"[25]

这是一个苦乐参半的时刻。就在范辉为这漂亮的一手棋欢呼时，一种悲伤笼罩了整个四季酒店，甚至整个韩国。在前往赛后新闻发布会的路上，一位姓周的中国记者遇到了一位从美国飞来韩国的《连线》杂志记者。周记者说，他很高兴能与另一位关注科技的记者交流，他抱怨其他记者把这项活动当成了体育。他说，来报道的应该是关注人工智能的记者。但是后来，他的语气变了。周记者说，虽然 AlphaGo 赢得第一盘比赛时他很高兴，但他现在感到深深的绝望。他捶了捶自己的胸口以表明他的意思。第二天，在首尔另一个地方经营一家初创公司孵化器的韩国人吴英权（Oh-hyoung Kwon）说，他也感到很悲伤。[26] 这不是因为李世石是韩国人，而是因为他是人类。"对所有人类来说，这都是一个拐点。"吴英权说，他的几名同事点头表示同意，"这让我们意识到人工智能离我们很近，也意识到了它的危险性。"[27] 周末，忧郁的情绪更加强烈了。李世石输掉了第三盘，因此输掉了整场比赛。[28] 坐在赛后新闻发布会的讲台上，这位韩国人感到很后悔。

他说："我不知道今天该说什么，但我想我必须先表达我的歉意。我应该展示出更好的状态、更好的结局、更好的较量。"[29] 几分钟后，马克·扎克伯格显然意识到他应该对技术的胜利表现出赞赏，于是他在 Facebook 上发了一条消息，祝贺戴密斯·哈萨比斯和 DeepMind。杨立昆也这么做了。但是，坐在李世石旁边的哈萨比斯发现，自己却希望这位韩国人至少能赢得剩下的两场比赛中的一场。[30]

在第四盘比赛的第 77 手之后，李世石又僵住了。这是第二盘比赛的重演，只是这次他花了更长的时间来思考下一步。棋盘的中央满是棋子，有黑的也有白的，他盯着这些棋子看了将近 20 分钟，他紧抓着自己的后脖颈，来回摇晃。最后，他把一颗白子放在棋盘中央的两颗黑子之间，有效地将两块黑棋一分为二。AlphaGo 陷入了困境。随着每盘比赛的进行，AlphaGo 会不断重新计算自己获胜的概率，在控制室的平板显示器上显示一个百分比。在李世石下出第 78 手时，机器应对了非常差的一手，它获胜的概率立即暴跌。哈萨比斯说："到目前为止，AlphaGo 所做的所有思考都变得毫无用处，它必须重启。"[31] 然后，李世石从棋盘上抬起头来，盯着黄士杰，好像他战胜了那个人，而不是机器。从那以后，这台机器的赔率持续下降，在下了近 5 个小时后，它认输了。

两天后，当走过四季酒店的大厅时，哈萨比斯解释了机器的崩溃。AlphaGo 认为没有人会走第 78 手。它计算，这一手出现的概率是万分之———这是一个非常熟悉的数字。就跟面前的

AlphaGo 一样，李世石已经达到了一个新的水平，他在比赛的最后一天与哈萨比斯私下会面时也说了同样的话。这位韩国人说，与机器对弈，不仅重新点燃了他对围棋的热情，还拓展了他的思维，给了他新的灵感。"我已经进步了。"他告诉哈萨比斯，同时也回应了范辉几天前所说的话。[32] 在接下来的 9 场比赛中，李世石都战胜了顶尖的人类棋手。

AlphaGo 与李世石之间的比赛，是人工智能的新运动在公众意识中爆发的时刻。这不仅是人工智能研究人员和科技公司的里程碑时刻，也是普通人的里程碑时刻。这在美国是真的，在韩国和中国更是如此，因为在这些国家，围棋被视为智力成就的顶峰。这场比赛揭示了技术的力量，在乐观时刻出现之前，技术将人类推向新高度的方式令人惊讶，同时这场比赛也揭示了人们对它的担忧，因为有一天它可能会让人类黯然失色。即使埃隆·马斯克警告了这些危险，但这也是人工智能前所未有的希望时期。在看完这场比赛之后，来自佛罗里达州的 45 岁的计算机程序员乔迪·恩塞恩（Jordi Ensign）出去文了两个文身。她将 AlphaGo 的第 37 手文在右臂内侧，将李世石的第 78 手文在左臂上。

11 　神经网络的扩张：新药研发技术

> 乔治·达尔甚至不知道它的名字，就消灭了整个领域。

　　阿拉文德眼科医院坐落在印度的南部，在一个被称为马杜赖的庞大、拥挤的古城之中。每天有超过 2 000 人从印度各地，有时从世界其他地方，涌入这座陈旧的建筑。医院为所有迈入大门的人提供眼睛护理服务，无论有没有预约，无论他们能否支付护理费用。在任何一天的早晨，都会有几十人挤进 4 楼的候诊室，还有几十人在走廊里排队，他们都等着进入一间小小的办公室。在那里，穿着实验室外套的技术人员会拍摄他们眼底的图像。这是一种识别糖尿病失明迹象的方法。在印度，近 7 000 万人患有糖尿病，并且都有失明的风险。[1] 这种情况被称为糖尿病视网膜病变，如果发现得足够早，这个病就可以得到治疗和清除。每年，像阿拉文德这样的医院会扫描数百万只眼睛，然后医生会检查每一次的扫描，寻找可能导致失明的微小病变、出血和细微变色。

问题是印度没有足够多的医生。每 100 万人中，仅有 11 名眼科医生，而在农村地区，这一比例甚至更低，大多数人从未接受过必要的筛查。[2] 但在 2015 年，一位名叫瓦润·古尔山（Varun Gulshan）的谷歌工程师希望改变这种状况。他出生于印度，在牛津大学接受教育，然后加入了一家被谷歌收购的硅谷初创公司，他的正式工作是研发一款名为"谷歌纸板"的虚拟现实小工具。但在谷歌给予所有员工自由发挥兴趣的"20% 时间"里，他开始探索糖尿病视网膜病变的问题。他的想法是打造一个深度学习系统，这个系统可以在没有医生帮助的情况下自动筛查出需要治疗的病人，与医生相比，这样可以识别出更多需要治疗的人。他很快联系了阿拉文德眼科医院，医院同意向他分享数千份数字化眼睛扫描影像，以供他训练系统。

古尔山自己也不懂如何解读这些扫描影像。他是计算机科学家，不是医生。于是，他和老板拉拢了一位训练有素的内科医生及生物医学工程师，名叫彭琼芳（Lily Peng），她在谷歌搜索引擎工作。过去曾有其他人尝试打造自动解读眼睛扫描影像的系统，但这些尝试从未与训练有素的医生的技能相匹配。这次不同的是，古尔山和彭琼芳使用的是深度学习。他们将阿拉文德眼科医院的数千张视网膜扫描影像输入神经网络，教会它识别糖尿病失明的迹象。这就是他们的成功。杰夫·迪恩邀请他们进入"谷歌大脑"实验室，而大约在同一时间，DeepMind 正在研究围棋。

彭琼芳跟她医疗团队的其他人开玩笑说，他们是一种转移到"大脑"的癌症。这不是一个很好的笑话，但是一个不错的类比。

三年前，2012 年夏，世界上最大的制药公司之一默克公司在一个名为 Kaggle 的网站上发起了一场竞赛。任何公司都可以在这个网站上为计算机科学家举办一场竞赛，发起方提出需要解决的一个问题，并为任何能够解决问题的人提供奖金。默克公司准备了一份 4 万美元的奖金，并提供了大量描述一组特定分子行为的数据，要求参赛者预测这些分子将如何与人体内的其他分子相互作用。[3] 这场竞赛的目的是找到加速新药研发的方法。竞赛的预计周期是 2 个月，共有 236 支团队参加。从西雅图开往波特兰的火车上，杰夫·辛顿的学生乔治·达尔发现了这场竞赛，他决定参加。他没有新药研发方面的经验，就像他在打造一个改变整个领域未来的系统之前也没有语音识别的经验一样。他还担心辛顿不会赞成他去参加这场竞赛。但辛顿常常说，他希望自己的学生能去做一些他不赞成的事情。达尔说："这有点儿像哥德尔完备性结果。如果他赞成你去做一些他不赞成的事怎么办？这真的是不赞成吗？辛顿了解自己能力的边界。他在智力上比较谦逊。他乐于接受惊喜和可能性。"

当达尔回到多伦多大学时，他去见了辛顿，辛顿问他："你在做什么？"达尔讲了默克公司的事。

达尔说："我当时在去波特兰的火车上，我刚刚用默克的数据训练了一个非常愚蠢的神经网络，我几乎什么都没做，就已经排在第七位了。"

"竞赛还有多长时间结束？"辛顿问。

"两周。"达尔说。

"好吧，"辛顿回答，"你必须赢。"

达尔不确定自己能不能赢。他并没有在这个项目上思考太多。但辛顿坚持己见。这是从语音技术深度学习的成功到围棋的胜利之间的激动人心的时刻，辛顿热衷于展示神经网络的适应性。他现在称这些神经网络为"无畏舰"（一部 20 世纪与战舰相关的话剧的名称），确信它们会横扫一切。辛顿说，他们必须赢得比赛，所以达尔从他们多伦多大学实验室里获得了纳夫迪普·贾特利及其他几位深度学习研究人员的帮助——然后他们赢了。

这场竞赛是要探索一项新药研发技术，即定量构效关系，达尔在研究默克公司提供的数据时从未听说过这项技术。正如辛顿所说："乔治甚至不知道它的名字，就把整个领域都消灭了。"很快，默克公司将这种方法加入漫长而曲折的新药研发过程。谷歌前首席执行官兼董事长埃里克·施密特表示："你可以把人工智能想象成一个大的数学问题，它能看到人类看不见的模式。科学和生物学的大量知识中，存在着一些人类无法看到的模式，当被发现时，它们就能帮助我们开发出更好的药物和更好的解决方案。"

随着达尔取得成功，无数公司瞄准了更大的新药研发领域。很多公司都是初创公司，比如乔治·达尔在多伦多大学的一位同事所创办的一家旧金山公司，还有像默克这样的制药巨头，它们至少大声疾呼这项工作将如何从根本上改变它们的业务。人们要彻底变革这一领域还需要很多年，如果仅仅是因为新药研发的工作非常困难和耗时那就好了。达尔的发现相当于一个调整，而不是一个转型突破。但是，神经网络的潜力很快使整个医学领域的研究扩大化了。

伊利亚·萨特斯基弗发表那篇重塑机器翻译的名为《从序列到序列》的论文时，他说这并不是真的关于翻译的论文。当杰夫·迪恩和格雷格·科拉多读到该论文时，他们表示同意。他们觉得这是分析医疗记录的一种理想方式。他们认为，如果研究人员将多年的旧病历输入同一个神经网络，它就可以学会识别疾病即将来临的迹象。迪恩说："如果你把病历数据排列起来，它看起来就像是你试图预测的一个序列。对于处于某特定阶段的一位患者，他在未来 12 个月内患糖尿病的可能性有多大？如果我让他出院，一周后他会回来吗？"他和科拉多很快在"谷歌大脑"内部组建了一个团队来探索这个想法。

正是在这种情况下，彭琼芳的糖尿病失明项目启动了，她在实验室内组建了一个专门的医疗健康小组。彭琼芳和她的团队从阿拉文德眼科医院及其他各种来源获得了大约 13 万份数字化眼部扫描影像，他们请了大约 55 名美国眼科医生来为它们打上标签，以确定哪些影像中包含了那些微小的病变和出血，表明糖尿病失明即将到来。[4]之后，他们将这些图像输入神经网络。然后，神经网络学会了自己去识别蛛丝马迹。2016年秋天，在《美国医学杂志》上发表的一篇论文中，该团队披露了一个系统，该系统可以像训练有素的医生一样准确地识别糖尿病失明的迹象，它在超过90%的情况下可以正确地发现病情，这超过了美国国家卫生研究院不低于80%的建议标准。彭琼芳和她的团队承认，这项技术必须在未来几年内清除很多监管及后勤方面的障碍，但它已经为临床试验做好了准备。[5]

他们在阿拉文德眼科医院进行了一次试验。从短期来看，谷歌的系统可以帮助医院应对不断涌入的病人。但他们希望阿拉文德也能在其运营的40多个美国农村地区的"视觉中心"网络中部署这项技术，因为那些地方几乎没有眼科医生。阿拉文德眼科医院是由一位名叫戈文达帕·文卡塔斯瓦米（Govindappa Venkataswamy）的人在20世纪70年代末创立的，此人是一位在印度被称为"V博士"的标志性人物。他设想了一个全国性的医院和视力中心网络，它能像麦当劳的特许经营一样运作，系统地为印度全国人民提供廉价的眼睛护理服务。谷歌的技术可以在这个想法中发挥作用，如果它真的能准备好的话。部署这项技术不像部署一个网站或一款智能手机应用程序。这项任务在很大程度上是一个关于说服的问题，不仅在印度，在美国和英国也是如此，很多其他国家也在探索类似的技术。医疗专家和监管者普遍担心神经网络是一个"黑匣子"。与过去的技术不同，医院没有办法解释系统做出一项诊断的理由。一些研究人员认为，人们可以开发新的技术来解决问题，但这绝不是一个微不足道的问题。在《纽约客》的一篇关于医疗健康领域深度学习兴起的专题报道中，杰夫·辛顿说："任何人说这是一个小问题，都不要相信他。"[6]

尽管如此，辛顿认为，除了谷歌继续从事糖尿病视网膜病变的研究，其他公司也开始探索一些读取X光片、磁共振成像和其他医学扫描影像的系统，深度学习将会从根本上改变这个行业。他在多伦多一家医院的讲座上说："我认为，如果你是一名放射科医生，你就像动画片里的歪心狼。你已经处在悬崖边上了，但还没有往下看，下面深不见底。"[7]他认为，神经网络的技能会超过训练有素的医生，因为随着研究人员给它们提供更多的数据，神经网络会不断改进，"黑匣子"问题是人们要学会忍受的问题。[8]其中的诀窍是让世界相信这不是问题，而这可以通过测试来实现。测试的目的是证明，即使你看不到内部的运作机制，它们也会做它们应该做的事情。

辛顿认为，机器与医生一起工作，最终将提供迄今为止不可能实现的医疗水平。[9]他认为，在不久的将来，这些算法就能读取X光片、电脑断层扫描和磁共振成像。[10]随着时间的推移，它们还会做出病理诊断、读取巴氏涂片、识别心脏杂音，并预测精神疾病的复发。[11]"这里还有很多东西需要学习，"辛顿在发出一声小小的叹息时告诉记者，"提前及准确的诊断不是一个微不足道的问题。我们可以做得更好，为什么不让机器来帮助我们？"[12]他说这对他而言尤其重要，因为他的妻子是在胰腺癌发展到无法治愈的阶段才被诊断出来的。

AlphaGo 在韩国获胜之后，"谷歌大脑"内部的很多人开始反感 DeepMind，两间实验室之间出现了根本性的分歧。在杰夫·迪恩的领导下，"谷歌大脑"致力于打造具有实际和直接影响的技术：语音识别、图像识别、翻译、医疗健康等。

DeepMind 宣称的使命是实现通用人工智能，并通过教系统玩游戏的方式来追逐通用人工智能这颗"北极星"。"谷歌大脑"是谷歌不可或缺的一部分，它给公司带来了收入。DeepMind 是一间独立的实验室，有自己的一套规则。在伦敦圣潘克拉斯车站附近的谷歌新办公楼，DeepMind 被封锁在属于自己的楼层里。它的员工可以带着公司工牌进入谷歌的区域，但谷歌的员工不能进入 DeepMind 的楼层。在拉里·佩奇和谢尔盖·布林将谷歌的几个项目分拆成独立的业务，并将它们全部归入一家名为 Alphabet 的新母公司旗下之后，这种隔离变得更为明显。[13] DeepMind 是那些成为独立实体的项目之一。"谷歌大脑"与 DeepMind 之间的关系如此紧张，以至于两间实验室在美国北加州秘密举行了一次峰会，试图缓解这种状况。

穆斯塔法·苏莱曼是 DeepMind 的联合创始人之一，但他似乎更适应"谷歌大脑"。这个被大家称为"驼鹿"（Moose）的人想为眼前而不是为遥远的未来打造技术。他不是游戏玩家，不是神经学家，甚至不是人工智能研究员。他是一名在叙利亚出生的伦敦出租车司机的儿子，他是一名牛津大学的辍学生，他为阿拉伯青年创建了一条帮助热线，并为伦敦市长提供人权方面的工作支持。他也不是那种通常在人工智能领域工作的书呆子，或者说通常比较内向的人。他看起来比哈萨比斯和莱格更有气势，留着一头黑色的卷发，胡须剪得很短，左耳戴着一个耳钉。他是一个时髦的人，以知道伦敦或纽约所有最好的酒吧和餐馆而自豪，他会大声发表自己的观点，不会道歉。当埃隆·马斯克在"东方快车"上庆祝自己的40岁生日时，苏莱曼参加了这个"车轮上酒神节"。他常常说，当他和哈萨比斯在伦敦北部一起长大时，他不是一个书呆子。他们不是亲密的朋友。苏莱曼记得，在他们年轻的时候，当他和哈萨比斯讨论如何改变世界时，他们几乎没有找到共同点。[14] 哈萨比斯提出了复杂的全球金融体系模拟，希望可以在遥远未来的某个时候解决世界上最大的社会问题，而苏莱曼只关注当下。[15] "我们今天必须与现实世界接触。"他会说。[16]一些 DeepMind 的员工认为，苏莱曼对哈萨比斯和莱格深感嫉妒和怨恨，因为他们都是科学家，而他不是，他下定决心证明自己对 DeepMind 的重要性跟他们一样。一位同事表示自己不敢相信，他们竟然联合创办了这家公司。

像"谷歌大脑"内部的很多人一样，苏莱曼也对 AlphaGo 表示反感。但在一开始，来自 DeepMind 围棋机器的温暖光芒为他自己的"宠物项目"增添了光彩。在 DeepMind 宣布 AlphaGo 击败欧洲围棋冠军范辉三周之后，苏莱曼公布了他所谓的"DeepMind 健康"。[17] 当他在伦敦国王十字车站附近长大时，他的母亲是 NHS（英国国家医疗服务体系）的一名护士，这家有着 70 年历史的政府机构为所有英国居民提供免费医疗。现在，他的目标是打造人工智能，从 NHS 开始，重塑世界医疗服务提供商。所有报道该项目的新闻都指向了 AlphaGo，作为 DeepMind 知道它在做什么的证据。

他的第一个大项目是一个预测急性肾损伤的系统。每年，1/5 的入院病人会出现这种情况，他们的肾脏突然停止正常工作，无法正常清除血液中的毒素。这有时会永久性地损害肾脏，有时会导致死亡。但是，如果这种情况能很快被发现，病情就可以得到治疗、停止和逆转。凭借"DeepMind 健康"，苏莱曼想通过分析患者的健康记录，包括血液测试、生命体征和既往病史，来打造一个能够预测急性肾损伤的系统。为此，他需要数据。

在公布新项目之前，DeepMind 与"皇家自由伦敦 NHS 信托基金会"签署了一份协议，这是一个政府信托基金，运营着几家英国医院。该信托基金会提供患者数据，DeepMind 的研究人员可以将其输入神经网络，以便系统识别那些预测急性肾损伤的模式。项目披露之后，AlphaGo 远赴韩国，击败了李世石，围棋机器的温暖光芒越来越亮。几周之后，《新科学家》杂志披露了 DeepMind 与皇家自由伦敦 NHS 信托基金会之间的协议，其显示出有多少数据与实验室共享了。[18] 该合作使 DeepMind 能够访问 160 万名患者在伦敦三家医院就诊时的医疗记录，以及过去 5 年的记录，包括描述药物过量、堕胎、艾滋病病毒检测、病理检测、放射学扫描等信息，还有他们到特定医院就诊的信息。[19] 合作结束后，DeepMind 按要求删除信息，但在英国这个特别重视数字隐私的国家，这个故事带来了一个"幽灵"，多年来它一直跟随着"DeepMind健康"和穆斯塔法·苏莱曼。第二年7月，英国监管机构裁定，皇家自由伦敦NHS信托基金会与DeepMind共享数据属于违法行为。[20]

梦想之地：微软的深度学习

“ 这并不是说谷歌的人喝的水有什么不同，搜索引擎要求他们解决一系列技术难题。”

2016 年春天，陆奇蹬着一辆自行车，在西雅图以东 10 英里、距离微软总部不远的贝尔维尤市中心的公园里穿行。他摇摇晃晃地在长廊上骑车，努力保持自行车不倒。这不是一辆普通的自行车。当他向左转动车把时，自行车向右转，当他向右转动车把时，自行车向左转。他称之为“逆向思维自行车”，因为唯一的骑行方式就是使用逆向思维。传统智慧认为："你永远不会忘记如何骑自行车。"但这正是他希望忘掉的。他在上海长大，在孩提时代第一次学会骑自行车的几十年后，他现在的目标是抹去过去所学会的一切，并将全新的行为模式融入大脑。他相信，这将为他的公司指明前进的方向。

陆奇在微软工作。2009 年加入该公司后，他负责打造搜索引擎必应（Bing），微软投资数十亿美元，试图以此打破谷歌搜索引擎的垄断。7 年后，当他和他的逆向思维自行车摇摇晃晃地穿过贝尔维尤市中心的公园时，他已经成为该公司最有权势的高管之一，领导着公司最新的人工智能业务。但是微软还处于追赶的地位，他非常清楚，问题在于公司多年来一直在新市场中挣扎着利用新技术取得进展。近十年来，公司想在智能手机市场上争夺一席之地，重新设计了 Windows 操作系统，以与 iPhone 和谷歌安卓手机竞争，还打造一个可对话的数字助理，以挑战"谷歌大脑"的语音技术，并且以不低于 76 亿美元的价格收购诺基亚，后者拥有几十年的手机设计和销售经验。[1] 但这些做法都没用。微软的手机仍然感觉像是老式的个人电脑，最终几乎没有占领任何市场。陆奇认为，微软的问题在于它用旧的方式处理新的问题。它在一个不复存在的市场上设计、部署和推广技术。一位哈佛商学院教授写过一系列解构老化企业弱点的文章，陆奇阅读后，开始认识到微软仍然是一家受程序记忆驱动的公司，这些记忆源于 20 世纪 80 年代和 90 年代，是公司的工程师、高管和中层管理人员第一次学习计算机业务时，在他们的大脑中留下的，而当时互联网、智能手机、开源软件和人工智能尚未兴起。公司需要改变思维方式，陆奇希望用他那辆逆向思维自行车来证明，公司可以做到。

这辆自行车是由一位名叫比尔·巴克斯顿（Bill Buxton）的微软同事和他的朋友简·卡里奇（Jane Courage）打造的。当陆奇第一次试骑这辆违反直觉的装置时，他们也来了。陆奇骑着自

12 梦想之地：微软的深度学习　　187

行车穿过贝尔维尤市中心的公园——一个留着黑色短发、戴着金丝眼镜的矮个儿男人，从树荫下、从有倒影的池塘和瀑布旁骑过——巴克斯顿和卡里奇举起他们的 iPhone，拍下这段骑行视频，一个人从前面拍，另一个从后面拍。他们的想法是与微软的其他高管分享——总共有 35 个人，证明这是可以做到的，并最终让高管们也骑一下这辆自行车，感受一下这种从根本上改变想法是什么感觉。陆奇知道，学会骑这辆新自行车需要几个星期的时间。他知道一旦学会了，骑普通自行车所需的记忆就不在了。但他希望，自己的实例能够推动微软走向未来。

在努力保持自行车直立约 20 分钟后，他最后一次沿着长廊出发了。然后，当转动逆向思维自行车的车把时，他摔倒了，髋关节骨折。

2012 年秋天，邓力坐在 99 号楼的办公桌前，这里是微软研究院实验室的中心。他在阅读一篇未发表的论文，该论文描述了新的"谷歌大脑"实验室用来训练神经网络的硬件和软件系统，这就是谷歌称之为 DistBelief 的系统。[2] 一个小型委员会负责审查要在即将召开的 NIPS 会议上发布的论文，作为这个委员会的成员之一，邓力能比其他人提前几周看到它们。当初是邓力把杰夫·辛顿和他的学生带到微软研究院实验室的，他们在那里打造了一个神经网络，这个网络能够以前所未有的准确性识别口语词汇，之后邓力从远处看着谷歌用同样的技术击败微软并进入市场。现在，他意识到这项技术将远远超越口语词汇领域。"当我读到论文的时候，"邓力回忆道，"我意识到了谷歌在做什么。"

微软花了20多年的时间投资人工智能，给很多世界顶尖的研究人员支付了大笔的资金——随着深度学习的兴起，这却让公司处在劣势地位。几十年来，世界范围内的研究人员已经分成了不同的哲学派别。华盛顿大学教授佩德罗·多明戈斯（Pedro Domingos）在他的人工智能史《终极算法》（*The Master Algorithm*）一书中称它们为"部落"。[3] 每个部落都有自己的哲学，而且往往看不起别人的哲学。信奉深度学习的连接主义者是一个部落，另一个部落是符号主义者，他们相信马文·明斯基等倡导的符号方法。其他部落信奉的想法包括统计分析、模仿自然选择的"进化算法"等。微软投资人工智能的时候，连接主义者还不是顶尖的研究人员，于是他们从其他部落招募，这意味着，虽然深度学习已经开始获得其他技术尚未实现的成功，但该公司的很多主要研究人员还是对神经网络的想法怀有深深的偏见。"说实话，整个微软研究院的上层都不相信它，"陆奇说，"这就是环境。"

陆奇不是唯一一个对微软根深蒂固的文化表示担忧的人，辛顿也有很大的保留意见。他质疑微软研究人员的研究方式。与谷歌的研究人员不同，微软研究人员都是独立工作，不受商业化压力的任何影响。"当我还是一名学者时，我认为这很棒，因为你不必因为业务发展而弄脏自己的手，"辛顿说，"但就实际让10亿人使用这项技术而言，谷歌的效率要高得多。"他还对《名利场》上的一篇标题为《微软失去的 10 年》的文章表示担忧，这篇文章通过现任和前任微软高管的视角，探究了首席执行官史蒂夫·鲍尔默（Steve Ballmer）的 10 年任期。[4] 这篇报道的一个重大启示是，鲍尔默任期的微软使用了一种叫作"堆栈排名"的技术来评估员工的表现，并剔除一定比例的员工，而不管他们的实际业绩和意愿如何。在微软放弃收购他的初创公司之后，辛顿告诉邓力，他永远不可能加入这样一家公司。"不是钱的问题，是评估制度的问题，"他说，"这种做法可能对销售人员有好处，但不适合研究人员。"

无论如何，微软的很多人对深度学习持怀疑态度。在邓力将杰夫·辛顿带到雷德蒙小镇之后，微软的研究副总裁彼得·李在自己的实验室里看到深度学习重构了语音识别，但他仍然不相信。这一突破似乎是一次性的，他没有理由认为同样的技术会在其他研究领域取得成功。然后，他飞往犹他州的雪鸟城，参加美国计算机科学系主任的会议。尽管他已经辞去了卡内基-梅隆大学计算机科学系主任的职务，但作为跟上最新学术趋势的一种方式，他仍然参加了这次年度会议。那一年，在犹他州，他看到杰夫·迪恩发表了一场关于深度学习的演讲。回来后，他在 99 号楼的一个小会议室里安排了一次与邓力的会面，并请他解释是什么事情让迪恩感到如此兴奋。邓力开始描述 DistBelief 的论文以及它对激发谷歌产生更大野心的作用，并解释说微软的主要竞争对手正在为新的未来打造基础设施。"他们花了很多钱。"他说。但是彼得·李打断了他，因为他知道，根据 NIPS 会议的规则，邓力在这篇论文发表之前是不允许讨论的。"那是一篇学术论文,"他告诉邓力,"你不能给我看那个。"邓力没有再提及这篇论文,但他一直在谈论谷歌和微软,以及这项技术的发展方向。最终,彼得·李仍然认为谷歌的野心是错误的。语音识别是一回事,图像识别是另一回事,两者都只是机器需要做的工作中的一小部分。"我只是想知道发生了什么。"他说。但很快,他要求邓力参加该实验室主要智囊的一场会议。

他们聚集在公司办公区另一栋大楼里的一个更大的会议室。邓力站在讲台上,面对20多名研究人员和管理人员,他的笔记本电脑连接在身后墙上的平板显示器上,他随时准备用图表或照片来突出展示每个重要思想。但当他开始介绍深度学习的兴起时——从微软的语音工作,到它在整个行业的传播——他被会议室另一头的一个声音打断了。那是保罗·维奥拉(Paul Viola),他是公司在计算机视觉方面的主要专家之一。"神经网络从未奏效过。"他说。邓力对此表示同意,然后继续他的演讲。但维奥拉再次打断了他,从座位上站起来,走到房间的前部,从墙上的平板显示器上拔掉了邓力笔记本电脑的连接线,并接上了自己的电脑。屏幕上出现了一本书的封面,封面上大部分是橙色的,有一些紫色的旋涡和用小白字印刷的标题,这是马文·明斯基的《感知机》一书。维奥拉说,几十年前,明斯基和佩珀特已经证明,神经网络存在根本性的缺陷,永远无法达到很多人所承诺的高峰。最终,邓力继续他的演讲,而维奥拉继续打断。他打断了太多次了,很快房间里传来一个声音,这个人叫他保持安静:"这是邓力的演讲还是你的演讲?"说话的人是陆奇。

如果说陆奇是人工智能领域全球化特征的一个典型例子，那么他的背景就使他成为这个领域中最不可能的参与者之一。在"文革"时期，他在一个贫困的农村由祖父抚养长大。[5] 他就读的学校只有一名教师，这名教师要教 400 名学生。然而，他克服了所有不利的自然条件，在上海复旦大学获得了计算科学学位，并在 20 世纪 80 年代末吸引了美国计算机科学家爱德蒙德·克拉克（Edmund Clarke）的注意，他碰巧在中国寻找可以带回卡内基-梅隆大学的人才。在某个星期天，克拉克要在复旦大学发表一场演讲。陆奇通常会骑着自行车穿过这座城市去看望他的父母，但是当天下了一场大雨，他就待在家里。那天下午，有人敲他的门，让他去克拉克的讲座上帮忙占个座位。因为下雨，太多的座位空着。于是陆奇听了讲座，他在演讲结束后的提问让克拉克印象深刻，之后他被邀请去卡内基-梅隆大学申请一个留学机会。"我很幸运，"他回忆道，"如果没有下雨，我就去看望父母了。"

　　当陆奇进入卡内基-梅隆大学攻读博士学位时，他的英语水平很差。学校的一位教授是彼得·李，也是他未来在微软的同事。在陆奇入学的第一年，李教授给他的班级做了一次测试，要求他们编写一段代码，实现在内急（nature calls）时，可以从卡内基-梅隆大学计算机科学大楼的任何地方找到去洗手间的最短路径。测试进行到一半时，陆奇走到李教授面前问道："什么是内急？我没有听说过这个程序。"尽管存在语言上的差距，但对李教授来说，很明显陆奇是一位具有极端和非凡天赋的计算机科学家。在卡内基-梅隆大学毕业之后，陆奇先后在雅虎和微软实现不断晋升。当邓力在 99 号楼发表演讲时，陆奇正在公司主管必应搜索引擎和几个其他部门，与微软研究院密切合作。

他认为自己是少有的懂技术的技术管理者、战略家以及系统架构师，还是一位广泛阅读世界领先实验室研究论文的远见卓识者。他有办法用尖锐的、自成一体的、略显奇怪的技术公理来表达自己的想法：

计算是对信息进行有目的的操纵。

数据正在成为主要的生产手段。

深度学习在新的基础上进行计算。

甚至在 99 号楼开会之前，他就知道了这个行业的发展方向。像彼得·李一样，他最近参加了计算机科学家的一个私人聚会，"谷歌大脑"的一位创始人在会上鼓吹深度学习的兴起。"富营"（Foo Camp）是一个被宣传为"非传统会议"的硅谷年度聚会，与会者在会议上制定议程，在吴恩达解释"小猫论文"背后的想法时，陆奇跟一小群人聚集在他的周围。在微软，在辛顿和他的学生们拜访公司之后，陆奇意识到了新的语音技术的出现，但直到他遇到吴恩达时，他才完全意识到发生了什么。他的工程师们煞费苦心地手工打造了微软搜索引擎的每一个模块，但是正如吴恩达所解释的那样，他们现在可以打造自行学习这些模块的系统了。在接下来的几周，他开始以典型的方式阅读纽约大学和多伦多大学等学校涌现出来的研究文献。邓力做深度学习兴起的演讲时，陆奇也听了，提了一些恰当的问题。因此，几周之后，当杰夫·辛顿发邮件给他，透露百度出价 1 200 万美元时，邓力就知道该怎么做了。他把这条消息转发给了陆奇，是陆奇敦促微软研究院的领导们加入竞拍，去尝试收购辛顿和他学生的公司。但是，微软研究院的领导们仍然持怀疑态度。

———————————

　　当陆奇在贝尔维尤公园摔伤髋关节几个月后重返工作岗位时，他仍然需要拄着拐杖走路。与此同时，AlphaGo 击败了李世石，科技行业掀起了一股人工智能热潮。甚至小一些的硅谷公司——英伟达、Twitter、Uber（优步）——都因为一个想法而参与竞争。Twitter 收购了 Madbits，[6] 这家公司是纽约大学的研究员克莱门特·法拉贝特创立的，他之前拒绝过 Facebook 的工作机会；之后 Uber 收购了一家名为"几何智能"（Geometric Intelligence）的初创公司，[7] 这是一个由纽约大学心理学家盖瑞·马库斯（Gary Marcus）召集起来的学术团体。深度学习和深度学习研究人员是当时的"硬通货"。但是微软是有缺陷的，它不是一家互联网公司、智能手机公司或自动驾驶汽车公司，它实际上并没有在人工智能领域打造出需要"下一个大事件"的东西。

　　当他从第一次髋关节手术中恢复过来时，陆奇敦促微软智囊团接受自动驾驶汽车的想法。无数的科技公司和汽车制造商在自动驾驶汽车方面有着很大的领先优势，而陆奇并不确定微软将如何进入这个日益拥挤的市场。但这不是问题所在，他的观点并不是认为微软应该去销售自动驾驶汽车。他认为，微软应该打造一辆自动驾驶汽车。这将为公司提供在很多其他领域取得成功所需的技能、技术和洞察力。陆奇认为，谷歌之所以在如此多的市场占据主导地位，是因为它在互联网空前扩张的时代打造了一款搜索引擎。像杰夫·迪恩这样的工程师被迫打造从未有人开发过的技术，在随后的几年里，这些技术推动了从 Gmail 到 YouTube、再到安卓的一切。他说："这并不是说谷歌的人喝的水有什么不同，而是说搜索引擎要求他们解决一系列技术难题。"陆奇认为，打造一辆自动驾驶汽车同样会丰富微软的未来。"我们必须让自己看到计算机技术的未来。"

这个想法很荒谬，但并不比刺激微软最大竞争对手的想法更荒谬。谷歌给辛顿和他的学生支付 4 400 万美元是"荒谬的"。仅仅几个月后，当市场上的其他玩家给该领域的其他人投入高得多的资金时，这似乎是一笔好生意。在韩国，AlphaGo 似乎打开了一个全新可能性的领域，现在整个行业都在追逐这项技术，似乎它是一切问题的答案，尽管在语音、图像识别及机器翻译以外的领域，它的未来仍然不明朗。陆奇从未说服微软智囊团打造自动驾驶汽车，但随着这股热潮笼罩了整个行业，他说服了他们至少应该做点儿什么。

深度学习革命中最重要的大玩家已经在为竞争而努力了。谷歌有辛顿、萨特斯基弗、克里哲夫斯基，以及哈萨比斯、莱格和西尔弗；Facebook 有杨立昆；百度有吴恩达。但在像辛顿或哈萨比斯这样的人物是一种"无价商品"的世界里，微软没有属于自己的顶尖人物，而这些人物是公司了解未来变化、打造新技术、吸引顶尖人才，以及推广企业品牌（最重要的）的一种方式。

对陆奇来说，唯一剩下的选择是约书亚·本吉奥，他是深度学习运动的第三位巨头，在辛顿和杨立昆分别在多伦多大学和纽约大学辛勤工作时，本吉奥在蒙特利尔大学创建了一间实验室。与辛顿和杨立昆不同，本吉奥专注于研究自然语言理解——旨在掌握我们人类将单词以自然方式组合在一起的系统。他和他的学生们是下一项重大突破的核心，他们与谷歌和百度一起创造了一种新的机器翻译。问题是，他非常相信学术自由，就像他在贝尔实验室的前同事杨立昆一样。到 2016 年夏天，他已经拒绝了所有美国大型科技公司的邀请。但是，陆奇相信仍然可以把他带到微软——微软愿意买单。那年秋天的一个早晨，在公司新任首席执行官萨提亚·纳德拉（Satya Nadella）的祝福下，陆奇、邓力和另一位微软研究员一起登上了飞往蒙特利尔的飞机。

他们在蒙特利尔大学的办公室里见到了本吉奥，那是一个堆满了书的小房间，几乎容纳不下他们 4 个人。本吉奥坦陈，不管他们出多少钱，他都不会加入微软。他有着浓密的眉毛和一头紧紧卷曲的斑白头发，说英语时只有一点儿法国口音，他的严肃态度既迷人又有点儿令人生畏。他说自己更喜欢蒙特利尔的生活，在那里他可以讲他的母语法语，他更喜欢学术研究的开放性，这是企业界仍然无法媲美的。除了大学的工作，本吉奥还给几家创业公司提供支持，他说自己要花一部分时间为一家名为 Maluuba 的加拿大初创公司提供咨询，这家公司专注于对话系统。这给了陆奇一些灵感，他说，如果微软收购了 Maluuba，本吉奥就可以用同样的时间为微软提供咨询。陆奇一大早跟纳德拉通过电子邮件沟通之后，他口头提出了收购这家初创公司，纳德拉说如果他们同意出售，陆奇当晚可以带着本吉奥和 Maluuba 的创始人飞到西雅图坐下来交流。

Maluuba 的两位创始人跟他们一起在大学里的一家咖啡馆吃午餐，他们拒绝了这一提议，因此没有飞往西雅图。两位创始人认为，这家成立于几个月前的初创公司仍需要发展的空间。陆奇继续施压，但他们不肯让步，本吉奥也不肯让步。他不想谈生意，只想谈人工智能。当他们讨论人工智能和机器人以及这些技术的走向时，他说未来的机器人需要睡觉。他认为，机器人需要睡觉，因为它们需要做梦。他的观点是，人工智能研究的未来在于不仅能识别图片和口语单词，还能自行生成自己的系统。做梦是人类进行学习的重要组成部分。晚上，我们"重播"白天经历的事情，把记忆植入大脑。总有一天，机器人也会如此。

午餐结束后，陆奇告诉他们，如果他们改变了主意，报价仍然有效。然后他挂着拐杖蹒跚地走出了咖啡馆。大约一年后，Maluuba 确实加入了微软，本吉奥也在微软担任了引人注目的顾问角色。但那个时候，陆奇已经离开了这家公司。他髋关节的第一轮手术并不完全成功：手术导致他的脊椎没有对齐，引起全身疼痛。当他从蒙特利尔回来，医生告诉他需要再做一次手术时，他告诉纳德拉，他留在微软已经没有意义了。身体恢复需要太长的时间，他不能把时间奉献给他需要投入的公司。微软在 2016 年 9 月宣布了他的离职。[8]5 个月后，他回到中国，加入百度担任首席运营官。[9]

TURMOIL ||||||||||||||||||||||||||||||||||||||||||||||||||||||||||||||||||

PART

||||||||||||||||||||||||||||||||||||||||||||||||||||||||||||||||||||||||||||||||||||||||||||||||||||||||||||||||||||||||||||||||||||||||||||||

THREE 第三部分

动荡

欺骗：GAN 与 "深度造假"

> 哦，你真的可以做出照片般逼真的脸。

伊恩·古德费洛曾于 2013 年秋天在 Facebook 接受面试，他和马克·扎克伯格漫步穿过公司园区的庭院，听着扎克伯格对 DeepMind 的哲学思考。然后他拒绝了扎克伯格，他更喜欢 "谷歌大脑" 的一份工作。但此刻，他的职业生涯被搁置了。他决定暂时留在蒙特利尔。他还在等待他的博士论文评议小组的召集，但他犯了一个错误，就是在 Facebook 公布其新的人工智能实验室之前，邀请杨立昆加入了这个评议小组。另外，他想看看，跟一位刚刚开始约会的女人之间的关系会如何发展。他还在写一本关于深度学习的教科书，但进展不太顺利。他在大部分时间里都坐在那里画小象，然后把这些画发到网上。

当他的一名大学实验室同事在 DeepMind 找到工作时，这种漂泊感就结束了，实验室的研究人员在蒙特罗亚尔大道尽头的一家酒吧安排了一场告别派对。这家酒吧名为"三位酿酒师"。在这个地方，20 个人可以不请自来，把几张桌子推到一起，坐下来喝一大堆的精酿啤酒。当这些研究人员开始争论打造一台机器的最佳方法时，古德费洛已经微醺了，他们讨论的这台机器可以自行创建出照片般逼真的图像——小狗或青蛙的照片，或者看起来完全真实但实际上并不存在的脸部照片。几位实验室同事正试图打造一台这样的机器，他们知道可以训练一个神经网络来识别图像，如果将过程反转过来，它也可以生成图像。这就是 DeepMind 研究员亚历克斯·格雷夫斯在打造一个可以手写的系统时所做的事情。但是，这个方法只能在细节清晰的照片级图像上生效。这种结果无法令人信服。

但是，古德费洛实验室的同事们有一个计划。他们统计分析了神经网络中生成的每幅图像，识别了某些像素的频率和亮度，以及它们与其他像素的关联方式。然后，他们将这些统计数据与真实照片中的数据进行比较，就能够显示出他们的神经网络哪里出错了。问题是，他们不知道如何将这些想法编码到系统之中——这可能需要数十亿份统计数据。古德费洛告诉他们，这个问题是无法解决的。"有太多不同的统计数据需要追踪，"他说，"这不是编程问题，而是一个算法设计问题。"

他提出了一个完全不同的解决方案。他解释说，他们应该做的是打造一个能够从另一个神经网络中进行学习的神经网络。第一个神经网络将创建一幅图像，并试图欺骗第二个神经网络，让它以为这幅图像是真实照片。第二个会指出第一个错误的地方，第一个会再试一次。他说，如果两个神经网络对决足够长的时间，它们就可以创建一幅看起来像真实事物的图像。古德费洛的同事们不为所动。他们说，他的想法比他们的更糟糕。如果古德费洛没有喝醉，他可能也会得出同样的结论。"训练一个神经网络已经够难的了，"清醒的古德费洛会说，"你不能在一个神经网络的学习算法中训练另一个神经网络。"但在那一刻，他相信这是可行的。

那天深夜，当他回到自己的单间公寓时，他的女朋友已经睡下了，她醒来打了个招呼，然后继续睡觉。他坐在床边的一张桌子旁，在黑暗中，他仍然有点儿醉意，笔记本电脑屏幕的光照在他的脸上。[1]"我的朋友们错了！"他不停地告诉自己。[2]他用其他项目的旧代码拼凑了一个对决网络，并在数百张照片上训练这个奇特的新设计，而他的女朋友就睡在他身边。几个小时后，这个网络就像他预测的那样生效了。图像很小，跟缩略图差不多大，还有点儿模糊，但它们看起来像真实的照片。他后来说，这是一种运气。"如果没有成功，我可能就会放弃这个想法。"[3]在基于这一想法所发表的论文中，他称之为"生成对抗网络"，即GAN。在全球的人工智能研究人员的圈子内，他成了"GAN之父"。

2014年夏天加入谷歌时，他正在推广GAN，并将它作为加速人工智能进步的一种方式。在描述这个想法时，他经常提到理查德·费曼。费曼的教室黑板上曾经写着："我不能理解的东西，我无法创造。"这也是古德费洛在蒙特利尔大学的顾问约书亚·本吉奥在学校附近的一家咖啡馆里，受到来自微软的游说团追逐时所说的话。跟辛顿一样，本吉奥和古德费洛相信，费曼的格言不仅适用于人类，也适用于机器：人工智能不能理解的东西，它也无法创造。他们都认为，创造将有助于机器理解它们周围的世界。古德费洛说："如果人工智能能够以逼真的细节想象世界——学会如何想象出逼真的图像和逼真的声音——这将促进人工智能理解真实世界的结构。"它可以帮助人工智能理解它看到的图像或听到的声音。"与语音识别、图像识别和翻译一样，GAN 是深度学习的又一次飞跃。至少，深度学习的研究人员相信这一点。

2016 年 11 月，在卡内基-梅隆大学的一次演讲中，杨立昆称 GAN 是"过去 20 年深度学习领域最酷的想法"[4]。当杰夫·辛顿听到这种说法时，他假装倒着计算了一下年份，似乎是为了确保 GAN 并不比"反向传播"更酷，然后才承认杨立昆的说法接近真相。古德费洛的工作引发了一长串的项目，这些项目完善、扩展并挑战了他的大想法：怀俄明大学的研究人员打造了一个系统，它生成了一些微小但完美的图像，包括昆虫、教堂、火山、餐馆、峡谷、宴会厅等；[5]英伟达公司的一个团队也打造了一个神经网络，它可以将炎炎夏日的照片转化为隆冬的模样；[6]加州大学伯克利分校的一个小组设计了一个系统，它可以将马转化为斑马，将莫奈的作品转化为凡·高的作品。[7]这些都是产业界和学术界最引人注目和最有趣的项目。然后，世界变了。

2016 年 11 月，就在杨立昆发表演讲称 GAN 是过去 20 年深度学习领域最酷想法的那个月，唐纳德·特朗普在美国总统选举中击败了希拉里·克林顿。随后美国人民的生活和国际政治经历了翻天覆地的变化，人工智能也是如此。紧接着，美国政府对移民的压制引发了对人才流动的担忧。由于在美国学习的国际学生数量原本已经在下降，现在则是急剧下降，严重依赖外国人才的美国科学和数学圈子开始受到影响。[8] "我们正在搬起石头砸自己的脑袋，"西雅图一间有影响力的实验室艾伦人工智能研究所的首席执行官奥伦·埃齐奥尼（Oren Etzioni）说，"不是脚，是脑袋。"

大公司已经在拓展海外业务了。Facebook 在蒙特利尔和杨立昆的家乡法国巴黎都设立了人工智能实验室。微软最终收购了 Maluuba，这家公司成为微软在蒙特利尔的实验室（约书亚·本吉奥担任高级顾问）。[9] 杰夫·辛顿没有把时间花在硅谷的山景城上，而是在加拿大多伦多设立了一间谷歌实验室。他这样做的部分原因是为了照顾与癌症抗争的妻子。她经常去北加州旅行，他们会在大苏尔度过周末，这是她最喜欢的地方之一。但是随着健康状况的恶化，她需要待在家里。她坚持让辛顿继续他的工作，而随着他的努力，一个更大的生态系统在他周围蓬勃发展起来。

特朗普政府移民政策的风险在 2017 年 4 月成为人们关注的焦点，当时他上任仅三个月，辛顿帮助设立了一家多伦多研究孵化器——向量人工智能研究所。[10] 该研究所获得了 1.3 亿美元的资金支持，资助方包括谷歌和英伟达等美国巨头，其目的是促进加拿大新的初创公司的诞生。[11] 加拿大总理贾斯廷·特鲁多承诺提供 9 300 万美元支持多伦多、蒙特利尔以及埃德蒙顿的人工智能研究中心。[12] 辛顿的一位主要合作者，一位名叫萨拉·萨布尔（Sara Sabour）的年轻研究员的职业道路，体现了人工智能的国际性以及它对政治干预的敏感性。2013 年，在伊朗沙里夫理工大学得到计算机科学学位后，萨布尔向华盛顿大学提出申请，希望学习计算机视觉和其他形式的人工智能，她被录取了。但后来美国政府拒绝给她签证，显然是因为她在伊朗长大并在伊朗学习，而且打算专攻一个可能会对军事和安全产生影响的技术领域，即计算机视觉。第二年，她进入了多伦多大学，然后找到了通往辛顿和谷歌的道路。

与此同时，特朗普政府继续专注于将人们挡在国门之外。外交关系委员会的新兴技术和国家安全专家亚当·西格尔（Adam Segal）表示："当下，美国公司得到了好处。但从长远来看，科技和就业机会不会在美国出现。"美国人工智能研究的中心之一卡内基-梅隆大学的计算机科学系主任安德鲁·摩尔（Andrew Moore）说，这种情况几乎让他夜不能寐。加斯·吉布森（Garth Gibson）原来是该系的教授之一，后来离开卡内基-梅隆大学去接管了多伦多的向量人工智能研究所。另外，还有 7 名教授前往瑞士担任学术职务，瑞士政府和大学为这类研究提供的经费远远超过美国。

但人才的流失并不是特朗普入主白宫椭圆形办公室所带来的最大变化。从选举结束的那一刻起，全美的媒体就开始质疑网络错误信息在选举中起到的作用，这让人们开始深度关注"假新闻"的威力。大选后的几天，马克·扎克伯格在硅谷的一次公开露面中，起初对这些担忧不屑一顾，他无忧无虑地说，选民被假新闻左右是一个"相当疯狂的想法"。[13] 但是，记者、国会议员、专家和普通公民对此齐声反对。事实上，这个问题在选举期间一直很猖獗，尤其是在 Facebook 的社交网络上，数十万人甚至数百万人分享了一些骗人的新闻，比如"涉嫌希拉里电子邮件泄露的联邦调查局特工被发现死于明显的谋杀性自杀"和"教皇弗朗西斯震惊世界，支持唐纳德·特朗普当选总统"。[14] Facebook 透露，一家与克里姆林宫有联系的俄罗斯公司通过 470 个虚假账号和页面购买了超过 10 万美元的网站广告，传播了与种族、枪支管制、同性恋权利和移民有关的分裂信息。此后，这些担忧继续加剧。[15] 正如他们所做的那样，他们以新的视角看待 GAN 和相关技术，这些技术似乎是制造假新闻的一种手段。

研究人员在其中发挥了作用。华盛顿大学的一个团队，包括一名很快加入了 Facebook 的研究人员，使用神经网络制作了一段视频，在巴拉克·奥巴马口中加入了一些新单词。[16] 中国的一家初创公司的工程师们使用了类似的技术，将唐纳德·特朗普变成了一个会说中文的人。[17] 假图像并不是什么新鲜事，自照片出现以来，人们就一直在使用技术处理照片。在计算机时代，像 Photoshop（图像处理软件）这样的工具几乎赋予了任何人编辑照片和视频的能力。但是，由于新的深度学习方法可以自己学习任务，或者至少学习任务的一部分，它们使编辑变得容易得多，这是一种潜在风险。政治运动、民族国家、活动家和叛乱分子不必付钱给大量人工去创建和分发假图像和假视频，他们可能会打造一些系统，由系统自动完成这项工作。

到了选举时，人工智能要想发挥图像操纵的全部潜力还需要几个月的时间。按当时的情况来看，GAN 只能生成缩略图，而要让一些话从政客的嘴里"说出"，这样的系统仍然需要罕见的专业知识，更不用说额外的费力工作了。但是，在特朗普获胜一周年之际，芬兰英伟达实验室的一组研究人员推出了一种新的GAN。[18] 这些被称为"先进 GAN"（Progressive GAN）的对决神经网络可以生成植物、马、公共汽车和自行车的全尺寸图像，这些图像看起来就像是真实存在的东西。但吸引注意力的是一些人的面孔。在分析了成千上万张名人照片后，英伟达的系统可以生成一张看起来像名人的脸，但它实际不是——一张让你想起著名女演员詹妮弗·安妮斯顿（Jennifer Aniston）或赛琳娜·戈麦斯（Selena Gomez）的脸。这些虚构的脸看起来像是真的，有皱纹、毛孔、阴影和她们各自的特征。帮助开发这项技术的麻省理工学院教授菲利普·伊索拉（Phillip Isola）说："它的进步实在太快了，之前大家认为这是一个非常有趣的学术问题，但不可能用来制造假新闻，它只会产生一些模糊的图像。而现在，它可以生成照片般逼真的人脸。"

在英伟达发布这项技术几天之后，伊恩·古德费洛在波士顿的一个小型会议上发表演讲的前几分钟，一名记者问他这一切意味着什么。[19] 他承认，任何人都可以用 Photoshop 制作虚假图像，这种事情变得越来越容易。[20] 他说："我们正在加快推进那些已经成为可能的事情。"[21] 他穿着黑色衬衫和蓝色牛仔裤，下巴上留着山羊胡子，头发向前梳到前额，样子和说话的神态看起来都像是会议室里最书呆子气和最酷的人。他解释说，随着这些方法的改进，用图像来证明发生了什么事情的时代终结了。[22] 他说："从历史上看，我们能够依靠视频证据来证明一些事情确实发生了，这有点儿偶然。实际上，我们过去必须通过一种叙述方式来思考，谁说了什么，谁有动力说什么，谁在哪个问题上有信誉。似乎我们又回到了那种时代。"[23] 但这是一个艰难的转变。[24] "不幸的是，现在的人不太擅长批判性思维。人们往往以非常部落主义的想法看待谁可信、谁不可信。"[25] 至少会有一段调整期。[26] 他说："在很多其他领域，人工智能打开了我们以前从未打开过的大门。我们真的不知道门的另一边是什么。在这种情况下，事情更像是人工智能正在关闭我们这一代人已经习惯打开的一些大门。"[27]

这一调整期几乎是立即开始的，因为有一群自称"深度造假"（Deepfakes）的人开始将名人的脸拼接成色情视频，并发布到互联网上。[28] 在这些匿名恶作剧者发布了一款能实现此功能的应用软件后，这类视频在论坛、社交网络和视频网站（如 YouTube）上大量出现。有一段视频使用了米歇尔·奥巴马（Michelle Obama）的脸，还有几段视频用尼古拉斯·凯奇

（Nicolas Cage）的脸来玩这个把戏。在这种想法蔓延到主流媒体之后，像 Reddit 和 Twitter 这样的网站很快就禁止了这种做法。[29]"深度造假"一词进入了词典，指的是任何经过人工智能篡改并在网上传播的视频。

在推进人工智能发展的同时，伊恩·古德费洛也开始分享自己对人工智能快速崛起的担忧，这种担忧比埃隆·马斯克提出的关于超级智能的警告更为紧迫，GAN 只是其中的一部分。当古德费洛刚刚来到谷歌时，他就开始探索一种叫"对抗性攻击"（adversarial attacks）的独立技术，这种技术表明神经网络可以被愚弄，你可以让它看到或听到实际上不存在的东西。[30] 仅仅通过改变一张大象照片中的几个像素——这是人眼无法察觉的改变——你就可以欺骗神经网络，让它认为这头大象是一辆汽车。神经网络从非常广泛的例子中学习，以至于微小和意想不到的缺陷可能会悄悄潜入它的训练，但没有人知道。当你考虑到这些算法正在进入自动驾驶汽车，帮助它们识别行人、车辆、街道标志和道路上的其他物体时，这种现象尤其令人担忧。很快，一组研究人员展示出，通过在停车标志上贴几张便利贴，他们可以骗过一辆自动驾驶汽车，让它以为这个标志不存在。[31] 古德费洛警告说，同样的现象可能会破坏大量的其他应用。[32] 他说，一家金融机构可以将这个想法应用到交易系统中，执行一些诱导性的交易，让竞争对手抛售股票，这样该机构就能够以更低的价格买入。

2016 年春，在谷歌工作不足两年之后，古德费洛离开了公司并加入 OpenAI 实验室，他同时也将这项研究带了过来。他被 OpenAI 的使命吸引，即致力于打造符合道德标准的人工智能，并与全世界分享。他的工作，包括 GAN 和 "对抗性攻击"，与 OpenAI 是自然的契合。他要做的是展示这些现象的影响，以及告诉世界应该如何面对。此外，正如 "谷歌大脑" 的税务文件后来显示的那样，他在该实验室的 9 个月内获得了 80 万美元的报酬（包括 60 万美元的签约奖金）。[33] 但他在 OpenAI 工作的时间并不比那 9 个月长多少。第二年，他重回谷歌，因为杰夫·迪恩在 "谷歌大脑" 内部设立了一个致力于人工智能安全的新小组。鉴于古德费洛在研究界和更广泛的科技领域的高知名度，此举对 OpenAI 来说是一个打击。这还表明，业界对人工智能崛起的担忧远远超过了对一间实验室的担忧。

14 谷歌的傲慢

> 66 我在演讲时就知道，中国人要来了。99

2017 年春天，在韩国的围棋比赛结束一年后，AlphaGo 在中国乌镇进行了下一场比赛。乌镇是一个古老的水乡，位于上海以南 80 英里的长江沿岸。乌镇有荷塘、石桥和狭窄的运河，运河蜿蜒在一排排的木屋之间，屋顶是青石瓦，这座小镇看起来就像存了几个世纪一样。现在，一座占地 20 万平方英尺[①]的会议中心在郊野之中拔地而起，外观看起来很像遍布小镇的木屋，但它的面积有足球场那么大。[1] 会议中心的屋顶覆盖了超过25 000 亿块瓦片。[2] 此会议中心的建设是为了主办"世界互联网

---

① 1 平方英尺≈0.092 9 平方米。——编者注

大会"，这是一场年度盛会，中国政府在大会上宣传互联网创新技术的崛起，并指出他们将如何监管和控制信息的传播。[3]现在这里正在举办一场 AlphaGo 与中国围棋国手柯洁的比赛，柯洁是当时世界排名第一的围棋选手。

第一盘比赛的那天早上，在比赛预定进行的巨大礼堂旁边的一间私人房间里，戴密斯·哈萨比斯坐在一张超大的豪华的奶油色椅子上，对面的墙上是一幅午后天空的图画。[4]这是笼罩在整座建筑上的主题：布满乌云的午后天空。哈萨比斯穿着深蓝色西装，上衣翻领上有一只小小的皇家蓝色胸针，没有系领带。他看起来比一年前更衰老，也更优雅了。他说，AlphaGo 现在变得更聪明了。自韩国的比赛以来，DeepMind 花了几个月的时间改进机器的设计，AlphaGo 花了更多的时间一场接一场地与自己对弈，通过数字试错学习全新的技能。哈萨比斯相信，这台机器现在可以免受韩国那场比赛中第四盘突然出现的崩溃的影响，当时李世石的第 78 手暴露了机器在游戏知识方面的差距。"我们尝试用新架构做的很大一部分工作是缩小知识差距。"哈萨比斯说。新的架构也更加高效，它可以在很短的时间内进行自我训练，一旦训练完成，它就可以在单一计算机芯片（当然是谷歌 TPU）上运行。虽然哈萨比斯并没有明确这么说，但很明显，即使在第一盘比赛的第一手落子之前，19 岁的柯洁也没有获胜的机会。谷歌的掌权者已经将这场比赛作为 AlphaGo 的告别赛，也作为该公司重返中国的一种尝试。

2010 年，谷歌撤出中国，但是到了 2017 年，谷歌已经不是以前的样子了。⁵控股母公司 Alphabet 得以创建，负责管理谷歌、DeepMind 和一系列的姊妹公司，佩奇和布林已经远离了这家他们过去 20 多年打造的科技巨头，将所有公司都交给了其他高管，他们似乎正在慢慢走向提前退休。在新任首席执行官桑达尔·皮查伊（Sundar Pichai）的领导下，谷歌对中国有了新的想法。这个市场太大了，不容忽视。中国的网民数量超过了美国的人口数量，达到约 6.8 亿，而且这个数字还在以其他国家无法比拟的速度增长。⁶谷歌想回来。

谷歌将 AlphaGo 视为一个理想的工具。在中国，围棋是一项全国性的运动。据估计，有 6 000 万中国人在网上观看了 AlphaGo 与李世石的比赛。⁷谷歌着眼于中国市场的主要目标之一，是推广其在人工智能领域的专业知识。甚至在 AlphaGo 与李世石比赛之前，谷歌和 DeepMind 的高管就已经讨论过在中国进行第二场比赛的可能性了，这可能为谷歌搜索引擎和该公司的很多其他网络服务铺平了重返中国的道路。在韩国大肆宣传之后，这个想法如滚雪球般越滚越大。谷歌在接下来的一年里策划了 AlphaGo 的中国之行，他们会见了中国国家体育总局的官员，并安排了多家互联网平台和电视媒体来转播这场比赛。赛前桑达尔·皮查伊三次访华，亲自会见柯洁，两人在长城合影。除了比赛本身，谷歌还在同一会议中心组织了自己的人工智能研讨会，在第一盘和第二盘比赛之间。杰夫·迪恩和埃里克·施密特都去了中国，两人都将在为期一天的小型会议上发表演讲。几十名中国记者来到乌镇观看比赛，更多的记者从世界各地赶来。当戴密斯·哈萨比斯在第一盘比赛开始之前走进会议中心时，记者们围着他拍照，就像对待一位流行歌星一样。

当天上午稍晚的时候，在那间墙壁上画着午后天空图画的房间里，哈萨比斯描绘着 AlphaGo 目前的发展，而此时的柯洁在几百英尺外的礼堂里下出了比赛的第一手棋。

· · · · · · · · ·

中国对深度学习并不陌生。2009 年 12 月初，邓力再次从温哥华的 NIPS 大会出发，驱车前往惠斯勒的 NIPS 研讨会。他当初在惠斯勒的希尔顿酒店偶遇了杰夫·辛顿，并碰巧发现了他在深度学习和语音识别领域的研究。一年之后，邓力在加拿大山区的同一个地点组织了一场围绕此想法的新研讨会。他和辛顿在接下来的几天里向聚集在惠斯勒的其他研究人员解释"神经语音识别"的细节，带他们参观雷德蒙德微软实验室正在开发的原型。当他驱车向北，蜿蜒穿过山路时，他的越野车上载着三位研究人员。其中一位是余凯，他就是后来说服百度智囊团出高价参与竞拍杰夫·辛顿初创公司的人。

和邓力一样，余凯在美国从事研究工作之前，也出生在中国并在中国接受教育。邓力在西雅图以外的地方为微软工作，而余凯是硬件制造商 NEC 在硅谷实验室的一员，但他们都属于一个小型研究员圈子，这个圈子里的人会出现在像惠斯勒这样的学术聚会上。那一年，他们也是一起拼车。前一年的夏天，余凯在蒙特利尔与杨立昆和约书亚·本吉奥一起组织了一场深度学习研讨会，那时他认识了杰夫·辛顿。现在，随着越野车爬上山顶，他正在前往一场更大的聚会，并专注于同样的想法。随着深度学习从学术界兴起并开始进入产业界，余凯也跟其他人一样拥抱了这种趋势。第二年回到中国时，他把这个想法也带了过去。

当邓力、辛顿以及辛顿的学生在微软、IBM 和谷歌重新打造语音识别时，余凯也在百度做同样的事情。几个月内，他的工作引起了公司首席执行官李彦宏的注意，李彦宏在一封发送给全公司的电子邮件中称赞了这项技术的威力。这就是为什么百度愿意在 2012 年加入对辛顿和他的学生的追逐，在太浩湖的竞价中，百度出价到数千万美元。这也是为什么余凯感到如此乐观，虽然百度在那次竞价中失利了，但该公司仍然留在了深度学习的竞赛之中。

他不是唯一一个可以在百度首席执行官李彦宏耳边密语的人。李彦宏还是陆奇的老朋友，他们已经认识 20 多年了，这位微软高管后来骑着逆向思维的自行车摔坏了髋关节。每年，他们都会与其他几位中国高管和美籍华人高管，在距离旧金山不远的加州半月湾丽思卡尔顿酒店举行某种形式的跨境峰会，花几天时间讨论科技领域的最新变化。在辛顿及其学生的公司拍卖结束之后的那次峰会上，深度学习成了他们谈论的话题。在俯瞰太平洋的丽思卡尔顿度假酒店内，陆奇在白板上绘制了一个卷积神经网络，并告诉李彦宏和其他人，"CNN"这个缩写现在意味着完全不同的东西。同年，百度在离半月湾不远的硅谷开设了第一间前哨实验室，希望吸引北美人才。[8] 该实验室被称为"深度学习研究所"。[9] 余凯告诉一名记者，其目标是模拟人脑的"功能、力量和智力"。[10] 他说："我们每天都在进步。"[11]

第二年春天，在离这间新实验室不远的地方，余凯和吴恩达在帕洛阿尔托喜来登酒店一起吃早餐。那天晚上他们又一起吃饭了。之后，吴恩达飞往中国与首席执行官李彦宏会面后，与百度签约。这位谷歌深度学习实验室的创始人，去了中国最大的互联网公司之一运营着几乎相同的机构，管理其在硅谷和北京的实验室。当谷歌在2017年春天来到乌镇举办人机围棋比赛时，余凯和吴恩达以及他们的研究人员已经将深度学习推进到了百度帝国的核心，该公司跟谷歌一样，运用深度学习来选择搜索结果和目标广告，以及提供不同语言之间的翻译。在招募了芯片制造商英伟达的一名关键工程师后，百度推出了自己的巨型GPU集群。余凯已经离开该公司，在中国创立了一家初创公司，目标是按照谷歌TPU的模式，打造一款新型的深度学习芯片。

在AlphaGo与柯洁比赛的第一盘和第二盘之间，谷歌董事长埃里克·施密特在乌镇登台，他表现得好像一切都没有发生过一样。施密特坐在中国采访者旁边的椅子上，两条腿交叉在一起，他的耳朵上戴着一个微型语音设备，为他提供实时的英文翻译。[12] 他说世界正在进入"智能时代"，当然，这里的智能指的是人工智能。他提到，使用一款新开发的名为TensorFlow的新软件，谷歌打造的人工智能可以识别照片中的物体，识别口语单词，并在不同语言之间进行翻译。他像往常一样向听众发表讲话，就好像他比会场里的任何人都更了解过去和未来，他把这款软件描述为他一生之中最大的技术变革。他吹嘘说，它可以重塑中国最大的互联网公司，包括阿里巴巴、腾讯和百度，他声称它可以定位它们的线上广告，预测它们的客户想买什么，并决定谁应该获得信贷额度。"如果使用 TensorFlow，那么它们全都会发展得更好。"施密特说。[13]

TensorFlow 是 DistBelief 的取代者，由杰夫·迪恩及他的团队构思和设计，这是一个全面的软件系统，通过谷歌的全球数据中心网络训练深度神经网络，但这还不是全部。在自己的数据中心部署该软件后，谷歌将这一创新开源了，与全世界自由共享其代码，这是在整个科技领域发挥其影响力的一种方式。如果其他公司、大学、政府机构和个人在推进深度学习时也使用谷歌的软件，他们的努力将推动谷歌自身工作的进展，加速全球范围内的人工智能研究，并使谷歌能够在这一研究的基础上再接再厉。这就会培育出一个全新的研究人员和工程师圈子，谷歌可以从中进行招聘，这还能促进被谷歌视为公司未来的业务：云计算。

当埃里克·施密特在乌镇的讲台上发表观点时，谷歌90%以上的收入仍然来自在线广告。[14] 但谷歌已经对未来进行了展望，并意识到，云计算可以成为一种更可靠、更有利可图的替代方式，使得该公司为所有人提供异地计算能力和数据存储服务，谷歌正处于开发其商业潜力的理想位置。谷歌的数据中心拥有强大的计算能力，而出售这种能力的使用权可能会带来巨大的利润。目前，这个快速增长的市场由亚马逊主导，其云服务的收入在 2017 年超过了 174.5 亿美元。[15] 但 TensorFlow 带来了希望，谷歌可以挑战其他科技巨头。谷歌认为，如果 TensorFlow 能成为打造人工智能的事实标准，它就可以吸引市场关注自己的云计算服务。理论上，谷歌的数据中心网络是运行 TensorFlow 的最有效手段，部分原因是该公司提供了一种专门为深度学习制造的芯片。施密特阐述了 TensorFlow 的优点，并鼓励中国科技行业的巨头们接受它，谷歌已经打造了其 TPU 芯片的第二个版本，该芯片既可以用来训练神经网络，又可以在训练完成后运营它们。谷歌还想在北京设立一间新的人工智能实验室，希望这将有助于推动中国市场接受 TensorFlow 和它的新芯片，最终接受谷歌云。该实验室由谷歌新招募的一位名叫李飞飞的人领导，她出生于北京，十几岁时移居美国。[16] 正如她所说："在中国，人工智能研究人才群体日益壮大。新的实验室可能会让我们既能利用这个人才池子，又可以在中国更广泛地推广 TensorFlow 的使用。"

坐在乌镇的讲台上，埃里克·施密特告诉观众，TensorFlow 可以重塑中国顶级公司，他没有提及人工智能实验室，甚至没有提到谷歌云。但他传达的信息很明确：如果阿里巴巴、腾讯和百度使用 TensorFlow，情况就会更好。他没有说的是，他清楚谷歌会受益更多。他没有意识到的是，他向中国人传达的信息天真得无可救药。

中国的科技巨头已经拥抱了深度学习。吴恩达多年来一直在百度负责其实验室，并且像谷歌一样，他正在建立一个庞大的专业机器网络来满足新的实验需求。腾讯也在酝酿类似的工作。没过多久，施密特就意识到了他传达的信息是多么幼稚。他说："我在演讲时就知道，中国人要来了。当时我还不了解他们的一些项目有多高效，我只是还不了解情况。我想大多数美国人也不会了解。以后，我不会再误解了。"

在乌镇的一周，并不像任何谷歌人想象的那样。在与柯洁进行第一盘比赛的早上，坐在墙上画着午后天空的休息室里，戴密斯·哈萨比斯说 AlphaGo 很快会变得更加强大。研究人员正在打造一个可以完全独立掌握游戏技能的版本。与 AlphaGo 最初的版本不同，它不需要通过分析职业玩家的招式来学习初始技能。"它清除了越来越多的人类知识。"哈萨比斯说。仅仅通过试错学习，它不仅能掌握围棋，还能掌握其他游戏，比如国际象棋和另一种古老的东方策略游戏"将棋"。有了这种系统——一种可以独立学习无数任务的更通用的人工智能形式——DeepMind 可以改变越来越广泛和多样的技术和行业。正如哈萨比斯所说，该实验室可以为数据中心和电网内部的资源管理提供帮助，并加速科学研究。他重申，DeepMind 的技术将提升人类的技能。他说，这在与柯洁的比赛中会很明显。像世界上其他顶级围棋选手一样，这位中国的特级大师现在正在模仿 AlphaGo 下棋的风格和技巧。他的棋艺在进步，因为他在向机器学习。

从开局的落子来看，柯洁确实下得像 AlphaGo，布局时的点"3-3"是机器引入围棋的策略，但结果是毫无疑问的。19 岁的柯洁穿着深色的西装，打着亮蓝色领带，戴着黑框眼镜。他有一个习惯：在思考一手棋该如何下时，他会玩弄自己的头发，用拇指和食指夹住短头发，然后一圈儿又一圈儿地捻转。坐在乌镇大礼堂的讲台上，比赛的三天里，他捻转了12个多小时的头发。输掉第一盘比赛后，他说AlphaGo"就像棋手里的神一样"。[17]然后他又下了两盘，还是输了。AlphaGo不仅轻松获胜，还在中国战胜了一位特级大师。在第一盘和第二盘比赛之间，埃里克·施密特花30分钟认识了中国和中国最大的一些互联网公司。

两个月后，中国国务院发布了《新一代人工智能发展规划》，提出到2030年中国要成为人工智能的世界领导者，目标是超越包括美国在内的所有竞争对手，这个计划会推动一个价值超过1 500亿美元的国内产业。[18]中国像对待自己的"阿波罗计划"一样对待人工智能。政府准备投资横跨产业界、学术界和军方的月球项目。正如两位致力于该计划的大学教授告诉《纽约时报》的那样，AlphaGo与李世石的对弈是中国的人造卫星时刻。

中国的计划与奥巴马政府在卸任前制定的蓝图遥相呼应，使用了很多相同的说法。但一个不同之处是，中国政府已经在这方面投入了大量的资金，其中有一个地方政府承诺提供60亿美元的资金。[19]另一个不同之处是，中国的计划没有被新政府班子抛弃，不像奥巴马的计划被特朗普政府抛弃。中国正致力于协调政府、学术界和产业界向人工智能的整体发展推进，而美国新政府将这一推进计划留给了产业界。谷歌是该领域的世界级领导者，其他美国公司也紧随其后，但我们不清楚这对整个美国意味着什么。毕竟，如此多的人工智能人才已经进入产业领域，将学术界和政府抛在了身后。"美国担心的是，中国将投入比现在更多的研究资金，"杰夫·辛顿说，"而美国正在削减基础研究的资金，这就像把玉米种子吃掉一样。"

很明显，谷歌在中国不会取得太大的进展。那年年底前，在上海的一次活动中，李飞飞披露了她所谓的"谷歌人工智能中国中心"，该公司继续推广 TensorFlow，派工程师参加一些私下组织的活动，教行业从业者和大学研究人员使用该软件。[20] 但在中国推出新的互联网服务需要政府的批准。中国已经有了自己的搜索引擎、自己的云计算服务、自己的人工智能实验室，甚至自己的 TensorFlow，它就是 PaddlePaddle，由百度打造。

埃里克·施密特在乌镇的演讲低估了中国人。中国的大型科技公司以及整个国家走得更远，潜力也比他意识到的要大得多。他如此轻率地宣传，认为这个国家需要谷歌和 TensorFlow，这犯了一个错误。但现在，他意识到，这个技术平台的传播——打造和运行任何人工智能服务——比以往任何时候都更加重要。这不仅对谷歌至关重要，对美国及其与中国不断升级的贸易摩擦也至关重要。施密特说："社会上的传统力量根本不理解的一件事是，美国从这些全球平台中受益匪浅——美国打造的全球平台包括互联网本身、电子邮件、安卓系统、iPhone 等。"如果一家公司或者一个国家控制了这个平台，它就控制了在平台上面运行的东西。谷歌打造的 TensorFlow 就是最新的例子。"这是一场全球性的平台竞争，平台为未来的创新奠定了基础。"

————————————

在乌镇的围棋比赛之后，陆奇加入了百度。在那里，他做了自己在微软想做的事情：制造一辆自动驾驶汽车。百度推出这个项目的时间比谷歌晚了几年，但陆奇确信百度将比其美国竞争对手更快地让汽车上路。这并不是因为百度有更好的工程师团队或更好的技术，而是因为百度是在中国制造汽车。在中国，政府更接近产业界。作为百度的首席运营官，他与中国的5座城市合作，对这些城市进行改造，以便城市能够适应该公司的自动驾驶汽车。"在我看来，这无疑会比美国更快地实现商业化。政府认为这是中国汽车产业跨越式发展的机会，"他在一次定期回美国的旅行中告诉记者，"刺激投资是一方面，积极与企业界合作并制定政策制度是另一方面。"他解释说，目前，汽车传感器在道路上进行导航的基础设施是道路标志，汽车传感器相当于人类的眼球。但这一切都会改变，而且在中国会改变得更快。他说，未来汽车的传感器将是激光雷达、微波雷达和照相机，并且将会有专为这些传感器设计的新型路标。

他说，中国的另一大优势是数据。他常常说，每个社会经济时代都有一种主要的生产资料。在农业时代，生产资料是土地。"你有多少人并不重要，你有多聪明也不重要。如果你没有更多的土地，你就不能生产更多的东西。"在工业时代，生产资料是劳动力和设备。在这个新时代，生产资料是数据。"没有数据，你就无法进行语音识别。你有多少员工并不重要，你可能有100万名才华横溢的工程师，但你无法打造一个理解语言并能进行对话的系统，你将无法打造一个图像识别系统，就像我现在做的那样。"中国将统治这个时代，这里有更多的数据。因为这里人口更多，会产生更多的数据，而且这里对隐私的态度如此不同，这些数据可以自由地会集在一起。"人们对隐私的需求是普遍的，但中国的处理方式大不相同。"

即使中国的大公司和大学目前在技术上落后于它们的美国对手——这是存在争议的——差距也没有那么重要。得益于像杰夫·辛顿和杨立昆这样的西方学者的影响，美国大公司公开发布了它们的大部分重要的思想和方法，甚至共享了软件。它们的想法、方法和软件对任何人都是可用的，包括中国的任何人。最终，东西方的主要区别在于数据。

对陆奇来说，这一切意味着，中国不仅将成为第一个生产自动驾驶汽车的国家，也将成为第一个找到癌症治疗方法的国家。他认为，这也是数据的产物。"在我看来，这是毫无疑问的。"他说。

15　神经网络的偏见

> 谷歌照片，你们搞砸了。我的朋友不是大猩猩。

　　2015 年 6 月的一个星期天，雅基·阿尔西内（Jacky Alciné）坐在他和弟弟两人同住的房间里，在网上浏览一长串关于黑人娱乐电视奖的 Twitter 消息。他们的公寓位于美国布鲁克林皇冠高地，因为没有接通有线电视，他看不了电视里的颁奖典礼，但至少可以在笔记本电脑上阅读不断涌入的 Twitter 评论。在他吃了一碗米饭后，一位朋友给他发了一个网络链接，上面有他发布到新的"谷歌照片"上的一些快照。22 岁的阿尔西内是一名软件工程师，他过去曾使用过这项服务，但自从谷歌几天前发布新的版本后，他还没有使用过。新的"谷歌照片"可以分析你的快照，并根据每张照片中的内容自动将它们归类到不同的文件夹中。一个文件夹可能是"狗",一个是"生日聚会",还有一个是"海滩旅行"。这也是一种浏览图片并快速搜索的方式。如果你输入"墓碑",那么谷歌可以自动找到所有包含墓碑的照片。当阿尔西内点击链接并进入"谷歌照片"时,他惊讶地发现照片已经被重新分类了——出现了一个"大猩猩"的文件夹。他不知道这是什么意思,于是打开了文件夹,发现里面有 80 多张照片,这些照片是他大约一年前在附近的前景公园的一场音乐会上为一位朋友拍摄的。这位朋友是一名非裔美国人,谷歌给她贴上了"大猩猩"的标签。

如果谷歌只是错误地标记了一张照片,他可能就算了,但这是 80 多张照片。他截了一张图,并发布到 Twitter 上,他认为 Twitter 是"世界上最大的自助餐厅",是一个任何人都可以出现,并凭任何事情去引起任何人注意的地方。他写道:"谷歌照片,你们搞砸了。我的朋友不是大猩猩。"[1]一名谷歌员工几乎立即给他发了一封私信,请求登录他的账号,这样公司就能明白哪里出了问题。在媒体上,谷歌花了几天时间道歉,称其在采取迅速行动,以确保这种情况永远不会再次发生。"谷歌照片"服务中的"大猩猩"标签被完全删除了,这是该公司多年来的惯例。5 年后,"谷歌照片"仍然禁止任何人搜索"大猩猩"这个词。

问题是,谷歌训练了一个神经网络来识别大猩猩,给它输入了成千上万张大猩猩的照片,却没有意识到其副作用。神经网络可以自行学习工程师永远无法编入机器的任务,但在训练这些系统时,工程师有责任选择正确的数据。更重要的是,在训练完成后，即使这些工程师对他们的选择很谨慎，他们也可能无法理解机器所学到的一切，因为训练规模如此之大，涉及如此多的数据和如此多的计算。作为一名软件工程师，雅基·阿尔西内明白问题所在。他把训练系统比作制作千层面，"如果你很早就把材料弄乱了，整件事就毁了，"他说，"人工智能也是如此，你必须非常有意识地对待输入的东西。否则，过程很难撤销。"

2012 年夏，在"小猫论文"发表后不久，杰夫·辛顿正式成为"谷歌大脑"实验室的实习生（64 岁），在一张团队的照片中，他和杰夫·迪恩举着一张巨大的小猫数字图像。[2]大约有十几名研究人员围在他们周围，其中有马特·泽勒，他是一个穿着黑色短袖 Polo 衫和褪色的蓝色牛仔裤的年轻人，笑容满面，头发蓬乱，下巴上有几天未刮的胡茬儿。泽勒在同年夏天到"谷歌大脑"实习之前，曾在纽约大学的深度学习实验室学习。一年后，他跟随辛顿、克里哲夫斯基和萨特斯基弗的脚步，赢得了 ImageNet 竞赛。很多人称赞他是这个行业最热门领域的"摇滚明星"。阿兰·尤斯塔斯打电话给他，向他提供了一份谷歌的高薪工作，但正如泽勒经常告诉记者的那样，他拒绝了尤斯塔斯，转而创办了自己的公司。

这家公司就是 Clarifai，设立在离纽约大学深度学习实验室不远的一间小办公室里。公司开发的技术可以自动识别数字化图像中的物体，可以在电商网站上搜索鞋子、连衣裙和手袋的照片，或者在监控摄像头传来的视频片段中识别人脸。这个想法复制了谷歌和微软等公司过去几年在各自的人工智能实验室中打造的图像识别系统，然后将其出售给警察部门、政府行政部门和其他企业。

2017 年，在公司成立 4 年后，德博拉·拉吉（Deborah Raji）坐在纽约曼哈顿下城区办公室的一张办公桌前。一盏无情的荧光灯笼罩着她、办公桌、角落里的啤酒冰箱，以及所有其他 20 多位戴着耳机、盯着超大电脑屏幕的人。拉吉盯着一个满是人脸的屏幕，那是公司训练人脸识别软件用的一些图像。当她一页又一页地滚动这些人脸图片时，她看到了问题所在。拉吉是一名来自加拿大渥太华的 21 岁黑人女性。大多数图像——超过80%——是白人的。几乎同样引人注目的是，这些白人中超过70% 是男性。拉吉认为，当该公司根据这些数据训练其系统时，它可能会在识别白人方面做得很好，但在识别有色人种方面会惨败，可能在识别女性时也会如此。

这个问题是普遍的。马特·泽勒和 Clarifai 还在打造一款被称为"内容审核系统"的工具，该工具可以自动识别并删除人们发布到社交网络上的大量图片中的色情内容。该公司在两组数据上训练了这个系统：从色情网站上提取的数千张淫秽照片，以及从照片服务商那里购买的数千张大众级图片。他们的想法是，该系统能够学会区分色情图片和普通图片。问题是，大众级图片是白人为主，色情图片却不是。正如拉吉很快意识到的那样，该系统正在学习将黑人识别为色情。"我们用来训练这些系统的数据很重要，"她说，"我们不能只是盲目地选择来源。"

这个问题的根源可以追溯到几年前，至少是从照片服务商那里选择图片的时候，Clarifai 将这些图片输入其神经网络。同样的问题也困扰着所有的流行媒体：这是同质的。现在的风险是，人工智能研究人员在训练自动化系统时使用这样的数据会放大这个问题。对拉吉来说，这显而易见，但对公司的其他人来说，情况并非如此。选择训练数据的人——马特·泽勒和他为 Clarifai 招聘的工程师——大多是白人。因为他们自己大多是白人，所以他们没有意识到其数据是有偏见的。谷歌的大猩猩标签本应该给这个行业敲响警钟，事实上却没有。

其他有色人种的女性把这个根本问题公之于众。蒂姆尼特·格布鲁（Timnit Gebru）在斯坦福大学学习人工智能，师从李飞飞，她出生在埃塞俄比亚，是一对移民到美国的厄立特里亚夫妇的女儿。在 NIPS 大会上，当她进入主会场观看第一场演讲时，看着坐在观众席上的数百人一排又一排的面孔，她惊讶地发现，他们虽然有些是东亚人，有些是印度人，还有一些是女性，但绝大多数是白人男性。那年有超过 5 500 人参加了会议，她只看到了 6 名黑人，他们都是她认识的男性。这不是一场美国或加拿大的会议，而是在巴塞罗那召开的一次国际大会。德博拉·拉吉在 Clarifai 发现的问题遍及产业界和学术界。

当格布鲁回到帕洛阿尔托时，她告诉丈夫自己所看到的一切，她决定不能忽视这些。在回来的第一个晚上，她盘腿坐在沙发上，拿着笔记本电脑，她把这个难题写在了 Facebook 帖子上：

我不担心机器接管世界。我担心人工智能圈子里的群体思维、狭隘和傲慢，尤其是在当前对该领域人员的大肆炒作和需求的情况下。这些事情已经引发了一些我们现在就应该担忧的问题。

机器学习被用来计算谁应该承担更高的利率，谁更可能犯罪并因此获得更严厉的判决，谁应该被视为恐怖分子等。一些我们认为理所当然的计算机视觉算法仅适用于具有特定外在特征的人。我们不需要推测未来会发生的大规模破坏。人工智能只服务于世界人口的一小部分，创造它的人也来自世界人口的极小部分。某些人口会受到它的主动伤害，不仅因为算法对他们不利，还因为算法的工作是自动化的。这些人被主动排除在高薪领域之外，这使他们从劳动力市场中消失。我听过很多人谈论多样性，好像这是某种慈善事业。我看到一些公司甚至个人都把其用作公关噱头，但仅仅是口头说说而已。因为这是日常用语，所以你应该说"我们重视多样性"。人工智能需要被视为一个系统，创造这项技术的人是这个系统的重要组成部分。如果很多人被主动排除在外，那么这项技术只会让少数人受益，同时损害很多人。

这份迷你宣言传遍了整个圈子。在接下来的几个月里，格布鲁创建了一个名为"人工智能中的黑人"（Black in AI）的新组织。博士毕业后，她被谷歌聘用。第二年，以及此后的每一年，"人工智能中的黑人"都在 NIPS 大会设立了自己的研讨会。那时，NIPS 已经不叫 NIPS 了。在很多研究人员抗议这个名字助长了对女性的敌视之后，会议组织者将名字改成了 NEURips。[3]

有一位名叫乔伊·布拉姆维尼（Joy Buolamwini）的年轻计算机科学家是格布鲁的学术合作者，她是剑桥麻省理工学院的一名研究生，最近在英国获得了罗兹奖学金。布拉姆维尼来自一个学者家庭，她的祖父和父亲都专攻药物化学。她出生在加拿大艾伯塔省的埃德蒙顿，这是她的父亲完成博士学位的地方。在她的成长过程中，她一直跟随父亲去研究所需的地方，包括非洲和美国南部的实验室。20 世纪 90 年代中期，当她还在上小学的时候，她参观了父亲的实验室，父亲提到自己正在尝试用神经网络来进行新药研发，她不知道这意味着什么。在大学主修了机器人和计算机视觉之后，她被人脸识别吸引，神经网络以一种完全不同的方式重新出现在她的人生中。文献上说，由于深度学习技术，人脸识别正在走向成熟，然而，当她在使用的时候，她发现实际上并没有。这变成了她论文的内容。"这不仅仅涉及人脸分析技术，还包括对人脸分析技术的评估，"她说，"我们如何确定进步？谁来决定进步意味着什么？我看到的主要问题是，我们用来决定进步情况的标准和衡量方式可能具有误导性，而且其误导性是因为抽样不足，大多数人严重缺乏代表性。"

那年 10 月，一位朋友邀请她和其他几位女士去波士顿过夜，这位朋友说："我们要做面膜。"她的朋友指的是去当地一家水疗中心做护肤面膜，但布拉姆维尼以为是万圣节面具（mask）。所以那天早上，她带着一个白色的塑料万圣节面具去了办公室。她忙着完成某门功课的一个项目，几天之后面具仍然在她的桌子上放着。她在尝试让人脸检测系统跟踪她的脸，但无论做什么，她都无法让系统正常工作。在沮丧中，她从桌子上拿起白色面具并戴在头上。系统立刻识别出了她的脸——至少是识别出了面具。"黑皮肤，白面具，"她说，这与 1952 年精神病学家弗朗茨·法农（Frantz Fanon）对历史种族主义的批判类似，"这个比喻变成了事实。你必须符合一个标准，而这个标准不是你。"

很快，布拉姆维尼开始研究一些分析人脸、识别年龄和性别等特征的商业化服务，包括微软和 IBM 的工具。随着谷歌和 Facebook 将人脸识别技术引入智能手机应用程序，微软和 IBM 加入了 Clarifai 的队伍，为企业和政府机构提供类似的服务。布拉姆维尼发现，当这些服务读取肤色较浅的男性照片时，性别识别错误率只有 1%。[4] 但是，照片中的人皮肤越黑，识别的出错率就越高，[5] 对于黑皮肤的女性图片，出错率特别高。微软的出错率约为 21%[6]，IBM 是 35%[7]。

她的研究成果发表于 2018 年冬天，并很快引发了大家对人脸识别技术，尤其是在执法中使用该技术的更大反弹。其中的风险在于，该技术会错误地将某些群体识别为潜在的罪犯。一些研究人员认为，如果没有政府的监管，这项技术就无法得到适当的控制。很快，大公司别无选择，只能承认这种舆论风潮。在麻省理工学院的研究发表之后，微软首席法务官表示，由于担心可能会不合理地侵犯人们的权利，该公司不再向执法机构出售该技术，他还公开呼吁政府进行监管。那年2月，微软在华盛顿州支持了一项法案，该法案要求，使用人脸识别技术的公共场所需要张贴通告，并要求政府机构在寻找特定人员时获得法院命令。显而易见的是，微软并没有支持提供更强有力保护的其他立法，但态度至少开始转变。

德博拉·拉吉还在Clarifai的时候，就注意到布拉姆维尼在种族和性别偏见方面的工作，于是她联系了布拉姆维尼，她们开始合作，拉吉最终进入了麻省理工学院。她们合作的项目甚至包括测试美国第三大科技巨头亚马逊的人脸识别技术。亚马逊已经超越了其网络零售商的根基，成为云计算领域的主导者和深度学习领域的主要参与者。2019年，该公司开始以"亚马逊识别"（Amazon Rekognition）的名义向警察局和政府机构推销其人脸识别技术，其早期客户包括佛罗里达州的奥兰多警察局和俄勒冈州的华盛顿县警长办公室。[8]然后，布拉姆维尼和拉吉发表了一项新的研究成果，表明亚马逊的人脸识别服务也很难识别女性和深色皮肤人脸的性别。[9]根据这项研究，亚马逊人脸识别技术将女性误认为男性的概率为19%，将深色皮肤的女性误认为男性的概率是31%。[10]对浅肤色的男性来说，错误率为零。

但亚马逊的回应与微软和IBM不同。亚马逊也呼吁政府对人脸识别进行监管，但它没有接洽拉吉和布拉姆维尼，而是通过私人电子邮件和公共博客帖子攻击她们。亚马逊高管马特·伍德（Matt Wood）在一篇博客中写道："面对新技术的焦虑，答案不是去运行一种与服务所设计的使用方式不一致的'测试'，并通过新闻媒体放大测试的错误和误导性结论。"[11] 他对该研究以及《纽约时报》描述该研究的文章提出了质疑。这种做法源于驱动亚马逊发展的根深蒂固的企业文化。这家公司坚持认为，外界的声音不会扰乱它自己的信仰和态度。但在驳斥这项研究的同时，亚马逊也驳斥了一个非常现实的问题。"我学到的是，如果你是一家市值万亿美元的公司，你不必知道真相，"布拉姆维尼说，"如果你是街头的恶霸，你说的就是事实。"

那个时候，梅格·米切尔已经在谷歌内部打造了一支致力于"道德人工智能"的团队。米切尔是微软研究院早期在深度学习领域探索时的一分子，当她接受《彭博新闻》的采访并说人工智能遇到了"人海"问题时，她引起了这个圈子的注意，她估计自己在过去 5 年里与数百名男性和大约 10 名女性合作过。[12] "我绝对相信，性别对我们提出的问题类型有影响，"她说，"你把自己置于近视的境地。"[13] 蒂姆尼特·格布鲁加入了谷歌跟她一起工作，着眼于偏见、监控和自动化武器的兴起，她们要为人工智能技术打造坚实的伦理框架。另一位谷歌人梅雷迪思·惠特克

（Meredith Whittaker）是该公司云计算部门的产品经理，在他的帮助下，包括谷歌、Facebook、微软等在内的公司联盟在纽约大学设立了一个名为"人工智能伙伴关系"的组织。像生命未来研究所（由迈克斯·泰格马克在麻省理工学院创立）和人类未来研究所（由尼克·波斯特洛姆在牛津大学创立）这样的组织也关注人工智能的伦理问题，但他们关注的是遥远未来的生存威胁，而新一波的伦理学家关注的是更为紧迫的问题。

对米切尔和格布鲁来说，偏见问题是整个科技行业更大问题的一部分。女性努力在所有科技领域发挥自己的影响力，但在工作场所面临着极端偏见，有时还会受到骚扰。在人工智能领域，这个问题更为突出，也可能更为危险。这就是为什么她们给亚马逊写了一封公开信。

在信中，她们驳斥了马特·伍德和亚马逊对布拉姆维尼和拉吉的抨击。[14] 她们坚持要求公司重新考虑其方法，[15] 并指出所谓的政府监管只是虚张声势。[16] 她们写道："没有法律规定或要求的标准来确保'亚马逊识别'的使用方式不会侵犯公民自由。我们呼吁亚马逊停止向执法部门出售'亚马逊识别'。"[17] 她们的公开信获得了谷歌、DeepMind、微软和学术界的 25 名人工智能研究人员的签名。[18] 其中一位是约书亚·本吉奥。"当只有我们自己反对这家大公司的时候，这很可怕，"拉吉说，"当我们的工作获得了这个圈子的支持时，这令人感动。我觉得这不再只是我和布拉姆维尼与亚马逊的对抗。这是研究——艰苦的科学研究——与亚马逊的对抗。"

武器化

> 你可能听过埃隆·马斯克和他对人工智能引发第三次世界大战的评论。

2017 年秋天，在曼哈顿下城区的 Clarifai 办公室里，远处角落一个房间的窗户被纸糊上了，门上有一个牌子，上面写着"密室"。[1]这是借鉴了《哈利·波特》系列第二本书中的一个做法，牌子上的字是手写的，而且牌子挂得有点儿歪。在房间里面，由 8 名工程师组成的一支团队正在推进一个项目，公司不允许他们跟其他人讨论，就连他们自己也不完全明白在做什么。他们知道自己正在训练一个系统，让它可以从某沙漠里拍摄的视频片段中自动识别人、车辆和建筑物，但他们不知道这项技术将如何使用。当他们问及此事时，创始人兼首席执行官马特·泽勒将其描述为一个涉及"监控"的政府项目。他说这个系统将会"拯救生命"。

随着 Clarifai 搬进更大的办公室，工程师们开始对存储在公司内部计算机网络上的数字文件进行挖掘，并翻出几份提及某政府合同的文件，然后他们的工作慢慢成为关注的焦点。他们是在为美国国防部开发技术，这项技术是马文项目的一部分，其想法似乎是要打造一个帮助无人机识别袭击目标的系统，但具体情况仍不清楚。正如泽勒所说，他们不知道这项技术是否会被用来杀人，或者是否有助于避免杀人。目前，他们还不清楚这是一种自动空袭的方式，还是在人工操作员扣动扳机之前给他们提供信息支持。

然后，在 2017 年底的一个下午，三名穿着便服的军事人员走进 Clarifai 的办公室，在"密室"后面的另一个房间里会见了几名工程师。他们想知道这项技术有多精确。首先，他们询问系统能否识别某座特定的建筑，比如清真寺。他们说，清真寺经常被恐怖分子和叛乱分子改造成军事总部。然后，他们问系统能否区分男人和女人。"什么意思？"一个工程师问。军事人员解释说，在野外，人眼通常可以区分男人（穿裤子）和女人（穿到脚踝的裙子），因为男人的腿之间有间隙。他们说，他们被允许射杀男人，而不是女人。"有时候，男人试图通过穿裙子来愚弄我们，但这并不重要，"其中一个人说，"我们还是要杀掉那些浑蛋。"

2017 年 8 月 11 日，星期五，美国国防部长詹姆斯·马蒂斯

（James Mattis）坐在山景城谷歌总部的董事会会议桌旁。[2] 桌子中间摆放着一束束白色的栀子花，4壶咖啡放在翠绿色墙壁的壁架上，旁边是几盘糕点。坐在桌子另一边的，有新任谷歌首席执行官桑达尔·皮查伊、公司联合创始人谢尔盖·布林、总法律顾问肯特·沃克和人工智能主管约翰·詹南德雷亚，詹南德雷亚将4万块GPU引入谷歌数据中心，以加速公司的人工智能研究。房间里还有其他几个人，包括国防部的工作人员和谷歌云计算部门的高管。大多数国防部工作人员都穿着西装，打着领带，大多数谷歌人穿西装，不打领带，谢尔盖·布林则穿着一件白色T恤。

马蒂斯的西海岸之旅，是要参观硅谷和西雅图的几家大型科技公司，因为五角大楼正在调研马文项目的备选合作伙伴。4个月前，美国国防部发起了马文项目，旨在加速国防部对"大数据和机器学习"的使用。[3] 这个项目也被称为"算法战的跨职能团队"。[4] 该项目依赖于谷歌等公司的支持，这些公司在过去几年里积累了打造深度学习系统所需的专业知识和基础设施。这是国防部通常与私营企业一起开发新技术的方式，但此时的情形与过去不同。谷歌和其他控制该国人工智能人才的公司不是传统的军事承包商，而是刚刚开始接受军事业务的消费类科技公司。此外，唐纳德·特朗普入主白宫，这些公司的员工变得对政府项目越来越警惕。谷歌对这里的紧张氛围特别敏感，因为其独特的企业文化允许甚至鼓励员工畅所欲言，做自己喜欢做的事情，并且员工在工作中的行为方式通常跟在家里一样。这是由谢尔盖·布林和拉里·佩奇在公司创立之初就推行的，他们两人都在培养自由思想的蒙台梭利学校接受了教育。[5]

围绕马文项目的紧张氛围可能会变得更严重。负责谷歌深度学习研究的很多科学家从根本上反对自主武器，包括杰夫·辛顿和 DeepMind 的创始人。尽管如此，谷歌高层的很多高管都非常希望与国防部合作。谷歌董事会主席埃里克·施密特也是美国国防创新委员会的主席，这是一个由奥巴马政府创建的民间组织，旨在加速新技术从硅谷进入五角大楼。在该委员会最近的一次会议上，施密特曾表示，硅谷和五角大楼之间"明显存在巨大距离"，委员会的主要任务是缩小这一距离。[6]谷歌高层还将军事业务视为促进公司云业务的另一种方式。在幕后，该公司已经与国防部展开合作。前一年的 5 月，在马文项目推出约 1 个月后，一支谷歌的团队见了五角大楼的官员；第二天，该公司申请了在自己的计算机服务器上存储军事数据所需要的政府认证。但 3 个月之后，当马蒂斯在谷歌总部讨论这些技术时，他知道要驾驭这种关系还需要一些技巧。

马蒂斯说，他已经在战场上见识了该公司技术的力量。毕竟，美国的对手正在使用"谷歌地球"——通过卫星图像拼接而成的交互式全球数字地图——来识别迫击炮的目标。但他急切地希望美国能加快步伐。现在，通过马文项目，国防部希望开发的人工智能不仅能读取卫星图像，还能分析离战场更近的无人机拍摄的视频。马蒂斯称赞了谷歌的"行业领先技术"以及"企业责任的声誉"，他说，这是他来到这里的部分原因。他担心人工智能的伦理问题。他认为，谷歌应该让国防部"感到不舒服"，要反击其传统态度。他说："国防部很愿意听听你们的想法。"

皮查伊在桌子对面说，谷歌经常思考人工智能的道德伦理问题。他说，坏的玩家越来越多地使用这种技术，所以好的玩家保持领先很重要。随后，马蒂斯问谷歌是否可以在这些系统中植入某种道德或伦理规则。谷歌人知道，这远不是一个现实的选择。谷歌人工智能负责人詹南德雷亚强调，这些系统最终取决于其训练数据的质量。但谷歌总法律顾问肯特·沃克的说法不同，他说这些技术具有拯救生命的巨大潜力。

到 9 月底，在马蒂斯访问谷歌总部 1 个多月之后，该公司签署了一份为期三年的马文项目业务合同，总价值为 2 500 万~3 000 万美元，其中 1 500 万美元将在签约后的 18 个月内支付。对谷歌来说，这笔钱是一个小数目，其中一部分还必须跟参与合同的其他公司分享，但该公司正在寻求更大的机会。同月，五角大楼邀请一些美国公司竞拍其所谓的"联合企业防御基础设施"，这是一份为期 10 年、价值 100 亿美元的为国防部提供运行其核心技术所需的云计算服务的合同。问题是，谷歌是否会在推动这个项目以及未来其他政府项目的过程中，公开其参与了马文项目的事实。

在马蒂斯访问谷歌总部三周后，生命未来研究所发布了一封公开信，呼吁联合国禁止所谓的"杀手机器人"，这是对自主武器的另一种描述方式。[7] 公开信中写道："随着众多公司在人工智能和机器人领域进行技术开发，这些技术可能会被重新用来开发自主武器，我们感到特别有责任发出这一警报。致命的自主武器有可能成为战争的第三次革命，一旦发展起来，武装冲突有可能会以前所未有的规模和人类无法理解的速度爆发。"[8] 100 多名该领域的相关人员签署了这封公开信，其中包括埃隆·马斯克，他经常警告人们要警惕超级智能的威胁，还有杰夫·辛顿、戴密斯·哈萨比斯和穆斯塔法·苏莱曼。对苏莱曼来说，这些技术需要一种新的监督。"谁做出了那些有朝一日会对我们地球上数十亿人产生影响的决定？谁参与了这个判断过程？"他问道，"我们需要大幅拓宽决策过程中的贡献者范围，这意味着让监管者更早地参与这一过程——政策制定者、民间社会活动家以及我们通过技术可以服务的人，让他们深入参与我们产品的创造，并理解我们的算法。"

那年 9 月，当谷歌准备签署马文项目的合同时，负责该协议的销售人员通过电子邮件沟通，询问公司是否应该公开该协议。"我们宣布吗？我们能谈回报吗？我们要给政府什么指示？"一位谷歌人写道，"如果保持沉默，我们就无法控制信息的传播，这对我们的品牌不利。"他最终主张谷歌应该将这条消息公之于众，其他人同意了。"这个消息最终总是会传出去的，"另一位谷歌人说，"按照我们自己的方式发布不是最好吗？"讨论持续了好几天，在这期间有人拉上了李飞飞。

李飞飞对这份合同表示赞同。"这太令人兴奋了，我们快要拿到马文项目了！那将是一场伟大的胜利，"她写道，"你们付出了多么惊人的努力！谢谢大家！"但她也敦促在宣传推广时要极度谨慎。她在提到谷歌云平台时写道："我认为，我们应该从普通云技术的角度，对国防部与谷歌云平台合作的新闻做一场好的公关宣传。但无论如何，我们都要避免提及或暗示人工智能。"她知道，媒体会质疑这个项目的道德性，哪怕只是因为埃隆·马斯克提出了警告。

武器化人工智能如果不是人工智能中最敏感的话题，可能也是最敏感的话题之一。这也是媒体想方设法激起大众情绪来损害谷歌的话题。你可能听说过埃隆·马斯克和他对人工智能导致第三次世界大战的评论。也有很多媒体关注人工智能武器、国际竞争以及人工智能带来的潜在的地缘政治紧张局势。在人工智能和数据方面，谷歌已经在与隐私问题做斗争。我不知道，如果媒体挑起话题，说谷歌正在为军工业打造人工智能武器或提供人工智能技术赋能的武器，然后会发生什么。谷歌云一直在构建我们在 2017 年实现人工智能民主化的目标。黛安和我一直在谈论面向企业的人性化人工智能。我会非常小心地保护这些非常正面的形象。

谷歌没有宣布这个项目，并要求国防部也不要宣布这个项目。即使公司员工也必须自己去了解马文项目。

硅谷的 101 号高速公路是贯穿硅谷中心的一条八车道公路，

其标志性建筑"一号机库"是地球上最大的独立建筑之一。这座巨大的钢制建筑物建于20世纪30年代，用于存放美国海军的飞艇，它高近200英尺^①，占地8英亩^②，足够容纳6个足球场，是莫菲特机场的一部分。莫菲特机场是一个有百年历史的军事空军基地，位于山景城和桑尼维尔城之间。莫菲特归美国国家航空航天局（NASA）所有，该机构在一号机库旁边经营着一家研究中心，但美国国家航空航天局将大部分空军基地租给了谷歌。该公司用这座旧的钢铁机库来测试"气球"，这些"气球"有朝一日可以从空中为用户提供互联网接入。多年来，该公司的高管，包括拉里·佩奇、谢尔盖·布林和埃里克·施密特，都通过其私人跑道驾驶私人飞机出入硅谷。

新的谷歌云总部位于莫菲特机场南部的边缘，三栋建筑围绕着一片草地庭院，庭院里散落着草坪桌椅，谷歌人每天下午都在那里吃午饭。其中一栋建筑是谷歌所谓的"高级解决方案实验室"，该公司在那里为其最大的客户开发定制技术。10月17日和18日，在这栋建筑里，公司高管会见了国防部副部长帕特里克·沙纳汉（Patrick Shanahan）和他的工作人员，以确定谷歌在马文项目中的角色。像国防部其他高层一样，沙纳汉认为这个项目是迈向更大合作目标的第一步。他曾说："如果没有内置的人工智能能力，国防部的任何东西就都不应该被部署。"至少对安排这份合同的谷歌人来说，该公司似乎是这一漫长过程中至关重

① 1英尺=0.304 8米。——编者注

② 1英亩≈0.004 1平方千米。——编者注

要的一个环节。

但首先，谷歌必须为所谓的"物理隔离"系统开发软件，这是一台被以物理方式隔离的计算机（或计算机网络），这样它就不会连接到任何其他网络。将数据输入这样一个系统的唯一方法是借助某种物理设备，比如U盘。显然，五角大楼会将其无人机镜头加载到这个系统中，谷歌需要一种方法来访问这些数据，并将其输入神经网络。这种安排意味着谷歌将无法控制该系统，甚至无法很好地了解该系统是如何使用的。11月，由9名谷歌工程师组成的一支团队被指派来为该系统开发软件，但他们的工作从未启动。在很快意识到这款软件的用途之后，他们拒绝以任何方式参与。

新年过后，随着该项目的消息开始在公司内部传播，其他人担心谷歌正在帮助五角大楼实施无人机袭击。2月，这9名工程师在公司内部的社交网络"谷歌+"发布的帖子中讲述了他们的故事。很多志同道合的员工支持这一立场，并将这些工程师称为"九人队"。在这个月的最后一天，云业务的产品经理梅雷迪思·惠特克写了一份请愿书，她曾在纽约大学创立了致力于人工智能伦理研究的最知名的组织之一"人工智能当下研究所"。请愿书要求皮查伊撤销马文项目的合同，她在请愿书中写道："谷歌不应该参与战争。"

在第二天的谷歌公开会议上，高管们告诉员工，马文项目的合同额最高只有900万美元，谷歌只是为了"非攻击性"目的开发技术。但是，不安情绪持续增长。当晚，就有500人在惠特克的请愿书上签名，第二天又有 1 000 人签名。[10] 4 月初，在 3 100 多名员工签名后，《纽约时报》发表了一篇报道，讲述了正在发生的事情。[11] 几天后，云业务的负责人邀请惠特克在一次公司公开会议上参加了一个关于马文项目合同的圆桌讨论。她和另外两名支持马文项目的谷歌同事就这个问题进行了三次不同的辩论，这样就可以在全球三个不同的时区进行直播。

在伦敦的 DeepMind 内部，有超过一半的员工在惠特克的请愿书上签名，穆斯塔法·苏莱曼在抗议中发挥了特别突出的作用。谷歌的马文项目合同是对苏莱曼基本信念的攻击。他认为谷歌内部的抗议活动证明，欧洲的敏感性正在蔓延到美国，甚至改变了最大的科技公司的方向。欧洲的舆论浪潮催生了《通用数据保护条例》（General Data Protection Regulation，GDPR），该法案迫使这些科技公司尊重数据隐私。现在，谷歌内部的一股浪潮正迫使该公司重新思考其军事业务的方式。随着争议的加剧，苏莱曼敦促皮查伊和沃克最终确定道德准则，正式界定谷歌要做什么和不做什么。

5 月中旬，一群独立学者给拉里·佩奇、桑达尔·皮查伊、李飞飞和谷歌云业务负责人写了一封公开信。[12] 信中提道："作为研究、教授和开发信息技术的学者和研究人员，我们写这封信是为了声援3 100多名谷歌员工，其他技术工作者也加入了进来，他们反对谷歌参与马文项目。我们全心全意地支持他们的要求，即谷歌必须终止与国防部的合同，谷歌及其母公司Alphabet必须承诺不开发军事技术，不将公司收集的个人数据用于军事目的。"[13] 这封信获得了超过1 000名学者的签名，包括约书亚·本吉奥和李飞飞在斯坦福大学的几名同事。

李飞飞被夹在中间，一边是她的老板在产业界想要的东西，一边是她的同行在学术界想要的东西。她的困境体现出这几年来，两个世界之间更大的碰撞。一项被学者们修补了几十年的技术，如今已成为世界上一些最大型、最有实力的公司的基本驱动力，它的未来与其他任何事情一样，都由对金钱的追逐所决定。很多人现在对这个问题的感受如此之深，以至于他们甚至指责辛顿没有充分表达他的担忧。"我对他的尊重减弱了很多，因为他什么也没说。"斯坦福大学前教授杰克·保尔森（Jack Poulson）说，他曾在谷歌的多伦多办公室工作，就在辛顿办公室楼下几层。但在幕后，辛顿以个人身份敦促谢尔盖·布林取消合同。

在公开信发表后，李飞飞显然收到了死亡威胁，她告诉很多人她担心自己的安全，并坚称，加入马文项目不是她推动的。"我没有参与申请马文项目或接受合同的决策，"她后来说，然后回应了她那封与埃隆·马斯克及第三次世界大战相关的电子邮件，"我对销售团队的警告是准确的。"5月30日，《纽约时报》在头版刊登了一篇关于她的邮件引发争议的报道，公司内部的抗议声越来越大。[14] 几天后，谷歌的高管们告诉员工，他们不会续约这份合同了。

谷歌的最终决定，是对政府合同的更大抵制的一部分。Clarifai 的员工也对他们在马文项目上的业务提出异议。在三名军官和其他人来访后，一名工程师立即退出了该项目，其他人在接下来的几周和几个月里离开了公司。在微软和亚马逊，员工抗议军事合同和监视合同。[15] 但是，这些抗议活动远没有那么有效。即便在谷歌，舆论的浪潮最终也消失了。该公司与大多数反对马文项目的人分道扬镳，包括梅雷迪思·惠特克和杰克·保尔森，而李飞飞回到了斯坦福大学。尽管谷歌已经放弃了合同，但它仍在朝着同一个方向努力。一年后，肯特·沃克在华盛顿的一次活动中与沙纳汉将军一起登台，并表示马文项目并不代表公司更广泛的目标。[16] 他说："这是一个针对单项合同的决定，而不是关于我们与国防部合作的意愿或合作历史的更广泛的声明。"

Facebook 的无能

在俄罗斯，有些人的工作就是试图利用我们的系统。这是一场军备竞赛，对吗？

马克·扎克伯格每天都穿同样的服装：一件鸽子灰色的棉质T恤，搭配一条蓝色牛仔裤。他觉得这给了他更多的精力来管理Facebook。他喜欢称之为"一个社区"，而不是一家公司或一个社交网络。"我真的想清理我的生活，让我可以尽可能少地做决定，除了决定如何最好地为这个社区服务，"他曾经这么说过，"实际上，有一堆心理学理论认为，即使围绕你穿什么、早餐吃什么或诸如此类的事情做出一些小决定，也会让你感到疲惫，消耗你的精力。"[1]但当他2018年4月在美国国会作证时，他穿着一套深蓝西装，系着"Facebook蓝"的领带。[2]有些人称这身装扮为他的"很抱歉"套装，[3]有些人说他的头发很奇怪地高高耸在额头上，让他看起来像一个忏悔的和尚。[4]

2018 年 3 月，美国和英国的报纸报道称，英国初创公司剑桥分析公司（Cambridge Analytica）曾经获取了 5 000 多万人的 Facebook 的私人资料，然后在 2016 年美国大选前，特朗普的竞选团队利用这些数据锁定了选民。[5] 这条披露的消息引发了媒体、公众支持者和立法者铺天盖地的指责，这些指责在过去几个月里已经开始针对扎克伯格和 Facebook 了。被传唤到国会山后，扎克伯格在两天内忍受了 10 个小时的作证。[6] 他回答了近 100 名议员提出的 600 多个新老问题，包括剑桥分析公司的数据泄露、俄罗斯干涉选举、假新闻以及经常在 Facebook 上传播的仇恨言论，这些言论在缅甸和斯里兰卡等地煽动了暴力。[7] 扎克伯格一再道歉，尽管他看起来似乎并不总是表现出了歉意。无论在私下还是在公开场合，扎克伯格的行为都有一种近乎机器人的感觉，他会异常频繁地眨眼睛，并不时在喉咙里发出无意识的咔嗒声，似乎像是机器出了某种故障。

第一天，扎克伯格在参议院的作证进行到一半时，来自南达科他州的资深参议员、共和党人约翰·图恩（John Thune）质疑扎克伯格道歉的效果，称这位 Facebook 创始人花了 14 年时间为一个又一个令人震惊的错误公开道歉。[8] 扎克伯格承认这一点，但他说，Facebook 现在意识到它应该以一种新的方式运作，它不仅需要提供网络信息共享软件，还需要主动监管共享的内容。他说："我认为，在很多问题上——不仅仅是数据隐私，还有假新闻和外国对选举的干涉——我们现在知道，要发挥更积极的作用，对我们的责任要有更广泛的认识。我们打造工具还不够，还要确保它们可以永远使用。"[9] 图恩说，他很高兴扎克伯格听取了这条信息，但他想确切知道 Facebook 将如何解决这个极其困难的问题。以仇恨言论为例，这看似简单，实则不然。从语言上讲，它通常很难定义，有时相当微妙，而且在不同的国家会表现出不同的特征。

作为回应，扎克伯格回顾了 Facebook 发展的早期，展示了他和他的员工在作证前几天准备的一些文件。他说，当他 2004 年在宿舍里将 Facebook 上线时，人们可以在社交网络上分享他们想要分享的任何东西。然后，如果有人将共享的内容标记为不合适，公司会查看并决定是否应该将其删除。他承认，在过去的几十年里，这已经成了 Facebook 自己庞大的影子行动，有超过两万名合同工在社交网络上努力审查被标记的内容，这些内容来自 20 多亿人。但是，他说，人工智能正在将一切变得可能。

尽管像伊恩·古德费洛这样的研究人员认为深度学习会加剧假新闻问题，但扎克伯格将其描述为解决方案。他告诉参议员图恩，人工智能系统已经能以近乎完美的准确性识别恐怖主义宣传。他说："今天，当我们坐在这里时，我们在 Facebook 删除了 99% 的'伊斯兰国'和基地组织内容，我们的人工智能系统会在任何人看到之前就标记出来。"[10] 他承认其他类型的有害内容更难识别，包括仇恨言论。但是他相信人工智能可以解决这个问题。他说，在 5~10 年内，人工智能甚至可以识别仇恨言论的细微差别。他没有说的是，即使是人类也无法就什么是仇恨言论、什么不是仇恨言论达成一致。

　　在此两年之前，2016 年夏，在 AlphaGo 击败李世石之后，在唐纳德·特朗普击败希拉里·克林顿之前，扎克伯格坐在 20 号楼里的一张会议桌旁，这里是门洛帕克 Facebook 园区的新中心。这栋楼由弗兰克·盖里（Frank Gehry）设计，是一栋又长又平的钢架建筑，占地超过 43 万平方英尺，是一座足球场的 7 倍大。屋顶是中央公园，9 英亩的面积，有草地、树木和砾石人行道，Facebook 的员工们可以随时在这里休息或散步。大楼里面是一个可容纳 2 800 多名员工的大空间，里面摆满了桌椅和笔记本电脑。你如果站在正确的位置，可以从一端看到另一端。

　　扎克伯格正在举行公司的年中业务回顾。每个部门的领导都会走进他所在的房间，讨论各自在今年上半年的进展情况，然后出去。当天下午，负责该公司人工智能研究的团队跟随首席技术官迈克·斯科洛普夫一起进来，由杨立昆做演示，详细介绍了他们在图像识别、翻译和自然语言理解方面的工作。扎克伯格听的时候没怎么说话，斯科洛普夫也没有。然后，当演示结束时，一行人走出房间，斯科洛普夫告诉杨立昆，他所说的一切都没有任何意义。"我们只需要一些能表明我们比其他公司做得更好的东西，"他说，"我不管你怎么做，我们只需要赢得一场比赛，只要启动一场我们知道可以赢的比赛。"

"视频。我们可以赢得视频。"一名同事替他说。

"看到了吗？你可以学到一些东西！"斯科洛普夫对着杨立昆咆哮道。

扎克伯格希望全世界将 Facebook 视为一位创新者，视为谷歌的竞争对手，这将有助于公司吸引人才。随着反垄断的幽灵在硅谷抬头，公司还需要一个避免被拆分的理由——或者说公司里的很多人是这么认为的。Facebook 的想法是，公司可以向监管者表明，它不仅仅是一个社交网络，不仅仅是人与人之间的一种联系，还是一家开发对人类未来至关重要的新技术的公司。Facebook 人工智能实验室是一个公关机会。这就是为什么斯科洛普夫告诉满屋子的记者，Facebook 正在打造可以解决围棋问题的人工智能，这个项目背后的大想法将会在公司传播。这也是为什么扎克伯格和杨立昆试图在几周后抢占 DeepMind 的围棋里程碑。但是，作为 Facebook 实验室的负责人，杨立昆并不是一个追逐月球拍摄瞬间的人，他不是戴密斯·哈萨比斯或埃隆·马斯克。在该领域工作了几十年后，他认为人工智能研究是一项耗时更长、速度更慢的工作。

事实证明，斯科洛普夫向满屋子记者描述的一些大想法对公司的未来至关重要。但未来不会像他想象的那样光明，这些创意和想法也没有看起来那么伟大，也从未以他预料的方式在整个公司传播。

在为横跨纽约和硅谷的 Facebook 人工智能实验室招募了

几十名顶尖研究人员之后，斯科洛普夫设立了第二个组织，负责将实验室的技术付诸实践。这就是所谓的"应用机器学习团队"。起初，这个团队将人脸识别、语言翻译和自动生成图像标题等功能带到了世界上最大的社交网络，但后来，它的使命改变了。2015 年底，在巴黎及其周边地区的协同袭击中，伊斯兰武装分子造成 130 人死亡和 400 多人受伤，马克·扎克伯格发了一封电子邮件，询问该团队可以做些什么来打击 Facebook 上的恐怖主义。在接下来的几个月里，他们分析了数千条涉及违反其政策的恐怖组织的 Facebook 帖子，并提出了打造一个可以自动标记新的恐怖主义宣传的系统。然后，人工承包商会检查系统标识出的内容，并最终决定是否应该予以删除。扎克伯格告诉参议院，Facebook 的人工智能可以自动识别来自"伊斯兰国"和基地组织的内容，他指的正是这项技术。但是，其他人质疑这项技术太过复杂和微妙。

2016 年 11 月，当扎克伯格还在否认 Facebook 在虚假新闻传播中扮演的角色时，迪安·波默洛提出了一项挑战。30 年前，在神经网络的帮助下，他曾在卡内基-梅隆大学制造了一辆自动驾驶汽车。现在，波默洛在 Twitter 上发布了他所谓的"假新闻挑战"，他赌 1 000 美元，认为没有研究人员能打造一个自动系统来区分真假。[11] "我会给任何人 20 : 1 的赔率（每次下注最高 200 美元，总计 1 000 美元），赌他们无法开发出一种能够区分互联网上真实与虚假新闻的自动化算法。"他写道。[12] 他知道目前的技术无法胜任这项任务，这需要非常微妙的人类判断。任何能够可靠地识别出假新闻的人工智能技术都要越过一个更大的里程碑。"这将意味着人工智能已经达到了人类的水平。"[13]他说。他也知道,假新闻是个人的观点,辨别真假是个见仁见智的问题。如果人类不能就什么是假新闻、什么不是假新闻达成一致,他们要如何训练机器识别假新闻?新闻本质上是客观观察和主观判断之间的一种对立关系。波默洛说:"很多情况下,没有正确的答案。"[14]最初,出现了一系列的活动来回应他的挑战,但它们都没有任何结果。

在波默洛发出挑战的第二天,由于 Facebook 继续否认自身存在的问题,该公司在门洛帕克的公司总部举行了一场新闻圆桌会议。[15]杨立昆也在现场,一名记者问他,人工智能能否检测到假新闻和其他在社交网络上迅速传播的有害内容,包括视频直播中的暴力。两个月前,曼谷一名男子在直播 Facebook 视频时上吊自杀。杨立昆以一个伦理难题作为回应。他说:"过滤和审查之间如何权衡?经验和体面的自由之间如何取舍?这项技术要么已经存在,要么可以被开发出来。但接下来的问题是,部署它有什么意义?这不是我的职责所在。"[16]

随着来自公司外部的压力越来越大,斯科洛普夫开始转移他的应用机器学习团队内部的资源,努力清理社交网络上的有害内容,从色情图片到虚假账号。到 2017 年中,检测不受欢迎的内容在团队工作中所占的比重超过了其他任何任务。斯科洛普夫称之为"清理第一优先级"。与此同时,该公司继续扩大审查内容的人工承包商的数量。人工智能还不够。

因此，在剑桥分析公司数据泄露后 [17]，当扎克伯格在国会作证时 [18]，他不得不承认 Facebook 的监控系统仍然需要人工的帮助。他们可以标记某些类型的图像和文本，比如一张裸照或一篇恐怖主义宣传文章，但一旦他们这样做了，人工审查员——主要是在海外工作的大型承包商——必须介入审查每一篇帖子，并决定是否应该予以删除。无论人工智能工具在非常特殊的情况下有多么精确，它们仍然缺乏人类判断的灵活性。例如，它们很难区分色情图片和母亲哺乳婴儿的照片。而且它们不是在处理一个静态的情况：Facebook 建立的系统能够识别日益多样化的有害内容，但社交网络上还会出现新的有害内容，而这些系统并没有接受识别新的有害内容的训练。当来自加州的民主党参议员黛安娜·范斯坦（Dianne Feinstein）问扎克伯格，他将如何阻止外国破坏分子干涉美国大选时，他再次指向了人工智能，但他承认情况很复杂。"我们部署了新的人工智能工具，可以更好地识别可能试图干扰选举或传播错误信息的虚假账号。但是，这些攻击的本质是，你知道，有些俄罗斯人的工作就是试图利用我们的系统，"他说，"所以这是一场军备竞赛，对吗？" [19]

2019 年 3 月，扎克伯格在国会山作证之后一年，一名枪手在新西兰克赖斯特彻奇的两座清真寺里杀害了 51 个人，他当时在 Facebook 上直播了这次袭击。Facebook 花了一个小时的时间从社交网络上删除了这段视频，但在这一个小时之内，这段视频传遍了整个互联网。几天之后，迈克·斯科洛普夫在 Facebook 总部与两名记者坐下来交流，讨论公司在人工智能的帮助下识别和删除不受欢迎内容的努力。[20] 在半个小时的时间里，他用彩色记号笔在白板上画了一些图表，展示了公司如何自动识别大麻和摇头丸广告。然后，记者问到了克赖斯特彻奇的枪击事件。他停顿了将近 60 秒，然后哭了起来。"我们正在努力解决这个问题，"他说，"系统不会在明天得到完善，但我不想 6 个月之后再有这样的对话。我们可以做得更好。"

在另外几次采访中，他一次又一次地流泪，讨论 Facebook 工作的规模和难度，以及随之而来的责任。经历过这一切，他仍然坚持认为人工智能是答案；随着时间的推移，人工智能可以缓解公司的困难局面，并最终将徒劳无功的苦差事转变为可以管控的情况。但当被追问时，他承认这个问题永远不会完全消失。他说："我确实认为这有个结局，但我不认为答案是'一切都解决了'，我们都可以收拾行李回家了。"

与此同时，打造这种人工智能要付出非常人性化的努力。当克赖斯特彻奇的视频在 Facebook 上出现时，该公司的系统没有标记它，因为这段视频看起来不像系统接受训练时识别的任何东西，它看起来像一款第一人称视角的电子游戏。通过一些狗攻击人、人踢猫、人用棒球棒攻击别人的图像，Facebook 已经训练了系统，使其对网站上的图像暴力进行识别，但是这个新西兰的暴力视频不一样。"那些图像看起来跟这个视频都不太像。"斯科洛普夫说。跟团队中的其他人一样，这段视频他也看了几遍，他试图理解如何建立一个能够自动识别的系统。"我希望自己没有看过它。"

随着大麻广告在社交网络上出现，斯科洛普夫和他的团队建立了可以识别的系统。然后新的、不同的内容方式出现了，随着循环的继续，他们建立了识别这些新内容的新方法。在这个过程中，研究人员也打造了能够自行产生错误信息的系统。这包括 GAN 和图像生成的相关技术，还包括一项在 DeepMind 开发的被称为 WaveNet 的技术，这项技术可以产生逼真的声音，甚至可以用于复制某个人的声音，比如唐纳德·特朗普的声音。

这演变成了一场人工智能对人工智能的游戏。随着另一场选举的临近，斯科洛普夫发起了一场竞赛，敦促来自产业界和学术界的研究人员打造人工智能系统，以识别"深度造假"，即由其他人工智能系统生成的虚假图像。问题是，哪一方会赢？对伊恩·古德费洛这样的研究人员来说，答案是显而易见的。错误信息会赢。毕竟，GAN 的设计模式，就是打造一个可以欺骗任何探测器的开发器。甚至在比赛开始之前，它就赢了。

在 Facebook 公布竞赛结果几周后，另一名记者再次问杨立昆，人工智能能否阻止虚假新闻的传播。他说："我不确定是否有人拥有获取新闻真实性的技术。真实性，尤其是在涉及政治问题时，基本上是一种个人观点的事。"他补充说，即使你能打造出一台能合理完成这项工作的机器，很多人也会说打造这台机器的技术专家有偏见，他们会抱怨用来训练它的数据有偏见，他们就是不接受。"即使这项技术存在，"他说，"在实际的部署中，它可能也不是一个好主意。"

HUMANS ARE UNDERRATED |||||||||||||||||||

PART

FOUR

第四部分

—————— **被低估的人类**

一场马库斯与杨立昆的辩论

> 无论快速发展能持续多久，盖瑞都认为它即将结束。

　　谷歌每年会举办一场名为"谷歌 I/O"的重要会议，这场会议的名称源于代表"输入 / 输出"的计算机名词缩写。每年 5 月，成千上万人会前往山景城参加这一企业盛会，这些来自硅谷及其他地方的科技行业从业人员，可以在为期三天的会议中了解谷歌的最新产品和服务。谷歌年度会议的主题演讲在海岸线露天剧场举行，这是一个拥有 22 000 个座位的音乐会场地，马戏团帐篷般的尖顶耸立在公司总部对面绿草如茵的山丘上。几十年来，从"感恩而死"到"U2"，再到"后街男孩"，这些知名的乐队都来露天剧场表演过。现在，桑达尔·皮查伊上台向成千上万的软件开发人员介绍这家日益多元化的公司的无数技术。2018 年春，在大会开幕的当天，皮查伊外面穿着一件森林绿色的羊毛拉链衫，里面穿着一件亮白色 T 恤，他告诉所有与会者，该公司开发的会说话的数字助理可以自己打电话。[1]

得益于杰夫·辛顿和他的学生在多伦多大学首创的方法，"谷歌助手"几乎可以像人类一样识别口语单词。也得益于 DeepMind 开发的语音生成技术 WaveNet，它的声音听起来也更为人性化了。然后，站在海岸线露天剧场的舞台上，皮查伊展示了一项新的改进。他告诉与会的听众，谷歌助手现在可以打电话给一家餐厅并进行预订，后台的谷歌计算机网络能够帮它做到这一点。在你做一些完全无关的事情的时候，比如倒垃圾或给草坪浇水时，你可以让助手为你预订晚餐的座位，这位助手会从谷歌数据中心的某个地方自动给餐厅打电话。皮查伊播放了其中一段电话录音，这是谷歌助手跟一家不知名餐厅接电话的女人之间的对话。

"嗨，需要帮忙吗？"这位女人问道，她带着浓重的中国口音。

"嗨，我想预订一张 7 号星期三的桌子。"谷歌助手说。

"7 个人？"女人问道。（笑声在露天剧场里荡漾。）

"嗯，4 个人的桌子。"谷歌助手说。

"4 个人。什么时候？今天？今晚？"餐厅的女人说。（笑声越来越大。）

"嗯，下周三下午 6 点。"

"实际上，我们预约要 5 个人以上。4 个人的话，你们可以直接来。"

"通常要等多久才能入座？"

"什么时候？明天？还是周末？"

"下周三，呃，7 号。"

"哦，那时候不是太繁忙。你们可以 4 个人来，好吧？"

"哦，我明白了。谢谢你。"

"好的。再见。"这位女士说。（皮查伊的观众们爆发出了欢呼声和惊叹声。）

　　正如皮查伊解释的那样，这项新技术被命名为 Duplex，它是多项人工智能技术多年发展的结果，包括语音识别、语音生成以及自然语言理解。它不仅能够识别和生成口语单词，而且能够真正理解语言的使用方式。对观众来说，皮查伊的演示非常强大。然后，他又给观众播放了第二段演示，让系统在当地一家发廊预约理发。当接电话的女士说"稍等"、Duplex 回应"嗯嗯"时，现场掌声响起。Duplex 不仅可以用正确的词语来回应，还可以用正确的声音——正确的语言暗示来回应。此后，很多权威人士抱怨，谷歌的 Duplex 如此强大，这是不道德的。它在主动欺骗大家，让别人以为它是人类。谷歌同意对系统进行调整，[2] 使其始终透露自己是一个机器人，谷歌很快在美国各地发布了这款工具。[3]

　　但是对盖瑞·马库斯来说，这项技术并不像看上去的那样完美。

皮查伊在海岸线露天剧场演示几天后，纽约大学心理学教授马库斯在《纽约时报》上发表了一篇社论，对谷歌的 Duplex 泼了点儿冷水。[4] "假设演示是真实的，这是一个令人印象深刻（有点儿令人毛骨悚然）的成就，但是谷歌 Duplex 并不是很多人认为的、有意义的人工智能的进步。"他说。[5] 奥妙在于这个系统演示的是一个非常细分的场景：餐厅预订和发廊预约。通过缩小范围——限制对话双方可能回应的内容——谷歌可以欺骗人们，让他们相信机器是人。这与一个可以超越这些界限的系统截然不同。"安排发廊预约？人工智能的梦想应该比这个更加宏伟，比如辅助医疗革命或者为家庭制造值得信赖的机器人助手，"他写道，"谷歌 Duplex 之所以范围如此狭窄，并不是因为它代表了朝着这些目标迈出的微小而重要的第一步，而是因为人工智能领域还不知道如何做得更好。"[6]

————————————————————————

盖瑞·马库斯是众多这样的思想家之一，他们相信先天遗传的重要性，而不仅仅是后天培养的重要性。他们被称为先天论者，他们认为，所有人类知识的很大一部分，是传输进大脑的，而不是从经验中学到的。这是一场跨越了几个世纪的哲学和心理学争论，从柏拉图到康德，再到诺姆·乔姆斯基，再到史蒂芬·平克（Steven Pinker）。先天论者反对经验主义者，后者认为人类的知识主要来自学习。盖瑞·马库斯曾在心理学家、语言学家和科普作家平克的指导下学习，之后围绕同样的基本态度创立了自己的事业。现在，他在人工智能领域施展他的先天论主义。他是全球针对神经网络的主要批评者，是"深度学习时代的马文·明斯基"。

正如他相信知识会传输进人脑一样，他也相信研究人员和工程师别无选择，只能将知识传输进人工智能。他确信，机器无法学会一切。早在 20 世纪 90 年代初，他和平克就发表了一篇论文，表明神经网络甚至无法学会非常年幼的孩子已经掌握的语言技能，比如识别常用动词的过去式。过了 20 年，在 AlexNet 之后，当《纽约时报》在头版刊登了一篇关于深度学习兴起的报道时，他给《纽约客》写了一篇专栏文章作为回应，他认为这种变化并没有看起来那么大。[7] 他说，杰夫·辛顿支持的技术并不够强大，不足以理解自然语言的基础，更不用说复制人类思维了。他写道："套用一个古老的寓言，辛顿制作了一个更好的梯子，但更好的梯子无法让你登上月球。"[8]

具有讽刺意味的是，不久之后，马库斯就在深度学习的热潮中大赚了一笔。在 2014 年初，听说 DeepMind 以 6.5 亿美元的价格出售给了谷歌，他想，"我也能做到"。于是他给一位名叫祖宾·盖拉马尼（Zoubin Ghahramani）的老朋友打了电话。他们相识于 20 多年前，当时他们都是麻省理工学院的研究生。马库斯在那里学习认知科学，而盖拉马尼在参与弥合计算机科学和神经科学之间差距的一个项目。他们之所以成为朋友，是因为他们曾在剑桥杂志街马库斯的公寓里庆祝他们共同的 21 岁生日。在获得博士学位后，盖拉马尼跟现在很多人工智能研究人员一样，走上了一条为谷歌、Facebook 和 DeepMind 工作的道路。他在多伦多大学杰夫·辛顿手下做过博士后研究，然后跟随辛顿去了伦敦大学学院的盖茨比中心。但盖拉马尼最终远离了神经网络研究，他接受了他认为更优雅、更强大、更有用的想法。所以，在 DeepMind 出售给谷歌之后，马库斯说服盖拉马尼相信，他们应该围绕一个理念创建自己的初创公司，这个理念就是，世界需要的不仅仅是深度学习。他们称之为"几何智能"。

他们从美国各地的大学招募了十几位人工智能研究人员，其中一些人专门从事深度学习，包括盖拉马尼在内的其他人则从事其他技术。马库斯并非不知道这项技术的力量，但他当然了解围绕它的炒作。在 2015 年夏天创立他们的初创公司后，他和盖拉马尼将他们的学术团队安置在曼哈顿市中心的一间小办公室里，那里是纽约大学孵化初创公司的地方。马库斯跟他们在一起，而盖拉马尼留在英国。仅仅过了一年，在跟苹果、亚马逊等很多最大的科技公司交流后，他们将自己的初创公司出售给了 Uber，这家迅速发展的叫车公司立志打造自动驾驶汽车。[9] 这家初创公司的十几名研究人员迅速搬到了旧金山，成立了 Uber 人工智能实验室。马库斯搬去了实验室，而盖拉马尼仍留在了英国。然后，在没有太多解释的情况下，马库斯 4 个月之后离开了公司，回到了纽约，恢复了他作为全球深度学习主要批评家的角色。他不是人工智能研究员，他是一个醉心于自己思想的人，一位同事称他为"可爱的自恋者"。回到纽约之后，他开始写一本书，再次主张机器靠自己只能学习这么多，他开始基于同样的前提创立第二家公司。他还向辛顿这样的人提出挑战，要求对方就人工智能的未来展开公开辩论。辛顿没有接受。

但在 2017 年秋天，马库斯在纽约大学与杨立昆进行了一场辩论。[10] 这场辩论由纽约大学的精神、大脑和意识中心组织，该中心是一个结合了心理学、语言学、神经科学、计算机科学等多种学科的项目。这场辩论的主题是自然对抗后天、先天论对抗经验主义、"先天机器"对抗"机器学习"。马库斯是第一个发言的人，他认为深度学习的能力并不比简单的感知强多少，比如识别图像中的物体或识别口语单词。"如果说神经网络教会了我们什么，那就是纯粹的经验主义有其局限性。"他说。[11] 他解释说，在通往人工智能的漫长道路上，深度学习只迈出了很小的几步。除了感知（像图像识别和语音识别）和媒体生成（像 GAN）之外，它最大的成就是解决了围棋问题，围棋只是一个游戏，是规则被严格定义的一个封闭的"宇宙"。现实世界几乎无限复杂。马库斯常常说，一个经过训练、可以下围棋的系统在任何其他情况下都毫无用处。它不够智能，因为它不能适应全新的情况，它当然也无法处理人类智能的关键产品之一：语言。"纯粹的自下而上的统计数据并没有让我们在一系列重要的问题上走得太远——语言、推理、规划和常识——虽然经过了 60 年的神经网络研究，虽然我们有了更好的计算、更多的记忆和更好的数据，但情况依然如此。"他告诉观众。[12]

他解释说，问题在于神经网络并不像人脑那样学习。即使在掌握神经网络无法掌握的任务时，大脑也不需要深度学习所需要的大量数据。儿童，包括新生婴儿，可以从少量的信息中进行学习，有时信息只是一两个好的例子。在家庭中长大的孩子，即使父母对他们的发展和教育不感兴趣，他们自己也可以通过倾听周围的声音来学习口语的细微差别。他认为，神经网络不仅需要成千上万个例子，还需要有人仔细对所有的例子进行标记。这表明，如果没有更多先天论者所谓的"先天机器"，人工智能就不会发生，他们认为大量的知识已经融入人脑。马库斯说："学习之所以成为可能，只是因为我们的祖先进化出了代表空间、时间和持久物体等事物的'机器'。我的预测——这只是一个预测，我无法证明——当我们学会将类似的信息整合到人工智能中时，人工智能的效果会更好。"[13]换句话说，他相信，有很多东西是人工智能无法独立学习的，必须由工程师手工编码。

作为一个坚定的先天论者，马库斯有一个意识形态的议程。围绕"先天机器"的理念，在打造一家新的人工智能初创公司时，他也有一个经济方面的议程。在纽约大学与杨立昆的辩论是一场协同运动的开始，旨在向全球人工智能研究人员的圈子、科技行业和普通公众展示，深度学习的局限性远比看起来的要大。在2018年刚开始的几个月，他发表了他所谓的"论文三部曲"来批评深度学习，尤其针对 AlphaGo 的壮举。[14]然后，他在大众媒体上发表评论，其中一篇报道出现在《连线》杂志的封面上。所有这些最终促成了一本他命名为《重启人工智能》的书[15]，以及一家新的初创公司，这家公司旨在利用他所认为的全球人工智能探索中的一个漏洞。

杨立昆被这一切弄得不知所措。正如他在纽约大学告诉观众的那样，他认同单靠深度学习无法获得真正的智能，他也从未做过肯定的表述。[16]他认同人工智能需要"先天机器"。毕竟，神经网络就是"先天机器"。但有些东西必须学习。他在辩论中很有分寸，甚至很有礼貌，但他的语气在网上变味了。当马库斯发表他的第一篇质疑深度学习未来的论文时，杨立昆在 Twitter 上回应道："准确来说，盖瑞·马库斯提出过的有价值的建议的数量是零。"

马库斯并不孤单。很多人正在抵制来自行业和媒体围绕着"人工智能"这几个词无休止的炒作浪潮。Facebook 站在深度学习革命的前沿，把这项技术作为解决最紧迫问题的答案。但是，越来越明显的是，这充其量只是部分解决方案。多年来，像谷歌和 Uber 这样的公司承诺自动驾驶汽车将很快上路，并每天穿梭于美国和国外的城市。但即使大众媒体也开始意识到，这些说法被严重夸大了。尽管深度学习显著提高了它们识别道路上的行人、物体和标志的能力，并加速了它们预测事件和规划路线的能力，但与人类敏捷地应对日常通勤中的混乱状况相比，自动驾驶汽车还有很长的路要走。谷歌承诺在 2018 年底之前在亚利桑那州凤凰城提供叫车服务，但这件事并没有实现。至于将深度学习用于新药研发，在乔治·达尔和他的多伦多合作者赢得默克公司主办的竞赛之后，这个领域似乎充满了希望，但事实证明，这是一个比看起来要复杂得多的命题。来到谷歌之后没多久，达尔就放弃了这个想法。他说："问题是，在新药研发的通道中，我们最能提供帮助的部分并不是最重要的部分，并不是这部分的工作导致将一种分子推向市场需要 20 亿美元的成本。"主管艾伦人工智能研究所的华盛顿大学前研究员奥伦·埃齐奥尼经常说，尽管围绕深度学习进行了各种炒作，但人工智能甚至无法通过八年级的科学测试。

2015 年 6 月，杨立昆公开了 Facebook 在巴黎的新实验室，他说："深度学习的下一个重大步骤是自然语言理解，其目的是让机器不仅能够理解单个单词，还能理解整个句子和段落。"这是更广泛的研究人员圈子的目标——在图像和语音识别之外的下一大步。自 20 世纪 50 年代以来，打造一台能够理解人类以自然方式书写和说话（甚至进行对话）的机器，一直是人工智能研究的最终目标。但到了 2018 年底，很多人开始觉得这种信心是错误的。

辩论接近尾声的时候，马库斯和杨立昆接受观众提问，一位穿着黄色上衣的女士站了起来，她问杨立昆为什么自然语言的进步停滞不前。

"没有什么比物体识别更具革命性的东西出现了。"她说。[17]

"我不完全同意你的前提，"杨立昆说，"还有——"

然后，她打断了他，说："你的例子是什么？"

"翻译。"他说。

"机器翻译不一定代表着语言理解。"她说。

———————●—●——○———●—●———●————○————

　　就在进行这场辩论的同时，艾伦人工智能研究所的研究人员公布了针对计算机系统的一种新的英语测试，[18] 它要测试机器能否完成下面这样的句子：

　　　　舞台上，一位女士坐在钢琴前。她——
　　　　a. 坐在长椅上，她姐姐在玩洋娃娃。
　　　　b. 随着音乐响起，跟某人一起微笑。
　　　　c. 在人群中，看着舞者。
　　　　d. 紧张地将手指放在琴键上。

　　机器做得不太好。而人类回答测试问题的正确率超过了88%，艾伦人工智能研究所打造的系统的正确率达到了60%左右，其他机器的表现要差得多。然后，过了大约两个月，由一位名叫雅各布·德夫林（Jacob Devlin）的人领导的谷歌研究团队公布了一个他们称之为 BERT 的系统。[19] BERT 参加测试时，可以正确回答的问题和人类一样多，并且它也不是为了参加测试而设计的。

　　BERT 被研究人员称为"通用语言模型"。其他几个实验室，包括艾伦人工智能研究所和 OpenAI，也在研究类似的系统。通用语言模型是巨大的神经网络，通过分析人类书写的数百万个句子，来学习变幻莫测的语言。OpenAI 构建的系统分析了成千上万本自助出版的书籍，包括爱情小说、科幻小说和推理小说。BERT 分析了同样庞大的图书馆以及维基百科上的每一篇文章，在数百个 GPU 芯片的帮助下，花了几天时间仔细阅读了所有的文本。

每个系统都通过分析所有这些文本学会了一项非常具体的技能。OpenAI 的系统学会了猜测句子的下一个单词，BERT 学会了猜测句子中任何地方缺失的单词（比如，"这个人 ____ 这辆车，因为它很便宜"）。但是，在掌握这些具体任务的过程中，每个系统也了解了语言拼凑的一般方式，以及数千个英语单词之间的基本关系。然后，研究人员可以很容易地将这些知识应用到其他广泛的任务之中。如果他们把成千上万个问题和答案输入 BERT，它就能自行学会回答其他问题；如果他们把大量的对话输入 OpenAI 的系统，它就能学会对话；如果他们给它提供成千上万个负面标题，它就能学会识别负面标题。

BERT 证明了这个伟大的想法是可行的。它可以应对艾伦人工智能研究所的"常识"测试，还可以处理阅读理解测试，在其中回答有关百科全书文章的问题。什么是碳？吉米·霍法是谁？在另一项测试中，它可以判断电影评论的情绪是积极的还是消极的。在这些情况下，它其实并不完美，但它立即改变了自然语言研究的进程，以一种前所未有的方式加速了该领域的进展。杰夫·迪恩和谷歌开源了 BERT 的代码，并很快用 100 多种语言对其进行了培训。有些人建立了更大的模型，用更大的数据量训练模型。作为研究人员之间的一种内部玩笑，这些系统通常以《芝麻街》中的角色命名：ELMO、ERNIE、BERT。但这掩盖了它们的重要性。几个月后，利用 BERT，奥伦·埃齐奥尼和艾伦人工智能研究所开发了一个人工智能系统，它可以通过八年级的科学测试，也可以通过十二年级的测试。

在 BERT 公开之后，《纽约时报》发表了一篇关于通用语言模型兴起的报道，解释了这些系统如何改进广泛的产品和服务，包括从 Alexa 和谷歌助手这样的数字助理，到自动分析律师事务所、医院、银行和其他企业内部文档的软件。这解释了为什么人们担心这些语言模型会导致更强大版本的谷歌 Duplex 出现，这是一种旨在让世界相信它们是人类的机器人。这篇报道还援引了盖瑞·马库斯的话，说公众应该怀疑这些技术是否会继续如此迅速地改进，因为研究人员往往专注于他们可以取得进展的工作，而回避那些他们无法取得进展的工作。"这些系统离真正理解散文还有很长的路要走。"马库斯说。[20] 杰夫·辛顿读到这里时，他很开心。他说，盖瑞·马库斯的这句话将被证明是有用的，因为它可以在未来几年里用于任何关于人工智能和自然语言的报道之中。"它没有技术含量，所以永远不会过时，"辛顿说，"无论快速发展能持续多久，马库斯都会认为它即将结束。"

自动化：OpenAI 的拣货机器人

> 如果房间看起来让人焦头烂额，那我们就走在正确的轨道上了。

2019 年秋天的一个下午，在旧金山教会区 OpenAI 三层大楼的顶层，有一只手举在窗户旁，掌心向上，手指伸出。它看起来很像是人的手，但它是由金属和硬塑料制成的，并通上了电。旁边站着一个女人，她拿起一个魔方，放在这只机器手的手掌里。然后这只手开始动，拇指和 4 根手指轻轻转动色块。每转一圈儿，魔方就在指尖摇摇晃晃，几乎要掉到地板上，但它并没有掉下来。随着时间的流逝，各种颜色开始排列成行，红色挨着红色，黄色挨着黄色，蓝色挨着蓝色。大约 4 分钟后，那只手最后一次转动魔方，复原了所有的色块。旁观的一小群研究人员发出了一阵欢呼声。

在 OpenAI 成立时，其在谷歌和 Facebook 的眼皮底下抢来了波兰籍研究人员沃伊切赫·扎伦巴。在他的领导下，OpenAI 花了两年多的时间完成了这一引人注目的壮举。在过去，很多人已经打造出了可以复原魔方的机器人，有些设备可以在不到一秒钟的时间内完成。但这是一个新的技能，这是一只可以跟人手一样移动的机器手，而不是专门为解决魔方问题而制造的专用硬件。在通常情况下，工程师需要对机器人进行精确的行为编程，花费数月时间为每一个微小的动作定义精细的规则。但这需要几十年，甚至几个世纪的时间，才能为机器手的 5 根手指单独定义解决魔方问题所需的每一个动作。扎伦巴和他的团队已经开发了一个系统，该系统可以自行学习这种动作。他们属于一个新的研究人员的圈子，这个圈子里的研究人员认为，机器人在现实世界中得到应用之前，可以在虚拟现实中学习几乎任何技能。

　　通过对机器手和魔方进行数字仿真模拟，他们启动了这个项目。在这个仿真模拟中，机器手通过不断的试错来学习，花了相当于一万年的时间来转魔方，找出哪些微小的动作有效、哪些无效。在那一万年的虚拟时间里，仿真模拟一直在变化。扎伦巴和他的团队反复改变手指的大小和魔方上的颜色，以及色块之间的摩擦力，甚至魔方后面空间的颜色。这意味着，当他们将所有这些虚拟体验转移到现实世界真实的机器手中时，它可以处理我们意想不到的事情。它可以处理人类在物理世界中能很容易适应的不确定性，但普通机器往往不能。到 2019 年秋天，OpenAI 的机器手可以在两根手指绑在一起，或者戴着橡胶手套，或者有人用长颈鹿毛绒玩具的鼻子将魔方推到不合适位置的情况下复原魔方。

2015—2017 年，亚马逊举办了一年一度的机器人专家竞赛。在最后一年，75 间学术实验室参加了这场国际竞赛，每间实验室都致力于打造一个机器人系统，去解决亚马逊在其全球仓库网络中最需要解决的问题：拣货。当装满成堆的零售商品的箱子穿过亚马逊巨大的仓库时，工人们会在成堆的商品中挑选，并在运往全国之前将它们分拣到合适的纸箱中。亚马逊希望机器人来完成这项工作。最终，如果这项任务可以自动化，成本就会更低。但是，机器人并不能真正胜任。因此，亚马逊举办了一场竞赛，向最有可能解决这个问题的机构提供 8 万美元的奖金。

2017 年 7 月，来自 10 个国家的 16 支决赛队伍前往日本名古屋参加最后一轮比赛。每个团队都花了一年时间为比赛做准备，并各自收到了一个装满 32 种不同商品的箱子，其中 16 种是提前知道的，16 种是不知道的，这些商品包括清洁剂、制冰盒、网球筒、魔术标记盒、电工胶带卷等。比赛方式是在 15 分钟内挑选出至少 10 件商品。获胜的机械臂属于澳大利亚的一间实验室——澳大利亚机器人视觉中心。但以人类的标准来看，它的表现并不出色，大约有 10% 的选择是错误的，它一个小时只能处理大约 120 件商品，仅比人工做的多 25%。

如果说这场比赛揭示了什么，那就是这项任务的难度极高，即使最敏捷的机器人也不过如此。但这也展示出行业的需求：亚马逊以及像亚马逊这样的公司迫切需要真正有效的分拣机器人。事实上，这个解决方案已经在谷歌和OpenAI内部酝酿了。

在"谷歌大脑"内部建立了一个医疗团队后，杰夫·迪恩也建立了一个机器人团队。他的第一批团队成员中有一位来自加州大学伯克利分校的年轻研究员，这位年轻研究员名叫谢尔盖·莱文。莱文在莫斯科长大，他的父母都是苏联航天飞机暴风雪项目的工程师。全家搬到美国的时候，他还在上小学。在开始攻读博士学位的时候，他还没有从事人工智能方面的研究。他专攻计算机图形学，探索实现更逼真的动画的方法，创造行为更像真人的虚拟人。然后，深度学习成熟了，他的研究也开始加速。莱文采用的技术与DeepMind研究人员在打造学会玩旧版雅达利游戏的系统时使用的技术相同，动画人物可以学着像真人一样移动。然后，他的脑中出现了新的启示。看着这些动画人形机器人学着像他一样移动，莱文意识到物理人形机器人可以用几乎相同的方式学习相同的动作。如果他把这些机器学习技术应用到机器人身上，它们就可以自己掌握全新的技能。

在2015年加入谷歌时，莱文已经认识了另一位俄罗斯移民伊利亚·萨特斯基弗，后者将他介绍给亚历克斯·克里哲夫斯基，克里哲夫斯基开始与这个新的机器人小组合作。如果遇到问题，莱文会向克里哲夫斯基寻求帮助，而克里哲夫斯基的建议始终如一：搜集更多的数据。"如果你有数据，而且是正确的数据，"克里哲夫斯基说，"那你就去获取更多数据。"所以，莱文和他的团队打造了他们所谓的"机械臂农场"。

"谷歌大脑"实验室街对面的一栋大楼里有一个大开间，他们在里面安装了 12 只机械臂，6 只装在一面墙上，6 只装在另一面墙上。这些机械臂比后来在 OpenAI 复原魔方的机械臂更简单。机械臂上的手不完全是手，而是"抓手"，它们可以用两个类似于虎头钳的手指抓住和举起物体。那年秋天，莱文和他的团队将每只手臂安置在一箱随机的物品上方——玩具积木、黑板擦、口红管——并训练它们捡起那里的任何东西。这些机械臂通过反复试错学习，不断尝试和失败，直到它们发现怎样有效、怎样无效。这种方式很像 DeepMind 的系统学习玩《太空入侵者》和《越狱》游戏，只是它发生在现实世界中，有实体物体。

起初，这造成了混乱。莱文说："真是一团糟，非常糟糕。"根据克里哲夫斯基的建议，他们让机械臂昼夜不停地运行，虽然他们已经安装了摄像头，可以在晚上和周末窥视房间，但有时混乱会占据上风。他们周一早上走进实验室时，会发现地板上堆满了东西，实验室就像一间儿童游戏室。一天早上，他们走进来，发现一个箱子上满是看起来像是溅了血的东西——一支口红的盖子掉了，机械臂花了一整夜的时间试图捡起来，但是没有成功。但这正是莱文想要看到的。"太棒了，"他说，"如果房间看起来让人焦头烂额，那我们就走在正确的轨道上了。"几个星期过去了，这些机械臂学会了用一种轻柔的方式拿起放在它们面前的任何东西。

这标志着将深度学习应用于机器人的尝试开始在更大的范围内出现，遍及很多顶尖大学以及谷歌和 OpenAI 的实验室。第二年，利用类似的强化学习技术，莱文和他的团队训练其他机械臂自己开门（前提是门把手可以用两根手指抓住）。2019 年初，该实验室发布了一款机械臂，它学会了捡起随机物品，然后轻轻地把物品放进几英尺外的小箱子里。[1] 训练只花了 14 个小时，机械臂学会了将物品放进正确的箱子，准确率大约为 85%。当研究人员自己尝试去做同样的任务时，他们的准确率只有 80%。但是随着这项工作的推进，OpenAI 采取了不同的策略。

埃隆·马斯克和 OpenAI 的其他创始人将他们的实验室视为对 DeepMind 的回应。从一开始，他们就设立了非常崇高的目标，这些目标很容易衡量，很容易理解，并保证能吸引注意力，即使他们实际上没有做任何实质的事情。在旧金山教会区的一家小巧克力工厂的楼上，在将实验室设立好之后，扎伦巴等研究人员花了几周时间在这个古老的、迅速中产阶级化的西班牙人社区转悠，争论他们应该追求什么样的崇高目标。他们最终确定了两个：一是打造可以在三维网络游戏《魔兽争霸》中击败世界上顶尖玩家的机器，二是打造可以还原魔方的五指机器手。在他们的机器手中，沃伊切赫·扎伦巴和他的团队使用了与谷歌同行们相同的算法技术。但是，他们将训练转移到虚拟现实环境中，打造了一个系统，机器手通过在数字世界里花费相当于几个世纪的时间进行反复尝试，学会了还原魔方。他们认为，随着任务变得越来越复杂，物理世界中的训练系统将会非常昂贵和耗时。

就像实验室掌握《魔兽争霸》需要付出努力一样，魔方项目也需要巨大的技术飞跃。这两个项目都是引人注目的噱头，这是OpenAI宣传自己的一种方式，它需要吸引推动研究所需的资金和人才。像OpenAI这样的实验室正在开发的技术很昂贵——设备和人员都很昂贵，这意味着引人注目的演示是他们的命根子。

这是马斯克的惯用手段：吸引人们关注他自己以及他所做的事情。有一段时间，这种做法在OpenAI上也奏效了，实验室招募了该领域的一些知名人士，其中包括谢尔盖·莱文在加州大学伯克利分校读书时的导师，一位名叫彼得·阿比尔（Pieter Abbeel）的身高约一米九、发型平整光溜的比利时机器人学家。阿比尔与OpenAI的签约奖金是10万美元，仅2016年最后6个月的工资就有33万美元。[2]阿比尔以前的三名学生也加入了OpenAI，因为实验室要加速去挑战"谷歌大脑"和Facebook，尤其是DeepMind。然后，现实赶上了马斯克和他的新实验室。

"GAN之父"伊恩·古德费洛离开了OpenAI，回到了谷歌。马斯克自己从实验室挖走了一名顶级研究员，将一位名叫安德烈·卡普西（Andrej Karpathy）的计算机视觉专家调出OpenAI，并任命他为特斯拉人工智能的主管，这样他就可以领导自己的公司推进自动驾驶汽车项目。然后，阿比尔和他的两名学生也离开了，创立了自己的机器人初创公司。2018 年 2 月，马斯克也离开了。[3] 他说自己的离开是为了避免利益冲突，这意味着他的其他业务现在正在与 OpenAI 争夺相同的人才，但特斯拉也面临着危机，因为其工厂严重的发展减速威胁到公司的业务。具有讽刺意味的是，正如马斯克当年晚些时候抱怨的那样，在他的特斯拉工厂里辅助制造电动汽车的机器人并不像看起来那么灵活。"特斯拉的过度自动化是一个错误，"他说，"人类被低估了。"[4]

随着萨姆·阿尔特曼开始接管 OpenAI，实验室需要吸引新的人才，而且需要资金。尽管该非营利组织成立时投资者承诺投入 10 亿美元，但只有一小部分资金实际到位。实验室现在需要更多的资金，不仅是为了吸引人才，也是为了支付训练系统所需的大量算力。因此，阿尔特曼将实验室重组为一家营利公司，并寻找新的投资者。[5] 他和马斯克在 2015 年公开宣扬实验室不受公司压力影响的理想主义愿景甚至没能持续 4 年，这就是魔方项目对实验室的未来如此重要的原因，它是 OpenAI 宣传自己的一种方式。问题是，这种项目的难度令人难以置信，而且最终不切实际，并不是阿比尔和其他人想做的。阿比尔对炒作不感兴趣，只想打造有用的技术。这就是为什么他和他的两名加州大学伯克利分校的学生——陈曦（Peter Chen）和段岩（Rocky Duan）离开实验室，成立了一家名为 Covariant 的初创公司。他们的新公司致力于研究 OpenAI 正在探索的相同技术，不过目标是将该技术应用于现实世界。

到了 2019 年，研究人员和创业者认识到亚马逊和世界其他零售商的仓库里需要什么，于是市场上充斥着大量从事机器人分拣业务的初创公司，其中一些公司采用了"谷歌大脑"和 OpenAI 正在开发的深度学习方法。彼得·阿比尔的公司 Covariant 不一定算其中之一，因为该公司正在为更广泛的应用设计一个系统。但在"亚马逊机器人挑战赛"两年后，一家名为 ABB 的国际机器人制造商组织了自己的竞赛，这次比赛是闭门形式。[6]Covariant 决定参加。

大约有 20 家公司参加了这场新的竞赛，任务是分拣大约 25 种不同的物品，其中有一些物品已提前告知参赛者，有一些没有告知。混杂在一起的物品包括袋装小熊软糖、装满肥皂液或凝胶的透明瓶子，这些东西对机器人来说特别难拿起，因为光线的反射方式往往让人意想不到。大多数参赛公司都没有通过测试，少数处理了大部分的任务，但在面对更困难的任务时失败了，比如拿起旧的光盘，这些光盘的正面会反射光线，有的光盘还会贴在箱子的侧面。

对于是否应该参与这场竞赛，阿比尔和他的同事们最初有些顾虑，因为他们还没有真正打造好分拣系统。但是，他们的新系统可以学习。经过几天的时间，他们用大量的新数据对系统进行了训练，当 ABB 参观他们在伯克利的实验室时，他们的机械臂在处理每一项任务时都跟人类一样好，甚至完成得比人类更好。有一次失误是机械臂不小心掉了一袋小熊软糖。"我们在尽力寻找不足之处，"ABB 服务机器人部门的董事总经理马克·塞古拉（Marc Segura）说，"在这些测试中，系统很容易达到一定的水平，但不暴露出任何不足是超级困难的。"[7]

随着在这项技术上的开发不断深入，公司需要更多的资金支持，所以阿比尔决定去找人工智能领域中一些最知名的人物。杨立昆参观了他们在伯克利的实验室，在把几十个空塑料瓶倒进箱子，看着机械臂顺利地把它们捡起来后，他同意投资。约书亚·本吉奥拒绝投资。虽然他只在一些大型科技公司做过兼职，但他说自己的钱多到花不完，他更喜欢专注于自己的研究。杰夫·辛顿投资了，他相信阿比尔。"他很棒，"辛顿说，"这很令人惊讶，毕竟他是比利时人。"

那年秋天，一家德国电子产品零售商将阿比尔的技术应用到柏林郊区的一间仓库中，在那里，当蓝色分隔箱沿着传送带移动时，机械臂对这些分隔箱中的开关、插座和其他电气零件进行分拣。[8]Covariant 公司的机器人能够以超过 99% 的准确率对 10 000多种不同的物品进行分拣。"我在物流行业工作了 16 年以上，我从未见过这样的东西。"奥地利 Knapp 公司的副总裁彼得·普切温（Peter Puchwein）说。[9]该公司长期为仓库提供自动化技术，并为 Covariant 的技术在柏林落地提供开发和安装服务。这表明，机器人自动化将在未来几年继续在零售和物流行业拓展，或许还会拓展到制造工厂。这也引发了人们对仓库工人的新担忧，他们的工作被自动化系统抢走了。在德国仓库里，一台机器人可以完成三个工人的工作。

不过，经济学家并不认为这种技术会在短期内减少物流岗位的数量。网络零售业务增长太快，大多数公司需要几年甚至几十年的时间来安装新的自动化设施。但阿比尔承认，在遥远的未来，情况会发生逆转。他也对人类的最终结果感到乐观。"如果这种情况在 50 年后发生，"他说，"教育系统就有足够的时间迎头赶上。"[10]

信仰

> 我的目标是成功地打造出广泛有益的通用人工智能。我也明白这听起来很荒谬。

　　2016 年秋天，距离《西部世界》首映还有三天。这是一部由 HBO 电视网发行的电视连续剧，其中的游乐园机器人在慢慢跨过人工感知的门槛后，开始袭击它们的创造者。所有演员和工作人员都参加了硅谷的一场私人放映。放映会没有安排在当地的电影院举行，而是在尤里·米尔纳（Yuri Milner）的家中举行。这位 54 岁的俄罗斯籍犹太人企业家和风险投资家是 Facebook、Twitter、Spotify 和 Airbnb 的投资人，也是 "Edge 基金会" 组织的年度 "亿万富翁晚宴" 的常客。他的家是一座占地 25 500 平方英尺的石灰石豪宅，被称为卢瓦尔堡，坐落在洛斯阿尔托斯山上，俯瞰旧金山湾。它在 5 年前以超过 1 亿美元的价格成交，是美国最昂贵的独栋住宅之一，有室内和室外游泳池、舞厅、网球场、酒窖、图书馆、游戏室、水疗中心、健身房和私人电影院。

当客人来看电影时，大门口有手持 iPad（苹果平板电脑）的服务员迎接。服务员检查请柬，在 iPad 上标记他们的名字，帮他们停好车，用高尔夫球车送他们上山，然后在私人电影院门前将他们放下。电影院是一栋位于这座人造城堡脚下的独立建筑，门口铺着红地毯。谢尔盖·布林是走上红毯的人之一，他的肩上搭着一条美洲原住民风格的毯子，就像披肩一样。有很多嘉宾是最近从萨姆·阿尔特曼管理的创业加速器 YC 中脱颖而出的百万富翁创始人。有些创始人在 5 年前收到一份神秘的邀请，进入 YC 旧金山办公室的一间会议室，惊讶地看着一个机器人滚动进入房间，其头部的位置上是一台 iPad，上面出现了尤里·米尔纳的特写镜头，米尔纳突然宣布，他将给他们每一家新公司投资 15 万美元。

尤里·米尔纳和萨姆·阿尔特曼一起主持了《西部世界》的放映。邀请函上写着："萨姆·阿尔特曼与尤里·米尔纳邀请你参加《西部世界》首播集上映前的观影会，这是一部探索人工意识和人工智能前景的 HBO 新连续剧。观影结束后，包括编剧和导演乔纳森·诺兰（Jonathan Nolan）、主演埃文·蕾切尔·伍德（Evan Rachel Wood）和坦迪·牛顿（Thandie Newton）在内的演员和工作人员走上舞台，坐在屏幕前的一排高脚凳上。他们在接下来的一个小时里讨论这一集的内容：几个"西部世界"主题公园中的机器人在软件更新后出现了功能故障和行为失控，并且能够访问过去的记忆。随后，阿尔特曼与普林斯顿大学教授埃德·博伊顿（Ed Boyton）一同登台，后者专门研究在机器和人脑之间传递信息的新兴技术。博伊顿最近还获得了"突破奖"，这是一项由尤里·米尔纳、谢尔盖·布林、马克·扎克伯格和其他硅谷名人创立的奖项，提供 300 万美元的研究资助。[1] 与阿尔特曼一起，他告诉这些私密观众，科学家们正在接近一项成就，就是创建一个完整的大脑地图，然后用机器模拟它。问题是，除了表现得像人类之外，机器能否真的感受到人类的感觉。他们说，这也是《西部世界》在试图探索的问题。

馬文·明斯基、约翰·麦卡锡和人工智能运动的其他创始元勋于 1956 年夏天聚集在达特茅斯，之后有些人说，10 年内将会出现一台足够智能的机器，足以击败国际象棋世界冠军或证明自己的数学定理。[2] 10 年后，这一切都没有发生。创始元勋之一，卡内基-梅隆大学的教授赫伯特·西蒙当时说，该领域在未来 20 年内将会出现一种机器，它们可以"做人类能做的任何工作"。[3] 但很快，第一次人工智能的寒冬开始了。当 20 世纪 80 年代人工智能的冰雪开始融化时，其他一些人，包括道格·莱纳特（Doug Lenat），发誓要重新创造人类智能，他开始通过所谓的 Cyc 项目重建常识。但是到了 20 世纪 90 年代，当 Cyc 项目几乎没有显示出真正进步的迹象时，重建人类智能的想法就不是主流研究人员谈论的话题了，至少在公共场合不是，在接下来的 20 年里依然如此。2008 年，沙恩·莱格在他的博士论文中也说过同样的话。"在研究人员中，这个话题几乎是禁忌：它属于科幻小说。他们向公众保证，世界上最智能的计算机也许像蚂蚁一样聪明，而且是在情况不错的情况下。真正的机器智能如果能被开发出来，也存在于遥远的未来，"他写道，"也许在接下来的几年里，这些想法将变得更为主流，但是目前它们处于边缘地位。对大多数研究人员来说，他们仍然非常怀疑能在有生之年看到真正的智能机器。"[4]

在接下来的几年里，这样的想法确实变得更为主流，这在很大程度上要归功于沙恩·莱格，他和戴密斯·哈萨比斯一起创立了 DeepMind，并与哈萨比斯一起说服了三位重要人物（彼得·蒂尔、埃隆·马斯克和拉里·佩奇），让他们相信这项研究值得投资。在谷歌收购 DeepMind 后，莱格在私下里仍然继续宣传超级智能就在眼前，但他很少在公开场合谈论，部分原因是像马斯克这样的人一心想要激起人们对智能机器可能毁灭世界的担忧。不过，尽管保持沉默，但他的想法在继续传播。

当伊利亚·萨特斯基弗还在多伦多大学读研究生时，他采访了哈萨比斯和莱格，这两位 DeepMind 创始人说他们正在打造通用人工智能，萨特斯基弗认为他们已经与现实脱节了。但是，当他自己在谷歌取得图像识别和机器翻译方面的成功，并且在 DeepMind 待了几个星期之后，他开始接受莱格的论文，并

称他为"疯狂且有远见的人"。其他很多人也是如此。在 OpenAI
的前 9 名研究人员中，有 5 人曾在 DeepMind 的伦敦实验室里待
过一段时间，在那里，通用人工智能的可能性受到了热烈的追捧，
这两间实验室拥有两位相同的投资人：蒂尔和马斯克。2015 年
秋天，当萨特斯基弗讨论将创立 OpenAI 实验室时，他觉得自己
找到了一群跟他想法一样的人，他们拥有相同的信念和抱负，但
他担心他们的谈话会再次困扰自己。如果其他人听到他在讨论通
用人工智能的崛起，那么他在更广泛的研究圈子里会被打上低人
一等的烙印。当 OpenAI 宣布成立时，官方公告并没有提到通用
人工智能，只是暗示这个想法是一种遥远的可能性。公告中写
道："如今的人工智能系统拥有的能力令人印象深刻，但范围有
限。看来我们需要继续减少其限制，在极端情况下，它们在几乎
每项智力任务上都可以达到人类的水准。"[5] 但是，随着实验室
的发展，萨特斯基弗摆脱了恐惧。2016 年，OpenAI 在成立一年
后招募了伊恩·古德费洛，实验室的同事们在旧金山的一家酒吧
里用饮料欢迎他的加入，萨特斯基弗举杯祝酒。"为了三年后的
通用人工智能，干杯！"他说。此时，古德费洛有点儿疑惑，如
果他现在就告诉实验室他根本不想要这份工作，那么是否为时
已晚。

　　对通用人工智能的信仰需要一次在信念上的飞跃，但它以
一种非常真实的方式推动了一些研究人员前进。这有点儿像宗教。
"作为科学家，我们经常觉得，有必要用非常务实的术语来证明
我们的工作。我们想向人们解释，为什么我们今天所做的工作是

有价值的。但通常，是一些更大的事情真正驱动科学家去做他们的工作，"机器人专家谢尔盖·莱文说，"驱动他们的，更多的是情感，更多的是本能，而不是基础。这就是人们认同通用人工智能的原因，他们是一个比看起来更大的群体。正如亚历克斯·克里哲夫斯基所说："我们相信自己在情感上愿意相信的东西。"

对通用人工智能的信仰，有一种在人与人之间传播的方式。有些人不敢相信，直到周围有足够多的人相信。但是，没有人的信任方式与他人完全相同。每个人都从自己的角度看待这项技术及其未来。然后，这种信念进入了硅谷，并被放大。硅谷给这种想法注入了更多的资金、更多的表演技巧和更多的信仰。尽管像萨特斯基弗这样的研究人员最初对表达自己的观点保持沉默，但埃隆·马斯克并没有退缩，实验室的另一位主席萨姆·阿尔特曼也没有。

在 2017 年的头几天，生命未来研究所主办了一次峰会，峰会地点在加州中部海岸一个名为"太平洋丛林"的小镇。[6] 太平洋丛林镇是阿西洛马会议的召开地，在常青树丛中的大型乡村酒店。1975 年冬天，世界上最著名的遗传学家们聚集在这里，讨论他们在基因编辑方面的工作是否会最终毁灭世界。现在，人工智能研究人员聚集在同一片海边丛林，讨论人工智能是否会带来同样的生存风险。阿尔特曼来了，马斯克来了，还有 OpenAI 和 DeepMind 的大多数其他大玩家也来了。在会议的第二天，马斯克作为九人圆桌讨论的嘉宾之一，上台探讨超级智能的理念。[7] 每位圆桌嘉宾都被问及超级智能是否可能出现，当他们把麦克风往下传递时，所有人都说"是"，直到麦克风传到马斯克那里。"不。"他说，笑声在小礼堂里久久回荡。[8] 观众都知道他相信什么。"我们要么走向超级智能，要么走向文明的终结。"笑声平息后，他说道。[9] 随着圆桌讨论的继续，迈克斯·泰格马克问："一旦超级智能到来，人类如何与它共存？"马斯克说这需要大脑和机器之间的直接联系。"我们所有人都已经是半机械人了，"他说，"你的手机、电脑和所有的应用程序都是你自己的延伸，你已经是超人类了。"[10] 他解释说，人类的受限在于无法足够快地使用自己的应用程序，大脑和机器之间没有足够的"带宽"。人们仍然用"肉棒"——手指——在手机上打字。"我们必须通过与神经皮质的高速带宽连接来突破这个限制。"[11]

艾伦人工智能研究所的负责人奥伦·埃齐奥尼试图缓和这种言论。[12] 他说："我听到很多人在缺少扎实数据基础的情况下说了很多事情。我鼓励人们问：'这是基于数据，还是基于硬核猜测？'"[13] 但会场里的其他人站在马斯克那边。这种论点在这个圈子的活动中越来越常见，没有任何人能获胜。大家争论的是未来会发生什么，这意味着任何人都可以声称任何事情，而没有人可以证明其中的错误。但最重要的是，马斯克知道如何利用这一点。几个月之后，他公开了一家名为 Neuralink 的新的初创公司，该公司获得了 1 亿美元的投资，旨在打造一个"神经织网"，即计算机与人脑之间的接口，该公司搬进了 OpenAI 的办公室。[14]

虽然马斯克很快就离开了 OpenAI，但该实验室的野心在阿尔特曼的带领下继续成长。萨姆·阿尔特曼是硅谷的一个样板：

2005年，这名20岁的大二学生创办了一家社交网络公司Loopt，这家公司最终获得了3 000万美元的风险投资，投资人包括YC及其创始人保罗·格雷厄姆（Paul Graham）。[15] 7年之后，Loopt的社交网络服务在亏本出售后被关闭。但对阿尔特曼来说，这是一次成功的退出。他身材匀称、紧凑，有着锐利的绿眼睛，他是一位在融资上具备特别天赋的人。格雷厄姆很快宣布辞去YC总裁一职，并任命阿尔特曼接替他的职位，这一任命让YC家族中的很多人感到惊讶。此后，阿尔特曼成为源源不断的创业公司的顾问。作为提供建议和资本的交换，YC获得每家公司的股份。阿尔特曼个人也投资了一些公司，他很快就变得非常富有。他觉得一只猴子都可以运营好YC，但他也觉得在运营的过程中，自己培养了一种评估创始人的敏锐天赋，更不用说开发出了完成大额融资所需的技能和机会了。在快速成长的过程中，他的动力首先是金钱，其次是对他职责范围内的人和公司所拥有的权力，然后是打造一些能对更大范围的世界产生真正影响的公司所获得的满足感。借助OpenAI，他的目标是产生更大的影响力。对通用人工智能的探索比他所能追逐的任何东西都更重要，也更有趣。他认为，离开YC并进入OpenAI是不可避免的道路。

跟马斯克一样，他是一名创业者，而不是科学家，尽管他有时会说自己在大二辍学之前在斯坦福大学学习过人工智能。跟马斯克不同的是，他没有在新闻和社交媒体上不断寻求关注和争议，但他也是一个活得好像未来已经到来的人。这是硅谷精英的常态，他们自觉或不自觉地知道，这是吸引注意力、资金和人才的最佳方式，无论他们是在一家大公司的内部，还是创办一家小型初创公司。创意可能会失败，预言可能不会实现，但是对于下一个创意，除非他们及周围的每个人都相信会成功，否则就不会成功。"自信的力量非常强大。我认识的最成功的人对自己的信任几乎到了妄想的地步，"他曾写道，"如果不相信自己，你就很难对未来有逆向的想法，而这正是创造大部分价值的地方。"[16] 然后，他回忆起马斯克带他参观 SpaceX 工厂的那一次经历，当时他对设计用于火星旅行的火箭不是很感兴趣，但是对马斯克脸上确定的表情感到震惊。"嗯，"阿尔特曼心想，"这就是信念的基准。"

阿尔特曼知道，他所相信的不会总能成真。但他也知道，大多数人低估了时间和快速扩张会给那些看似微小的想法带来什么。在硅谷，这被称为"规模化"。当阿尔特曼认为一个想法可以规模化时，他并不害怕对其发展押下重注。他可能一次又一次地做了错误判断，但是当他正确的时候，他想要的是惊人的正确。对他来说，这种态度可以用意大利哲学家马基雅维利的一句经常被引用的话概括："要犯野心的错误，而不是懒惰的错误。"他感到遗憾的是，在 2016 年美国大选之后，公众并没有像他们在 20 世纪 60 年代支持阿波罗计划那样支持硅谷的目标，他们认为硅谷的野心并不鼓舞人心或者不是很酷，而是自我放纵甚至有害。

在 OpenAI 对外宣布后，阿尔特曼对于重建智能的想法并不像萨特斯基弗那样害羞。他说："随着时间的推移，我们越来越接近某些超越人类智能的东西，有人质疑谷歌会分享多少。"[17] 当他被问及 OpenAI 是否会打造同样的技术时，他说他预计会，但他也说 OpenAI 会分享其打造的技术。"技术将是开源的，所有人都可以使用，而不是只能供谷歌使用。"[18] 人工智能比任何阿尔特曼认可的其他想法都更加宏大，但他像对待其他想法一样看待它。

2018 年 4 月，他和他的研究人员发布了一份新的实验室章程，制定了与实验室创立时截然不同的使命。[19] 阿尔特曼最初表示，OpenAI 将公开分享其所有研究成果，这就是将其命名为 OpenAI 的原因。但在看到生成模型和人脸识别的兴起以及自主武器的威胁所造成的混乱后，他现在表示，随着时间的推移，它会阻止一些技术，因为它评估了这些技术对整个世界的影响。很多组织现在也意识到了这样的现实。穆斯塔法·苏莱曼说："如果从一开始，你就决定这是一个开放平台，任何人都可以随心所欲地使用它，那么这会产生重大的后果。在技术被创造出来之前，人们必须更加敏感地思考技术会如何被滥用，以及如何打造一个能产生一些监督作用的流程。"具有讽刺意味的是，OpenAI 将这种态度推向了极致。在接下来的几个月里，这成为该实验室自我营销的新方式。在按照谷歌 BERT 的思路打造了一个新的语言模型后，OpenAI 通过媒体强调这项技术太危险了，不能发布，因为它会让机器自动生成假新闻和其他误导性信息。在实验室之外，很多研究人员对这一说法嗤之以鼻，称这项技术根本没有危险。最终，该技术还是发布了。

与此同时，新的 OpenAI 章程明确地表明，该实验室正在打造通用人工智能。阿尔特曼和萨特斯基弗已经看到了当前技术的局限性和危险性，但他们的目标是打造一台能够做人脑能做的任何事情的机器。"OpenAI 的使命是确保通用人工智能——我们指的是在最具经济价值的工作中超越人类的高度自治系统——造福全人类。我们将尝试直接打造安全和有益的通用人工智能，但如果我们的工作帮助其他人取得了这一成就，我们也将认为自己的使命已经达成。"[20] 阿尔特曼和萨特斯基弗现在都表示，他们打造通用人工智能的方式，大致与 DeepMind 打造掌握围棋和其他游戏系统的方式相同。他们表示，这只是一个搜集足够的数据、建立足够的计算能力以及改进数据分析算法的问题。他们知道其他人持怀疑态度，也相信这项技术可能是危险的，但这些都没有困扰他们。阿尔特曼说："我的目标是成功地打造出广泛有益的通用人工智能。我也明白这听起来很荒谬。"

那年下半年，DeepMind 训练了一台机器来玩"夺旗赛"（Capture The Flag，简称 CTF）。[21] 这是一项团队运动，很多孩子会在夏令营、树林里或空旷的场地上玩儿，也有专业的电子游戏玩家在《守望先锋》和《雷神之锤 3》这样的三维游戏中玩。DeepMind 的研究人员在《雷神之锤 3》中训练了他们的机器，在游戏中，一段高墙迷宫的两端竖着一红一蓝两面旗子，两支队伍都守护着自己的旗子，同时也试图夺取对方的，并将它带回自己的大本营。这是一个需要团队协作的游戏——防御和攻击之间的小心协调。DeepMind 的研究人员表明，机器可以学习这种协作行为或者至少学会模仿。他们系统的学习方式是玩大约 45 万局的《雷神之锤 3》夺旗赛——4 年多的游戏时间被包含在几周的训练中。最终，它可以与其他自主系统或人类玩家一起玩游戏，并根据每位队友的情况决定自己的行为。在某些情况下，它展示了与其他任何经验丰富的玩家相同的协作技能。当队友快要抢到旗子时，它会跑到对方大本营。人类玩家都知道，一旦一面旗子被夺取，对方的大本营就会出现另一面旗子，新旗子一旦出现就可以被立刻夺下。"你如何定义团队合作不是我想解决的问题，"参与该项目的 DeepMind 研究人员之一马克斯·贾德尔伯格（Max Jaderberg）说，"但有一个智能体待在对手的大本营，等待旗帜出现，而这只有在依靠队友的情况下才有可能。"

这就是 DeepMind 和 OpenAI 都希望模仿人类智能的方式，自主系统在日益复杂的环境中学习。首先是雅达利游戏，然后是围棋，然后是像《雷神之锤 3》这样的三维多人游戏，其中不仅涉及个人技能，还涉及团队合作。诸如此类。7 个月后，DeepMind 公布了一个在《星际争霸》（一款以太空为背景的三维游戏）中击败世界顶尖职业选手的系统。[22] 随后，OpenAI 打造了一个掌握《魔兽争霸 2》的系统，[23] 这款游戏的玩法就像更为复杂版本的"夺旗赛"，它需要整个团队的自主智能体进行协作。那年春天，一支由 5 个自主智能体组成的团队击败了一支由世界上最优秀的人类玩家组成的团队。人们相信，在虚拟领域获得的成功，最终会带来能够掌控现实世界的自动化系统。这就是 OpenAI 用它的机器手所做的事情，训练一只虚拟的机器手来复原一个虚拟的魔方，然后将这个专业知识应用到现实世界之中。这些实验室相信，如果能够打造一个足够大的系统，能够模拟人类在日常生活中遇到的情况，他们就能打造通用人工智能。

其他人对这项工作有不同的看法。虽然在《雷神之锤》《星际争霸》《魔兽争霸》中的这些壮举令人印象深刻，但很多人质疑它们在现实世界中的表现。在 DeepMind 发表一篇论文描述其夺旗游戏中的智能体时，佐治亚理工学院教授马克·里德尔（Mark Riedl）说："三维环境的设计让导航变得容易，《雷神之锤》中的策略和协调很简单。"他说，这些智能体虽然似乎在合作，但实际并没有。它们只是对游戏中发生的事情做出反应，而不是像人类玩家那样相互交流。每个智能体都有超人的游戏知识，但它们一点儿也不智能。这意味着它们在现实世界中会出现挣扎。

强化学习非常适合游戏。电子游戏会统计得分，但在现实世界中，没有人记分。研究人员必须用其他方式来定义成功，这绝不是一件小事。魔方非常真实，但也是一种游戏，其目标很容易确定。尽管如此，这个问题并没有完全解决。在现实世界中，OpenAI 的机器手上配备了微型发光二极管，使得房间里其他位置的传感器可以精确跟踪每根手指在任何时刻的位置。如果没有这些发光二极管和传感器，它就无法复原魔方。即使有了这些，正如 OpenAI 研究论文的附录中所说明的那样，10 次有 8 次魔方会掉。为了实现 20% 的成功率，OpenAI 的机器手经历了相当于数万年的数字试错。真正的智能需要一定程度的数字体验，才能让这看起来微不足道。DeepMind 可以利用谷歌的数据中心网络，这是地球上最大的私有网络之一，但这还不够。

希望在于研究人员可以用新型计算机芯片来改变这一等式，

这种芯片可以将这项研究推向超越英伟达的 GPU 和谷歌 TPU 的水平。为了训练神经网络，包括谷歌、英伟达和英特尔在内的数十家公司，以及一长串初创公司都在打造新的芯片，这样 DeepMind 和 OpenAI 等实验室打造的系统就可以在更短的时间内学到更多东西。"我看到了在新计算资源上发生了什么，并将其与当前结果的关联性绘制成图，这幅图显示，曲线不断上升。"阿尔特曼说。

着眼于这种新型硬件，阿尔特曼与微软及其新任首席执行官萨提亚·纳德拉达成协议，后者仍在努力向世界展示他们还是人工智能领域的领导者。短短几年，纳德拉就扭转了公司的局面，拥抱开源软件，并在云计算市场上领先于谷歌。但很多人认为云计算市场的未来是人工智能，在一个这样的世界里，很少有人认为微软是该领域的顶级玩家。纳德拉和微软同意给 OpenAI 投资 10 亿美元，OpenAI 同意将这笔钱的大部分返还给微软，因为仅仅为了训练该实验室的系统，这家科技巨头打造了一套全新的硬件基础设施。纳德拉说："无论是我们对量子计算的追求，还是对通用人工智能的追求，我认为都需要这些志向远大的北极星。"对阿尔特曼来说，这与其说是手段，不如说是目的。他说："我运营 OpenAI 的目标，是成功打造出广泛有益的通用人工智能。这种伙伴关系是迄今为止这条道路上最重要的里程碑。"

两间实验室现在说它们正在打造通用人工智能。世界上最大的两家公司表示，它们将提供研发过程中所需的资金和硬件，至少在一段时间内。阿尔特曼认为，他和 OpenAI 还需要 250

亿~500 亿美元才能实现目标。

  一天下午，伊利亚·萨特斯基弗坐在离旧金山 OpenAI 办公室几个街区的一家咖啡店里。他一边啜饮着陶瓷杯里的咖啡，一边谈论着一些事情，其中之一就是通用人工智能。他把它描述为一项技术，即使不能解释具体的细节，他也知道这项技术即将到来。"我知道，它将会非常巨大，我确信这一点，"他说，"我很难准确表达它将会是什么样子，但我认为，思考这些问题并尽可能地展望未来是很重要的。"他说这将是一场"计算海啸"，一场人工智能的雪崩。"这几乎像是一种自然现象，"他解释道，"这是一股不可阻挡的力量。它太有用了。我们能做什么？我们可以操控它，以各种方式改变它。"

  这不仅仅会改变数字世界，也会改变物理世界。他说："我认为一个很好的例子是，真正的人类级别及更高水平的人工智能，将会以难以预测和想象的方式对社会产生巨大的变革性影响。我认为，它将解构几乎所有的人类系统。我认为，用不了太长时间，整个地球的表面就会被数据中心和发电站覆盖。一旦你有了一个数据中心，其中运行着很多比人类聪明得多的人工智能，它就会变得非常有用，并且能产生巨大的价值。你向它提出的第一个问题会是，你能去打造另一个吗？"

当被问及是否指的是字面的意思时，他指着窗外咖啡店对面明亮的橙色建筑说，是的。他说，你想象一下，大楼里堆满了计算机芯片，这些芯片运行的软件复制了谷歌等公司首席执行官、首席财务官及所有工程师的技能。他解释说，如果你让谷歌全部在这栋大楼里运行，它将非常有价值。它太有价值了，以至于它会想建造另一座跟它一样的大楼。再一座，又一座。他说，要继续建造更多的大楼，将会面临巨大的压力。

在大西洋彼岸的圣潘克拉斯车站附近的新谷歌大楼里，沙恩·莱格和戴密斯·哈萨比斯用更简单的语言描述了未来，但他们传达的信息并没有那么不同。正如莱格所解释的那样，DeepMind 走上的一条轨道，跟他和哈萨比斯 10 年前第一次将公司推销给彼得·蒂尔时所设想的一样。他说："当我回顾我们在公司创立之初写下的公司使命时，那感觉与如今的 DeepMind 非常相似，其实一点儿都没变。"就在最近，他们放弃了运营中似乎不符合这个使命的一部分。早在 2018 年春天，穆斯塔法·苏莱曼就告诉 DeepMind 的一些人，他很快会将实验室在医疗健康方面的研究迁移到谷歌。到那年秋天，DeepMind 宣布谷歌正式接管。[24] 过了一年，在一次最初并没有向公司以外的任何人透露的休假之后，苏莱曼也离开了 DeepMind，加入了谷歌。他的哲学似乎总是与杰夫·迪恩的哲学更为一致，而不是与戴密斯·哈萨比斯，现在他已经与哈萨比斯和莱格分道扬镳，带走了他的宠物项目，此项目是 DeepMind 最实用和最短期的研究方向。DeepMind 比以往任何时候都更加关注未来，尽管它有相当大的独立性，但它仍然可以利用谷歌的大量资源。自收购 DeepMind 以来，谷歌已经在研究方面投入了 12 亿美元。[25] 到 2020 年，除了伦敦实验室的数百名计算机科学家之外，哈萨比斯还聘请了一支由 50 多名神经科学家组成的团队来研究大脑的内部工作。

有些人质疑这种情况会持续多久。同年，DeepMind 最大的支持者拉里·佩奇和谢尔盖·布林宣布退休。[26] 有质疑的声音问道："DeepMind 会继续为这种长期研究接受谷歌母公司 Alphabet 如此大量的资金吗？或者，它会被迫承担更短期的任务吗？"对主导收购 DeepMind 并协助创立"谷歌大脑"的阿兰·尤斯塔斯来说，追逐短期技术和遥远梦想之间，总是存在紧张的关系。他说："可能在谷歌内部，他们会接触更为有趣的项目，但这可能会减缓他们朝长期目标迈进的步伐。将他们纳入 Alphabet 会削弱他们的技术商业化能力，但更有可能产生积极的长期影响。这个难题的解决是机器学习史上的重要一步。"但是当然，驱动 DeepMind 的哲学并没有改变。经历了多年的动荡，人工智能技术进步的速度如此惊人，其表现方式超越预期，并与超过任何人意识的更强大、更无情的企业力量交织在一起，而 DeepMind 和 OpenAI 一样，仍然致力于打造一台真正的智能机器。事实上，它的几位创始人认为这场动荡是一种证明。他们警告说，这些技术可能会出错。

一天下午，在伦敦办公室的一次视频通话中，哈萨比斯说他的观点介于马克·扎克伯格和埃隆·马斯克之间。他说，扎克伯格和马斯克的观点都很极端。他非常相信超级智能是可能的，也相信这项技术可能是危险的，但他也认为那还需要很多年才能实现。他说："当事情平静下来时，我们需要利用停机时间，为未来几十年可能出现的严重的后果做好准备。我们现在拥有的时间是宝贵的，需要利用好。"近年来，Facebook 和其他公司带来的问题是一个警告，即必须采取谨慎和深思熟虑的方式来打造这些技术。但是，这个警告不会阻止他实现目标。他说："我们正在这样做，我们没有乱来。我们这么做，是因为我们真的相信这是可能的。这在时间尺度上可能有争议，但据我们所知，没有物理定律能阻止通用人工智能的实现。"

21　未知因素

66 我认为历史会重演。 99

在多伦多市中心谷歌大楼 15 层杰夫·辛顿的办公室里，有两个白色的物体放在靠近窗户的柜子上，每个大约有一个鞋盒那么大。它们呈棱角分明的长条体、三角菱形，看起来像是他在宜家产品目录里找到的两件相配的现代主义迷你雕塑。当新来的访客走进他的办公室时，他会把这两个物体递给他们，告诉他们手上拿着的是同一座金字塔的两半，并问他们能否将金字塔装回到一起。这似乎是一项简单的任务。两个物体都只有 5 个面，所有人要做的就是找到匹配的两个面，并将它们对齐，但很少有人能完成这个拼接。辛顿常常说，有两位麻省理工学院的终身教授没能完成。一位拒绝尝试，另一位证明了这是不可能的。

但在他自己迅速完成拼接之前，辛顿说，这是可能的。他解释说，大多数人没有通过测试，因为这个拼接破坏了他们理解金字塔形状物体或者物理世界中其他任何事物的方式。他们识别金字塔，不是先看一边再看另一边，然后看顶部再看底部。他们是在三维空间里审视整个事物的。辛顿解释说，由于他将金字塔一分为二，使得人们无法像通常那样在三维空间里审视它。他用这种方式展示了视觉比看起来更复杂，以及人们以机器仍然无法实现的方式理解他们面前的东西。他说："这是一个被计算机视觉研究人员忽视的事实，这是一个巨大的错误。"

他指出，自己在过去40年中帮助打造的技术存在局限性。他说，计算机视觉领域的研究人员现在依赖于深度学习，而深度学习只解决了部分问题。如果一个神经网络分析了数千张咖啡杯的照片，它就能学会识别咖啡杯。但是，如果这些照片只是从侧面拍摄的咖啡杯，它就无法识别倒置的咖啡杯。它只看到二维物体，而不是三维的。他解释说，这是他希望通过"胶囊网络"解决的众多问题之一。

像其他任何神经网络一样，胶囊网络是一个通过数据进行学习的数学系统。但是，辛顿说，它可以给机器提供一个与人类一样的三维视角，让机器从一个角度看到咖啡杯的样子后，就能从任何角度识别它。这是他在20世纪70年代末首次提出的一个想法，这个想法几十年后才在谷歌复兴。当他2015年夏天待在DeepMind时，这是他希望从事的工作，但在他的妻子杰基被诊断患有癌症后，他无法继续。回到多伦多后，他与美国签证被拒的伊朗研究人员萨拉·萨布尔一起探索这个想法。到了 2017 年秋天，他们打造了一个胶囊网络，这个网络可以从不熟悉的角度识别图像，精度超过了普通神经网络。但他解释说，胶囊网络不仅仅是一种识别图像的方式。他们试图以一种更复杂、更强大的方式模仿大脑的神经元网络，他认为他们可以加速整个人工智能领域的进步，从计算机视觉到自然语言理解等。对辛顿来说，这项新技术正在接近一个拐点，很像神经网络在 2008 年 12 月达到的拐点，当时他在惠斯勒滑雪度假村遇到了邓力。他说："我认为历史会重演。"

2019 年 3 月 27 日，全球最大的计算机领域专业学术组织国际计算协会宣布，辛顿、杨立昆和本吉奥获得了图灵奖。图灵奖于 1966 年首次推出，通常被视为计算领域的诺贝尔奖。这个奖项是以创造计算机的关键人物之一艾伦·图灵（Alan Turing）的名字命名的，现在的奖金规模为 100 万美元。因为这三位资深研究人员在 21 世纪第一个十年的中期让神经网络的研究得以复兴，并将其推向科技产业的核心地带，这项技术在其中重塑了从图像识别到机器翻译，再到机器人技术的一切，他们以三种使用方式分享了这笔奖金。

辛顿罕见地发了一条 Twitter 消息来纪念这一时刻，他称之为"未知因素"（X Factor）。这条消息是这么写的："当我还是剑桥国王学院的本科生时，2010年获得图灵奖的莱斯·维拉提（Les Valiant）就住在 X 楼梯旁边的房间里。他告诉我，图灵在国王学院当研究员时也住在那里，很可能他1936年的论文就是在那里写的。"[1]这篇论文开启了计算机时代。[2]

两个月后，颁奖典礼在旧金山市中心皇宫酒店的大宴会厅举行。杰夫·迪恩打着黑色领带出席，迈克·斯科洛普夫也是如此。一群身穿白色制服的服务员为坐在铺着白色桌布的圆桌旁的500多位客人提供了晚餐。在他们用餐时，来自产业界和学术界的10多名工程师、程序员和研究人员也获颁了其他各种奖项。辛顿没有坐下来吃饭。由于他的腰背有问题，从他上次能够坐下到现在已经过去15年了。"这是一个由来已久的问题。"他经常这么说。当第一个奖项颁发时，他站在会场的一侧，低头看着一张写有演讲要点的小卡片。过了一会儿，杨立昆和本吉奥站到了他的旁边。然后，在辛顿继续读他的卡片时，他们跟其他人一样都坐了下来。

颁奖进行了一个小时之后，杰夫·迪恩走上讲台，他颇为紧张地介绍了三位图灵奖获得者。他是一位世界级的工程师，不是演说家，但他所说的话都是真的。尽管该领域的其他人多年来一直质疑他们，但他告诉会场里的观众，辛顿、杨立昆和本吉奥已经开发出一套仍在改变科学和文化格局的技术。"是时候用逆向思维来认识他们工作的伟大了。"他说。然后，一段简短的视频在讲台两侧的屏幕上播放，其中描述了神经网络的悠久历史，以及这三位研究人员在过去几十年中面临的阻力。当杨立昆出镜时，他说："我一直认为我绝对是正确的。"当笑声在会场里荡漾时，已经站在讲台旁的辛顿还在读着他的卡片。

这段视频谨慎地表明，人工智能距离真正的智能还有很长的路要走。在屏幕上，杨立昆说："机器的常识还不如一只家猫。"然后，视频切换到辛顿，他描述了他的胶囊网络工作，并希望能推动该领域再次前进，画外音用一贯夸张的方式讲道："人工智能的未来看起来很有希望，很多人称之为具有无限可能性的下一件大事。"然后，辛顿最后一次出现在屏幕上，用更简单的语言描述了这一时刻。首先，他说他很高兴能和杨立昆、本吉奥一起获得这个奖项。"作为一个团体赢得这个奖项非常好，"他说，"作为成功团体的一员，总是比独自一人更好。"然后，他给了与会的观众一些建议。"如果你有一个想法，并且在你看来它确定无疑是正确的，那么，不要听别人说这很愚蠢，"他说，"你应该直接忽略他们。"视频结束时，他仍然站在讲台旁边，低头看着自己的卡片。

本吉奥第一个发表获奖感言，他现在留着浓密的大部分是灰白色的胡子。他说自己第一个发言，是因为他是三个人中最年轻的。他感谢了加拿大高级研究所，这家政府组织在21世纪第一个十年的中期资助了他们的神经网络研究，他还感谢了杨立昆和辛顿。他说："他们首先是我的榜样，然后是我的导师，再之后是我的朋友和'犯罪同伙'。"他补充说，这个奖项不仅是对他们三个人的奖励，也是对其他所有相信这些想法的研究人员的奖励，包括他们在蒙特利尔大学、纽约大学和多伦多大学的很多学生。他说，最终把这项技术推向新高度的，是来自更广泛的圈子里众多志同道合者的创新研究工作。在他讲话的时候，这些事情已经发生了，在医疗健康、机器人和自然语言理解方面的进展还在继续。多年来，该领域很多知名人士的影响力起起落落。在对自己的工作感到越来越失望后，亚历克斯·克里哲夫斯基从谷歌辞职，完全离开了这个领域。第二年，在百度高层的紧张局势加剧后，吴恩达和陆奇先后离开了这家中国公司。但是，作为一个整体，这个领域继续在产业界和学术界扩张。在过去的几个月里，苹果从谷歌挖走了约翰·詹南德雷亚和本吉奥之前的学生伊恩·古德费洛。

但本吉奥也警告说，人工智能研究的圈子必须注意这些技术是如何被使用的。"我们获得了荣誉，但荣誉也伴随着责任。"他说，"我们的工具有好的用途，也有坏的。"谷歌总法律顾问肯特·沃克表示，尽管公司内部对马文项目存在争议，但谷歌愿意与美国国防部合作，很多人仍然质疑这种工作对自主武器的未来意味着什么。[3]

Facebook 人工智能实验室的负责人杨立昆下一个发言。他说："跟随约书亚·本吉奥永远是一个挑战，要领先杰夫·辛顿挑战更大。"他是三个人中唯一穿燕尾服的，他说很多人问过他，获得图灵奖是如何改变他的生活的。"以前，我习惯了人们跟我说我错了，"他说，"现在，我必须小心，因为没有人敢对我这么说了。"他说自己和本吉奥在图灵奖获得者中是独一无二的，他们是仅有的两个出生在 20 世纪 60 年代的人，他们是仅有的两个出生在法国的人，他们是仅有的两个名字以 Y 开头的人，他们是仅有的两个有兄弟在谷歌工作的人。他感谢自己的父亲教他如何成为一名工程师，也感谢杰夫·辛顿担任他的导师。

随着与会者为杨立昆鼓掌，辛顿收起自己的卡片，向讲台走去。他说："我做一点儿计算，我相当肯定，我比杨立昆和本吉奥两人加起来要年轻。"他感谢"国际计算机协会奖励委员会及其非凡的判断力"，感谢他的学生们和博士后们，感谢他的导师和同事们，感谢资助他研究的众多组织。但他说，他真正想感谢的人是他的妻子杰基，她在奖项宣布之前几个月去世了。他告诉与会者，25 年前，他的第一任妻子罗莎琳德去世，当时他认为自己的研究生涯已经结束。"几年后，杰基放弃了自己在伦敦的事业，跟我们其他人一起搬到了加拿大，"他失声说道，"杰基知道我有多想拿到这个奖，她一定也想今天能出现在这里。"

接下来的一个月，为了庆祝这个奖项，辛顿在亚利桑那州凤凰城举行了一场图灵演讲。在演讲中，辛顿解释了机器学习的兴起，并探讨了它的发展方向，他还描述了机器学习的各种方法。[4]他说："有两种学习方法——实际上是三种，但被称为强化学习的第三种方法不太有效。[5]他的观众是几百名人工智能研究人员，他们发出一阵笑声，于是他讲得更深入了一些。"强化学习有一个奇妙的反证，"他告诉观众，"那就是 DeepMind。"[6] 辛顿不相信强化学习，这种方法被戴密斯·哈萨比斯和 DeepMind 视为通往通用人工智能的道路。它需要太多的数据和太多的处理能力，才能成功完成真实世界中的实际任务。出于很多相同的原因以及其他原因，他也不相信通用人工智能这个领域。

他认为，通用人工智能是一个太大的任务，在可预见的未来无法解决。"我更愿意专注于那些能够构想出解决方案的事情。"他在那年春天参观位于北加州的谷歌总部时说。但他也想知道，为什么会有人想打造它。"如果我有一位机器人外科医生，那么它需要了解很多关于医学和操纵手术工具的知识。我不明白为什么我的机器人外科医生需要知道棒球赛比分，为什么它需要通用知识？我本以为你会制造一些机器来帮助我们，"他说，"如果我想让一台机器正确地挖沟，我宁愿要一台铲式挖土机，而不是机器人，你不会想让机器人去挖沟。如果我想要一台可以取钱的机器，一台自动取款机就可以了。我相信，我们可能并不想要通用机器人。"当被问及对通用人工智能的信仰是否像一种宗教时，他反驳道："它远没有宗教那么黑暗。"

同年，彼得·阿比尔邀请他投资 Covariant。当辛顿看到强化学习能为阿比尔的机器人做些什么时，对于人工智能研究的未来，他的观点发生了改变。当 Covariant 的系统搬进柏林的仓库时，他称之为机器人的"AlphaGo 时刻"。"我一直对强化学习持怀疑态度，因为它需要大量的计算。但我们现在已经做到了。"他说。

尽管如此，他还是不相信通用人工智能这个领域。他说："进展的实现要靠解决个人的问题——让机器人修理东西，或理解一个句子以便你能翻译——而不能靠人们打造出通用人工智能。"

与此同时，他并没有看到整个领域进展的尽头，并且其发展已经超出了他的控制范围。他希望胶囊网络能取得最后的成功，但在世界上最大的公司的支持下，更大的圈子正在向其他方向发展。当被问及我们是否应该担心超级智能的威胁时，他说这在短期内没有太大的意义。"我认为我们的看法比戴密斯的要好得多。"他说。但他也表示，如果你着眼于遥远的未来，这是一个完全合理的担忧。

致
谢

　　这不是我要写的书。到 2016 年夏天，我花了几个月的时间写了一个提案，是关于一本完全不同主题的书的提案，当时有一位图书经纪人联系了我，不是我已经合作的那个人。他是伊森·巴索夫（Ethan Bassoff），他看了我写的提案之后，非常礼貌地告诉我，那是垃圾。他是对的，更重要的是，他相信这本书的想法——一个没有其他人真正相信的想法。这样的想法总是最好的。

　　通过伊森，我找到了达顿（Dutton）的编辑斯蒂芬·莫罗（Stephen Morrow），他也相信这个想法，这很了不起。我正在推销一本关于人工智能的书，这碰巧是地球上炒作得最热的技术，但我的想法是写一本书，内容不是关于这项技术本身的，而是与打造它的人相关的。没有人真正写过与打造技术的人相关的书。

他们写的书是与公司高管有关的，这些人在运营打造这些技术的公司。我很幸运，遇到了巴索夫和莫罗。我也很幸运，我想写的人如此有趣，如此有说服力，彼此完全不同。

然后，我不得不写这本书。这几乎完全归功于我的妻子泰（Tay）和我的女儿米莱（Millay）、黑兹尔（Hazel）。一定有很多次，她们都认为把这本书融入我们必须要做的其他事情不是最明智的决定。如果那样做了，她们就是对的。但她们还是帮我写下去了。

有两个人教我如何写这本书：阿什利·万斯和鲍勃·麦克米兰（Bob McMillan）。我真的不知道该怎么办，直到我在 The Register 遇到了阿什利和我们的编辑德鲁·卡伦（Drew Cullen），这是一个真正奇怪、真正精彩的网站，我在那里工作过 5 年。在那之后，我和麦克米兰创建了一本肯定是世界上有史以来最伟大的出版物：《连线企业》（*Wired Enterprise*）。这是另一个没有人相信的想法，除了我们的老板埃文·汉森（Evan Hansen）。汉森说："我欠你的。我喜欢做一些看起来永远不会成功的事情，在《连线》杂志上，我多年来一直能够做到这一点。"

在那些年，我不是给深度学习的报道节奏确定基础的人，那是麦克米兰和我们最喜欢的《连线》科学记者丹妮拉·埃尔南德斯（Daniela Hernandez）所做的事情。我非常感谢埃尔南德斯和其他几位好心人，他们同意阅读我手稿的初稿，其中包括资深人工智能研究员奥伦·埃齐奥尼和克里斯·尼科尔森（Chris Nicholson），前者愿意在阅读自己领域的文字时提出客观的观点，后者对这本书和我在《纽约时报》的新闻报道都至关重要，他永远是我需要的拉比。

我还必须感谢编辑谭佩荣（Pui-Wing Tam）和吉姆·克尔斯特特（Jim Kerstetter），他们给我提供了我一直想要的工作，并教会了我如何做好它。我必须感谢我在《纽约时报》的其他所有同事，包括旧金山分社和其他地方的同事，尤其是伟大的斯科特·沙恩（Scott Shane）和同样伟大的戴和林（Dai Wakabayashi），他们跟我合作过一篇报道，并且这篇报道为这本书打开了新的大门；亚当·萨塔里亚诺（Adam Satariano）、迈克·艾萨克（Mike Isaac）、布莱恩·陈（Brian Chen）和凯特·康格（Kate Conger）都是非常有才华的记者，跟我合作过在这本书里发挥重要作用的其他报道；以及内利·鲍尔斯（Nellie Bowles），他提出了前言的标题，我对此感到非常满意。

最后，我要感谢我的母亲，玛丽·梅茨；我的姐妹，路易丝·梅茨和安娜·梅茨·卢茨；我的妹夫，阿尼尔·盖希和丹·卢茨；我的外甥和外甥女帕斯卡尔·盖希、伊莱亚斯·盖希、米丽娅姆·卢茨、艾萨克·卢茨和薇薇安·卢茨，他们都提供了比他们自己知道的更多的帮助。我唯一的遗憾是我没有尽快完成这本书，给我的父亲沃尔特·梅茨看一看。他会比任何人都更喜欢这本书。

1960 年 ——康奈尔大学教授弗兰克·罗森布拉特在纽约布法罗的一间实验室中打造了"马克一号"感知机,这是早期的神经网络。

1969 年 ——麻省理工学院教授马文·明斯基和西摩·佩珀特出版了《感知机》一书,指出了罗森布拉特技术中的缺陷。

1971 年 ——杰夫·辛顿开始在爱丁堡大学攻读人工智能博士学位。

1973 年 ——第一次人工智能寒冬到来。

1978 年 ——杰夫·辛顿开始在加州大学圣迭戈分校做博士后研究。

1982 年 ——卡内基-梅隆大学招聘了杰夫·辛顿。

1984 年 ——杰夫·辛顿和杨立昆在法国相遇。

1986 年 ——戴维·鲁梅尔哈特、杰夫·辛顿和罗纳德·威廉姆斯发表了他们关于"反向传播"的论文，扩展了神经网络的功能。

——杨立昆加入了位于新泽西州霍尔姆德尔的贝尔实验室，在那里他开始打造 LeNet，一个可以识别手写数字的神经网络。

1987 年 ——杰夫·辛顿离开卡内基-梅隆大学，加入多伦多大学。

1989 年 ——卡内基-梅隆大学的研究生迪安·波默洛制造了 ALVINN，一辆基于神经网络的自动驾驶汽车。

1992 年 ——约书亚·本吉奥在贝尔实验室做博士后研究时遇到了杨立昆。

1993 年 ——蒙特利尔大学招聘了约书亚·本吉奥。

1998 年 ——杰夫·辛顿在伦敦大学学院成立了盖茨比计算神经科学中心。

——20 世纪 90 年代到 21 世纪的第一个十年：第二次人工智能寒冬。

2000 年 ——杰夫·辛顿回到多伦多大学。

2003 年 ——杨立昆加入纽约大学。

2004 年 ——在加拿大政府的资助下，杰夫·辛顿开始举办"神经计算和适应性感知"研讨会。杨立昆和约书亚·本吉奥加入了他的行列。

2007 年 ——杰夫·辛顿创造了术语"深度学习"，一种描述神经网络的方式。

2008 年 ——杰夫·辛顿在不列颠哥伦比亚省的惠斯勒偶遇微软研究员邓力。

2009 年 ——杰夫·辛顿访问位于西雅图的微软研究院实验室，探索语音识别的深度学习。

2010 年 ——辛顿的两名学生阿卜杜勒–拉赫曼·穆罕默德和乔治·达尔访问微软。

——戴密斯·哈萨比斯、沙恩·莱格和穆斯塔法·苏莱曼创立 DeepMind。

——斯坦福大学教授吴恩达向谷歌首席执行官

拉里·佩奇推介"马文项目"。

2011 年 ——多伦多大学研究员纳夫迪普·贾特利在蒙特利尔的谷歌公司实习,通过深度学习打造新的语音识别系统。

——吴恩达、杰夫·迪恩和格雷格·科拉多创立"谷歌大脑"。

——谷歌部署基于深度学习的语音识别服务。

2012 年 ——吴恩达、杰夫·迪恩和格雷格·科拉多发表了"小猫论文"。

——吴恩达离开谷歌。

——杰夫·辛顿在"谷歌大脑"做"实习生"。

——杰夫·辛顿、伊利亚·萨特斯基弗和亚历克斯·克里哲夫斯基发表了 AlexNet 论文。

——杰夫·辛顿、伊利亚·萨特斯基弗和亚
历克斯·克里哲夫斯基拍卖了他们的公司
DNNresearch。

2013 ——杰夫·辛顿、伊利亚·萨特斯基弗和亚历
克斯·克里哲夫斯基加入谷歌。

——马克·扎克伯格和杨立昆创立 Facebook
人工智能研究实验室。

2014 ——谷歌收购 DeepMind。

——伊恩·古德费洛发表了 GAN 论文，描述
了一种生成照片的方法。

——伊利亚·萨特斯基弗发表了论文《从序列
到序列》，这是机器翻译的一个进步。

2015 ——杰夫·辛顿在 DeepMind 度过夏天。

● ——AlphaGo 在伦敦击败范辉。

● ——埃隆·马斯克、萨姆·阿尔特曼、伊利亚·萨特斯基弗和格雷格·布罗克曼创立 OpenAI。

2016 年 ——DeepMind 公布"DeepMind 健康"。

● ——AlphaGo 在韩国首尔击败李世石。

● ——陆奇离开微软。

● ——谷歌部署基于深度学习的翻译服务。

● ——唐纳德·特朗普在美国大选中击败希拉里·克林顿。

2017 年——陆奇加入百度。

——AlphaGo 在中国击败柯洁。

——中国发布《新一代人工智能发展规划》。

——杰夫·辛顿公布"胶囊网络"。

——英伟达推出渐进式 GAN，它可以生成照片级的人脸。

——"深度造假"出现在互联网上。

2018 年——埃隆·马斯克离开 OpenAI。

——谷歌员工抗议马文项目。

● ——谷歌发布了 BERT，一种学习语言技能的系统。

2019 年 ——顶级研究人员抗议亚马逊的人脸识别技术。

● ——杰夫·辛顿、杨立昆和约书亚·本吉奥获得 2018 年图灵奖。

——微软向 OpenAI 投资 10 亿美元。

2020 年 ——Covariant 在柏林发布分拣机器人。

谷　歌

阿妮莉亚·安杰洛娃，出生于保加利亚的研究人员，与亚历克斯·克里哲夫斯基一起将深度学习带入谷歌自动驾驶汽车项目。

谢尔盖·布林，创始人。

乔治·达尔，这位英语教授的儿子在加入"谷歌大脑"之前，曾在多伦多大学和微软与辛顿一起探索语音识别。

杰夫·迪恩，谷歌早期的员工，成为该公司最著名、最受尊敬的工程师，并于 2011 年创立"谷歌大脑"，这是谷歌的人工智能实验室。

阿兰·尤斯塔斯，谷歌的高管和工程师，在离开谷歌并创造世界跳伞纪录之前，负责谷歌在深度学习上的投入。

蒂姆尼特·格布鲁，曾任斯坦福大学研究员，后加入谷歌伦理团队。

约翰·詹南德雷亚，谷歌人工智能主管，后加入苹果公司。

伊恩·古德费洛，GAN 的发明人，GAN 是一种可以自行生成虚假图像（而且非常逼真）的技术。他曾在谷歌和 OpenAI 工作过，后加入苹果公司。

瓦润·古尔山，虚拟现实工程师，探索了能够读取眼部扫描影像并检测糖尿病失明迹象的人工智能。

杰夫·辛顿，多伦多大学教授，深度学习革命的发起人，2013 年加入谷歌。

乌尔斯·霍尔泽，在瑞士出生的工程师，负责谷歌全球计算机数据中心网络。

亚历克斯·克里哲夫斯基，杰夫·辛顿的学生。在加入"谷歌大脑"和谷歌自动驾驶汽车项目之前，他在多伦多大学帮助再造了计算机视觉。

李飞飞，斯坦福大学教授，加入了谷歌，并推动在中国建立谷歌人工智能实验室。

梅格·米切尔，离开微软转投谷歌的研究员，组建了一个从事人工智能伦理研究的团队。

拉里·佩奇，创始人。

彭琼芳，训练有素的医生，负责一个将人工智能应用于医疗健康的团队。

桑达尔·皮查伊，首席执行官。

萨拉·萨布尔，在伊朗出生的研究员，在多伦多谷歌实验室与杰夫·辛顿一起研究"胶囊网络"。

埃里克·施密特，董事长。

DeepMind

亚历克斯·格雷夫斯，苏格兰研究员，打造了一个可手写的系统。

戴密斯·哈萨比斯，英国的国际象棋天才、游戏设计师和神经科学家，创建了伦敦人工智能初创公司 DeepMind，该公司后来发展成为世界上最著名的人工智能实验室。

科拉伊·卡武库奥格鲁，土耳其研究员，负责实验室的软件代码。

沙恩·莱格，新西兰人，和戴密斯·哈萨比斯一起创立了 DeepMind，致力于制造做大脑能做的任何事情的机器，尽管他担心这会带来危险。

弗拉德·姆尼，俄罗斯研究员，负责打造一台掌握旧雅达利游戏的机器。

戴维·西尔弗，研究员，在剑桥遇到了哈萨比斯，并领导了 DeepMind 团队，制造了 AlphaGo，这是一台标志着人工智能进步转折点的机器。

穆斯塔法·苏莱曼，戴密斯·哈萨比斯儿时的相识，二人共同创立了 DeepMind，并领导了实验室在伦理和医疗健康方面的工作。

Facebook

卢博米尔·布尔德夫，帮助创建 Facebook 实验室的计算机视觉研究员。

罗布·弗格斯，在纽约大学和 Facebook 与杨立昆一起工作的研究员。

杨立昆，出生于法国的纽约大学教授，在负责 Facebook 人工智能研究实验室之前，曾帮助杰夫·辛顿扶植深度学习。

马克·奥雷利奥·兰扎托，前职业小提琴家，Facebook 将他从"谷歌大脑"挖来并为其人工智能实验室播下了种子。

迈克·斯科洛普夫，首席技术官。

马克·扎克伯格，创始人兼首席执行官。

微　软

克里斯·布罗克特，前语言学教授，后成为微软人工智能研究员。

邓力，将杰夫·辛顿的想法带到微软的研究员。

彼得·李，研究负责人。

萨提亚·纳德拉，首席执行官。

OpenAI

萨姆·阿尔特曼，硅谷初创公司孵化器 Y Combinator 的前总裁，后成为 OpenAI 的首席执行官。

格雷格·布罗克曼，金融科技初创公司 Stripe 的前首席技术官，帮助创立了 OpenAI。

埃隆·马斯克，电动汽车制造商特斯拉和火箭公司 SpaceX 的首席执行官，帮助创立了 OpenAI。

伊利亚·萨特斯基弗，杰夫·辛顿的学生，离开"谷歌大脑"后加入了 OpenAI，这间旧金山的人工智能实验室是为了响应 DeepMind 而创立的。

沃伊切赫·扎伦巴，曾任谷歌和 Facebook 研究员，OpenAI 的首批员工之一。

百　度

李彦宏，首席执行官。

陆奇，微软前执行副总裁，在离开微软并加入百度之前，曾负责必应搜索引擎。

吴恩达，斯坦福大学教授，在接管百度硅谷实验室之前，和杰夫·迪恩一起创建了"谷歌大脑"实验室。

余凯，百度深度学习实验室的创建者。

英伟达

克莱门特·法拉贝特，杨立昆的门徒，加入英伟达并打造自动驾驶汽车使用的深度学习芯片。

黄仁勋，首席执行官。

Clarifai

德博拉·拉吉，Clarifai 的实习生，后继续在麻省理工学院研究人工智能系统中的偏见。

马特·泽勒，创始人兼首席执行官。

学术界

约书亚·本吉奥，蒙特利尔大学教授，在 20 世纪 90 年代和 21 世纪初与杰夫·辛顿和杨立昆一起传递深度学习的火炬。

乔伊·布拉姆维尼，麻省理工学院研究人脸识别服务偏见的研究员。

盖瑞·马库斯，纽约大学的心理学家，创立了一家名为"几何智能"的初创公司，并将其卖给了 Uber。

迪安·波默洛，卡内基-梅隆大学的研究生，曾在 20 世纪 80 年代末 90 年代初使用神经网络制造自动驾驶汽车。

于尔根·施米德胡贝，瑞士达勒·摩尔人工智能研究所的研究员。他的想法帮助推动了深度学习的兴起。

特里·谢诺夫斯基，约翰斯·霍普金斯大学的神经科学家，20 世纪 80 年代神经网络复兴运动中的一员。

奇点峰会

彼得·蒂尔，贝宝创始人、Facebook 的早期投资者。他在奇点峰会（一个专门讨论未来主义的会议）上遇到了 DeepMind 的创始人。

埃利泽·尤德考斯基，未来学家，将 DeepMind 创始人介绍给了
蒂尔。

过　去

马文·明斯基，人工智能先驱，质疑弗兰克·罗森布拉特的工作，
并成功地使其工作远离了人们的关注。

弗兰克·罗森布拉特，康奈尔大学心理学教授，在 20 世纪 60 年
代发明了感知机，这是一种学习识别图像的系统。

戴维·鲁梅尔哈特，加州大学圣迭戈分校的心理学家和数学家，
在 20 世纪 80 年代与杰夫·辛顿一起帮助复兴了弗兰克·罗森布
拉特的思想。

艾伦·图灵，计算机时代的奠基人，一度住在剑桥国王学院的楼
梯间里，杰夫·辛顿后来也在那里住过。

本书源于我为《连线》杂志和《纽约时报》报道人工智能的 8 年间对 400 多人的采访,以及为本书专门进行的 100 多次采访。大多数人被采访过不止一次,有些人甚至被采访过很多次。本书还借鉴了很多公司和个人的文件和电子邮件,以揭示或证实某些特定的事件或细节。每一个场景和重要细节(例如,一个收购价格)都由至少两个来源证实,通常还会更多。在随后的注释中,出于礼貌,我引用了包括《连线》杂志在内的前雇主发表过的我自己撰写的报道。只有当本书的叙述中明确提到我和合作者在《纽约时报》上写的报道,或者我想对我的合作者表示感谢时,我才会引用这些报道。本书借鉴了我在《纽约时报》工作时的所有采访和笔记。

前 言 杰夫·辛顿:无法坐下的人

1. Internet Archive, Web crawl from November 28, 2012, http://web.archive. org.

2. Alex Krizhevsky, Ilya Sutskever, Geoffrey Hinton, "ImageNet Classifica-

tion with Deep Convolutional Neural Networks," *Advances in Neural Information Processing Systems* 25 (NIPS 2012), https://papers.nips.cc/paper/4824-imagenet-classification-with-deep-con volutional-neural-networks.pdf.

01 感知机：最早的神经网络之一

1. "New Navy Device Learns by Doing," *New York Times,* July 8, 1958.

2. "Electronic 'Brain' Teaches Itself," *New York Times,* July 13, 1958.

3. "New Navy Device Learns by Doing."

4. "Electronic 'Brain' Teaches Itself."

5. Frank Rosenblatt, *Principles of Neurodynamics: Perceptrons and the Theory of Brain Mechanisms* (Washington, D.C: Spartan Books, 1962), pp. vii–viii.

6. "Dr. Frank Rosenblatt Dies at 43; Taught Neurobiology at Cornell," *New York Times,* July 13, 1971.

7. "Profiles, AI, Marvin Minsky," *New Yorker,* December 14, 198 .

8. Andy Newman, "Lefkowitz is 8th Bronx Science H.S. Alumnus to Win Nobel Prize," *New York Times,* October 10, 2012, https://cityroom.blogs.nytimes.com/2012/10/10/another-nobel-for-bronx-science-this-one-in-chemistry/.

9. Robert Wirsing, "Cohen Co-names 'Bronx Science Boulevard,'" *Bronx Times,* June 7, 2010, https://www.bxtimes.com/cohen-co-names-bronx-science-boulevard/.

10. The Bronx High School of Science website, "Hall of Fame," https://www.bxscience.edu/halloffame/; "Martin Hellman (Bronx Science Class of '62) Wins the A.M. Turing Award," The Bronx High School

of Science website, https://www.bxscience.edu/m/news/show_news. jsp?REC_ID=403749&id=1.

11. "Electronic Brain's One-Track Mind," *New York Times,* October 18, 1953.

12. "Dr. Frank Rosenblatt Dies at 43; Taught Neurobiology at Cornell."

13. Rosenblatt, *Principles of Neurodynamics: Perceptrons and the Theory of Brain Mechanisms,* pp. v–viii.

14. Ibid.

15. "New Navy Device Learns by Doing."

16. "Rival," Talk of the Town, *New Yorker,* December 6, 1958.

17. Ibid.

18. Ibid.

19. Ibid.

20. Ibid.

21. Ibid.

22. Ibid.

23. John Hay, Ben Lynch, and David Smith, *Mark I Perceptron Operators' Manual,* 1960, https://apps.dtic.mil/dtic/tr/full text/u2/236965.pdf.

24. "Profiles, AI, Marvin Minsky."

25. Ibid.

26. Stuart Russell and Peter Norvig, *Artificial Intelligence: A Modern Approach* (Upper Saddle River, NJ: Prentice Hall, 2010), p. 16.

27. Marvin Minsky, *Theory of Neural-Analog Reinforcement Systems and Its Application to the Brain Model Problem* (Princeton, NJ: Princeton University, 1954).

28. Russell and Norvig, *Artificial Intelligence: A Modern Approach,* p. 17.

29. Claude Shannon and John McCarthy, *Automata Studies,* Annals of Mathematics Studies, April 1956 (Princeton, NJ: Princeton University Press).

30. John McCarthy, Marvin Minsky, Nathaniel Rochester, and Claude Shannon, "A Proposal for the Dartmouth Summer Research Project on Artificial Intelligence," August 31, 1955, http://raysolomonoff.com/dartmouth/boxa/dart564props.pdf.

31. Herbert Simon and Allen Newell, "Heuristic Problem Solving: The Next Advance in Operations Research," *Operations Research* 6, no. 1 (January–February 1958), p. 7.

32. Rosenblatt, *Principles of Neurodynamics: Perceptrons and the Theory of Brain Mechanisms,* pp. v–viii.

33. Ibid.

34. Ibid.

35. Laveen Kanal, ed., *Pattern Recognition* (Washington, D.C.: Thompson Book Company, 1968), p. vii.

36. Marvin Minsky and Seymour Papert, *Perceptrons* (Cambridge, MA: MIT Press, 1969).

37. Cade Metz, "One Genius' Lonely Crusade to Teach a Computer Common Sense," *Wired,* March 24, 2016, https://www.wired.com/2016/03/doug-lenat-artificial-intelligence-common-sense-engine/.

38. "Dr. Frank Rosenblatt Dies at 43; Taught Neurobiology at Cornell."

02 辛顿与人工智能的第一次寒冬

1. Desmond McHale, *The Life and Work of George Boole: A Prelude to the Digital Age* (Cork, Ireland: Cork University Press, 2014).

2. Gerry Kennedy, *The Booles and the Hintons* (Cork, Ireland: Atrium Press, 2016).

3. Ibid.

4. U.S. Patent 1,471,465; U.S. Patent 1,488,244; U.S. Patent 1, 488, 245 1920; and U.S. Patent 1,488,246.

5. William Grimes, "Joan Hinton, Physicist Who Chose China over Atom Bomb, Is Dead at 88," *New York Times,* June 11, 2010, https://www.nytimes.com/2010/06/12/science/12hinton.html.

6. George Salt, "Howard Everest Hinton. 24 August 1912–2 August 1977," *Biographical Memoirs of Fellows of the Royal Society* (London: Royal Society Publishing, 1978), pp. 150–182, https://royalsocietypublishing.org/doi/10.1098/rsbm.1978.0006.

7. Kennedy, *The Booles and the Hintons.*

8. Peter M. Milner and Brenda Atkinson Milner, "Donald Olding Hebb. 22 July 1904–20 August 1985," *Biographical Memoirs of Fellows of the Royal Society* (London: Royal Society Publishing, 1996), 42: 192–204, https://royalsocietypublishing.org/doi/10.1098/rsbm.1996.0012.

9. Stuart Russell and Peter Norvig, *Artificial Intelligence: A Modern Approach* (Upper Saddle River, NJ: Prentice Hall, 2010), p. 16.

10. Chris Darwin, "Christopher Longuet-Higgins, Cognitive Scientist with a Flair for Chemistry," *Guardian,* June 9, 2004, https://www.theguardian.com/news/2004/jun/10/guardianobituaries.highereducation.

11. James Lighthill, "Artificial Intelligence: A General Survey," Artificial Intelligence: A Paper Symposium, Science Research Council, Great Britain, 1973.

12. Ibid.

13. Francis Crick, "Thinking About the Brain," *Scientific American,* September 1979.

14. Lee Dye, "Nobel Physicist R. P. Feynman Dies," *Los Angeles Times,* February 16, 1988, https://www.latimes.com/archives/la-xpm-1988-02-16-mn-42968-story.html.

15. David Rumelhart, Geoffrey Hinton, and Ronald Williams, "Learning Representations by Back-Propagating Errors," *Nature* 323 (1986), pp. 533–536.

16. "About DARPA," Defense Advanced Research Projects Agency website, https://www.darpa.mil/about-us/about-darpa.

17. Lee Hamilton and Daniel Inouye, "Report of the Congressional Committees Investigating the Iran-Contra Affair" (Washington, D.C.: Government Printing Office, 1987).

03　连接主义的圈子

1. "Convolutional Neural Network Video from 1993 [*sic*]," YouTube, https://www.youtube.com/watch?v=FwFduRA_L6Q.

2. Jean Piaget, Noam Chomsky, and Massimo Piattelli-Palmarini, *Language and Learning: The Debate Between Jean Piaget and Noam Chomsky* (Cambridge: Harvard University Press, 1980).

3. "Learning, Then Talking," *New York Times,* August 16, 1988.

4. Yann LeCun, Bernhard Boser, John Denker et al., "Backpropagation Applied to Handwritten Zip Code Recognition," *Neural Computation* (Winter 1989), http://yann.lecun.com/exdb/publis/pdf/lecun-89e.pdf.

5. Eduard Säckinger, Bernhard Boser, Jane Bromley et al., "Application of the ANNA Neural Network Chip to High-Speed Character Recognition,"

IEEE Transaction on Neural Networks (March 1992).

6. Daniela Hernandez, "Facebook's Quest to Build an Artificial Brain Depends on This Guy," *Wired,* August 14, 2014, https://www.wired.com/2014/08/deep-learning-yann-lecun/.

7. http://yann.lecun.com/ex/group/index.html, re-trieved March 9, 2020.

8. Clément Farabet, Camille Couprie, Laurent Najman, and Yann LeCun, "Scene Parsing with Multiscale Feature Learning, Purity Trees, and Optimal Covers," 29th International Conference on Machine Learning (ICML 2012), June 2012, https://arxiv.org/abs/1202.2160.

9. Ashlee Vance, "This Man Is the Godfather the AI Community Wants to Forget," *Bloomberg Businessweek*, May 15, 2018, https:// www.bloomberg.com/news/features/2018-05-15/google-amazon-and- face book-owe-j-rgen-schmidhuber-a-fortune.

10. Jürgen Schmidhuber's Home Page, http://people.idsia.ch/~juergen/, retrieved March 9, 2020.

11. Vance, "This Man Is the Godfather the AI Community Wants to Forget."

12. Aapo Hyvärinen, "Connections Between Score Matching, Contrastive Divergence, and Pseudolikelihood for Continuous-Valued Variables," revised submission to IEEE TNN, February 21, 2007, https://www.cs.helsinki.fi/u/ahyvarin/papers/cdsm3.pdf.

04　微软的尝试与谷歌的新突破

1. Khaled Hassanein, Li Deng, and M. I. Elmasry, "A Neural Predictive Hidden Markov Model for Speaker Recognition," SCA Workshop on Automatic Speaker Recognition, Identification, and Verification, April 1994, https://www.isca-speech.org/archive_open/asriv94/sr94_115.

html.

2. Abdel-rahman Mohamed, George E. Dahl, and Geoffrey Hinton, "Deep Belief Networks for Phone Recognition," NIPS workshop on deep learning for speech recognition and related applications, 2009, https://www.cs.toronto.edu/~gdahl/papers/dbnPhoneRec.pdf.

3. "GPUs for Machine Learning Algorithms," Eighth International Conference on Document Analysis and Recognition (ICDAR 2005).

4. Rajat Raina, Anand Madhavan, and Andrew Y. Ng, "Large-Scale Deep Unsupervised Learning Using Graphics Processors," Computer Science Department, Stanford University, 2009, http://robotics.stanford.edu/~ang/papers/icml09-LargeScaleUnsupervisedDeepLearning GPU.pdf.

05 证据：从谷歌大脑到 AlexNet

1. John Markoff, "Google Cars Drive Themselves, in Traffic," *New York Times,* October 9, 2010, https://www.nytimes.com/ 2010/10/10/ science/ 10google.html.

2. Evan Ackerman and Erico Guizz, "Robots Bring Couple Together, Engagement Ensues," *IEEE Spectrum,* March 31, 2014, https://spectrum.ieee.org/automaton/robotics/humanoids/engaging-with-robots.

3. Jeff Hawkins with Sandra Blakeslee, *On Intelligence: How a New Understanding of the Brain Will Lead to the Creation of Truly Intelligent Machines* (New York: Times Books, 2004).

4. Gideon Lewis-Kraus, "The Great AI Awakening," *New York Times Magazine,* December 14, 2006, https:// www.nytimes.com/2016/12/14/ magazine/the-great-ai-awakening.html.

5. Ibid.

6. Cade Metz, "If Xerox PARC Invented the PC, Google Invented the Internet," *Wired,* August 8, 2012, https://www.wired.com/2012/08/google-as-xerox-parc/.

7. John Markoff, "How Many Computers to Identify a Cat? 16,000," *New York Times,* June 25, 2012, https://www.nytimes.com/2012/06/26/technology/in-a-big-network-of-computers-evidence-of-machine-learning.html.

8. Ibid.

9. Quoc V. Le, Marc'Aurelio Ranzato, Rajat Monga et al., "Building High-level Features Using Large Scale Unsupervised Learning," 2012, https://arxiv.org/abs/1112.6209.

10. Markoff, "How Many Computers to Identify a Cat? 16,000."

11. Lewis-Kraus, "The Great AI Awakening."

12. Ibid.

13. *The Dam Busters,* directed by Michael Anderson, Associated British Pathé (UK), 1955.

14. Le, Ranzato, Monga et al., "Building High-Level Features Using Large Scale Unsupervised Learning."

15. Olga Russakovsky, Jia Deng, Hao Su et al., "ImageNet Large Scale Visual Recognition Challenge," 2014, https://arxiv.org/abs/1409.0575.

16. Alex Krizhevsky, Ilya Sutskever, and Geoffrey Hinton. "ImageNet Classification with Deep Convolutional Neural Networks," *Advances in Neural Information Processing Systems* 25 (NIPS 2012), https://papers.nips.cc/paper/4824-imagenet-classification-with-deep-convolutional-neural-networks.pdf.

17. Richard Conniff, "When Continental Drift Was Considered Pseudo-

science," *Smithsonian,* June 2012, https://www.smithsonianmag.com/scie
nce-nature/when-continental-drift-was-considered-pseudoscience-90
353214/.

18. Benedict Carey, "David Rumelhart Dies at 68; Created Computer
Simulations of Perception," *New York Times,* March 11, 2011.

06 DeepMind 的野心与谷歌的收购

1. John Markoff, "Parachutist's Record Fall: Over 25 Miles in 15 Minutes,"
New York Times, October 24, 2014.

2. Cade Metz, "What the AI Behind AlphaGo Can Teach Us About Being
Human," *Wired,* May 19, 2016, https://www.wired.com/2016/05/google-
alpha-go-ai/.

3. Archived "Diaries" from Elixir, https://archive.kontek.net/republic.
strategyplanet.gamespy.com/d1.shtml.

4. Steve Boxer, "Child Prodigy Stands by Originality," *Guardian,* September
9, 2004, https://www.theguardian.com/technology/2004/sep/09/game
s.onlinesupplement.

5. David Rowan, "DeepMind: Inside Google's Super-Brain," *Wired UK,*
June 22, 2015, https://www.wired.co.uk/article/deepmind.

6. Archived "Diaries" from Elixir, https://archive.kontek.net/republic.
strategyplanet.gamespy.com/d1.shtml.

7. Ibid.

8. Metz, "What the AI Behind AlphaGo Can Teach Us About Being
Human."

9. Demis Hassabis, Dharshan Kumaran, Seralynne D. Vann, and Eleanor
A. Maguire, "Patients with Hippocampal Amnesia Cannot Imagine New

Experiences," *Proceedings of the National Academy of Sciences* 104, no. 5 (2007): pp. 1726–1731.

10. "Breakthrough of the Year," *Science,* December 21, 2007.

11. Shane Legg, "Machine Super Intelligence," PhD dissertation, University of Lugano, June 2008, http://www.vetta.org/documents/Machine_Super_Intelligence.pdf.

12. Ibid.

13. Hal Hodson, "DeepMind and Google: The Battle to Control Artificial Intelligence," *1843 Magazine,* April/May 2019, https://www.1843magazine.com/features/deepmind-and-google-the-battle-to-control-artificial-intelligence.

14. "A Systems Neuroscience Approach to Building AGI—Demis Hassabis, Singularity Summit 2010," YouTube, https://www.youtube.com/watch?v=Qgd3OK5DZWI.

15. Ibid.

16. "Measuring Machine Intelligence—Shane Legg, Singularity Summit," YouTube, https://www.youtube.com/watch?v=0ghzG14dT-w.

17. Ibid.

18. Metz, "What the AI Behind AlphaGo Can Teach Us About Being Human."

19. Hodson, "DeepMind and Google: The Battle to Control Artificial Intelligence."

20. Stuart Russell and Peter Norvig, *Artificial Intelligence: A Modern Approach* (Upper Saddle River, NJ: Prentice Hall, 2010), p. 14.

21. Ibid., p. 186.

22. Ibid., p. ix.

23. John Markoff, "Computer Wins on 'Jeopardy!': Trivial, It's Not," *New*

York Times, February 16, 2011.

24. Volodymyr Mnih, Koray Kavukcuoglu, David Silver et al., "Playing Atari with Deep Reinforcement Learning," *Nature* 518 (2015), pp. 529–533.

25. Samuel Gibbs, "Google Buys UK Artificial Intelligence Startup Deepmind for £400m," *Guardian,* January 27, 2017, https:// www. theguardian.com/technology/2014/jan/27/google-acquires-uk-artificial-intelligence-startup-deepmind.

07 人才争夺战：Facebook vs 谷歌

1. "Facebook Buys into Machine Learning," Neil Lawrence blog and video, https://inverseprobability.com/2013/12/09/facebook-buys-into-machine-learning.

2. Ibid.

3. Cade Metz, "Facebook 'Open Sources' Custom Server and Data Center Designs," *Register,* April 7, 2011, https://www.theregister.co.uk/2011/04/07/facebook_data_center_unveiled/.

4. Cade Metz, "Google Just Open Sourced TensorFlow, Its Artificial Intelligence Engine," *Wired,* November 9, 2015, https://www.wired.com/2015/11/google-open-sources-its-artificial-intelligence-engine/.

5. John Markoff, "Scientists See Promise in Deep-Learning Programs Image," *New York Times,* November 23, 2012, https://www.nytimes.com/2012/11/24/science/scientists-see-advances-in-deep-learning-a-part-of-artificial-intelligence.html.

6. DeepMind Technologies Limited Re-port and Financial Statements Year Ended, December 31, 2017.

7. Ashlee Vance, "The Race to Buy the Human Brains Behind Deep

Learning Machines," *Bloomberg Businessweek,* January 27, 2014, https://www.bloomberg.com/news/articles/2014-01-27/the-race-to-buy-the-human-brains-behind-deep-learning-machines.

8. Daniela Hernandez, "Man Behind the 'Google Brain' Joins Chinese Search Giant Baidu," *Wired,* May 16, 2014, https://www.wired.com/2014/05/andrew-ng-baidu/.

08 炒作

1. John Tierney, "24 Miles, 4 Minutes and 834 M.P.H., All in One Jump," *New York Times,* October 14, 2012, https://www.nytimes.com/2012/10/15/us/felix-baumgartner-skydiving.html.

2. John Markoff, "Parachutist's Record Fall: Over 25 Miles in 15 Minutes," *New York Times,* October 24, 2014, https://www.nytimes.com/2014/10/25/science/alan-eustace-jumps-from-stratosphere-breaking-felix-baumgartners-world-record.html.

3. Andrew J. Hawkins, "Inside Waymo's Strategy to Grow the Best Brains for Self-Driving Cars," *The Verge*, May 9, 2018, https://www.theverge.com/2018/5/9/17307156/google-waymo-driverless-cars-deep-learning-neural-net-interview.

4. Google Annual Report, 2013, https://www.sec.gov/Archives/edgar/data/1288776/000128877614000020/goog2013123110-k.htm.

5. Jack Clark, "Google Turning Its Lucrative Web Search Over to AI Machines," *Bloomberg News,* October 26, 2015, https://www.bloomberg.com/news/articles/2015-10-26/google-turning-its-lucrative-web-search-over-to-ai-machines.

6. Ibid.

7. Cade Metz, "AI Is Transforming Google Search. The Rest of the Web Is Next," *Wired,* February 4, 2016, https://www.wired.com/2016/02/ai-is-changing-the-technology-behind-google-searches/; Mike Isaac and Daisuke Wakabayashi, "Amit Singhal, Uber Executive Linked to Old Harassment Claim, Resigns," *New York Times,* February 27, 2017, https://www.nytimes.com/2017/02/27/technology/uber-sexual-harassment-amit-singhal-resign.html.

8. Metz, "AI Is Transforming Google Search. The Rest of the Web Is Next."

9. Jack Clarke, "Google Cuts Its Giant Electricity Bill with DeepMind-Powered AI," *Bloomberg News,* July 19, 2016, https://www.bloomberg.com/news/articles/2016-07-19/google-cuts-its-giant-electricity-bill-with-deepmind-powered-ai.

10. Ibid.

11. Ibid.

12. Carl Benedikt Frey and Michael A. Osborne, "The Future of Employment: How Susceptible Are Jobs to Computerisation?" Working paper, Oxford Martin School, September 2013, https://www.oxfordmartin.ox.ac.uk/downloads/academic/The_Future_of_Employment.pdf.

13. Ashlee Vance, "This Man Is the Godfather the AI Community Wants to Forget," *Bloomberg Businessweek,* May 15, 2018, https://www.bloomberg.com/news/features/2018-05-15/google-amazon-and-facebook-owe-j-rgen-schmidhuber-a-fortune.

14. Tomas Mikolov, Ilya Sutskever, Kai Chen et al., "Distributed Representations of Words and Phrases and their Compositionality," 2013, https:// arxiv.org/abs/1301.3781.

15. Ilya Sutskever, Oriol Vinyals, and Quoc V. Le, "Sequence to Sequence

Learning with Neural Networks," 2014, https://arxiv.org/abs/1409.3215.

16. "NIPS Oral Session 4—Ilya Sutskever," YouTube, https://www.youtube. com/watch?v=-uyXE7dY5H0.

17. Cade Metz, "Building an AI Chip Saved Google from Building a Dozen New Data Centers," *Wired,* April 5, 2017, https://www.wired. com/2017/04/building-ai-chip-saved-google-building-dozen-new-data-centers/.

18. Cade Metz, "Revealed: The Secret Gear Connecting Google's Online Empire," *Wired,* June 17, 2015, https://www.wired.com/2015/06/google-reveals-secret-gear-connects-online-empire/.

19. Robert McMillan and Cade Metz, "How Amazon Followed Google into the World of Secret Servers," *Wired,* November 30, 2012, https://www. wired.com/2012/11/amazon-google-secret-servers/.

20. Gideon Lewis-Kraus, "The Great AI Awakening," *New York Times Magazine,* December 14, 2006, https://www.nytimes.com/2016/12/14/magazine/the-great-ai-awakening.html.

21. Ibid.

22. Ibid.

23. Ibid.

24. Ibid.

25. Ibid.

26. Ibid.

27. Ibid.

28. Ibid.

29. Ibid.

30. Ibid.

31. Ibid.

32. Ibid.

33. Ibid.

34. Geoffrey Hinton, Oriol Vinyals, and Jeff Dean, "Distilling the Knowledge in a Neural Network," 2015, https://arxiv.org/abs/1503.02531.

09 反炒作

1. James Cook, "Elon Musk: You Have No Idea How Close We Are to Killer Robots," *Business Insider UK,* November 17, 2014, https://www.businessinsider.com/elon-musk-killer-robots-will-be-here-within-five-years-2014-11.

2. Ashlee Vance, *Elon Musk: Tesla, SpaceX, and the Quest for a Fantastic Future* (New York: Ecco, 2017).

3. Ibid.

4. Ibid.

5. Ibid.

6. "Closing Bell," CNBC, transcript, https://www.cnbc.com/2014/06/18/first-on-cnbc-cnbc-transcript-spacex-ceo-elon-musk-speaks-with-cnbcs-closing-bell.html.

7. Elon Musk tweet, August 2, 2014, https://twitter.com/elonmusk/status/495759307346952192?s=19.

8. Ibid.

9. Nick Bostrom, *Superintelligence: Paths, Dangers, Strategies* (Oxford, UK: Oxford University Press, 2014).

10. Ibid.

11. Lessley Anderson, "Elon Musk: A Machine Tasked with Getting Rid of

Spam Could End Humanity," *Vanity Fair,* October 8, 2014, https://www.vanityfair.com/news/tech/2014/10/elon-musk-artificial-intelligence-fear.

12. Ibid.

13. Ibid.

14. Ibid.

15. Cook, "Elon Musk: You Have No Idea How Close We Are to Killer Robots."

16. William K. Rashbaum, Benjamin Weiser, and Michael Gold, "Jeffrey Epstein Dead in Suicide at Jail, Spurring Inquiries," *New York Times,* August 10, 2019, https://www.nytimes.com/2019/08/10/nyregion/jeffrey-epstein-suicide.html.

17. Cook, "Elon Musk: You Have No Idea How Close We Are to Killer Robots."

18. Ibid.

19. Shane Legg, "Machine Super Intelligence," 2008, http://www.vetta.org/documents/Machine_Super_Intelligence.pdf.

20. Ibid.

21. Max Tegmark, *Life 3.0: Being Human in the Age of Artificial Intelligence* (New York: Random House, 2017).

22. Ibid.

23. Robert McMillan, "AI Has Arrived, and That Really Worries the World's Brightest Minds," *Wired,* January 16, 2015, https://www.wired.com/2015/01/ai-arrived-really-worries-worlds-brightest-minds/.

24. Ibid.

25. Tegmark, *Life 3.0: Being Human in the Age of Artificial Intelligence.*

26. Ibid.

27. Ibid.

28. Ibid.

29. Elon Musk tweet, January 15, 2015, https://twitter.com/elonmusk/status/555743387056226304.

30. "An Open Letter, Research Priorities for Robust and Beneficial Artificial Intelligence," Future of Life Institute, https://futureoflife.org/ai-open-letter/.

31. Ibid.

32. Ibid.

33. Ibid.

34. Tegmark, *Life 3.0: Being Human in the Age of Artificial Intelligence*.

35. Ibid.

36. Ibid.

37. Ibid.

38. Ibid.

39. Cade Metz, "Inside OpenAI, Elon Musk's Wild Plan to Set Artificial Intelligence Free," *Wired,* April 27, 2016, https://www.wired.com/2016/04/openai-elon-musk-sam-altman-plan-to-set-artificial-intelligence-free/.

40. OpenAI, form 990, 2016.

41. Steven Levy, "How Elon Musk and Y Combinator Plan to Stop Computers from Taking Over," "Backchannel," *Wired,* December 11, 2015, https://www.wired.com/2015/12/how-elon-musk-and-y-combinator-plan-to-stop-computers-from-taking-over/.

42. Ibid.

43. Ibid.

44. Ibid.

45. Ibid.

46. Ibid.

47. Metz, "Inside OpenAI, Elon Musk's Wild Plan to Set Artificial Intelligence Free."

10　神经网络的爆发：AlphaGo 的胜利

1. Cade Metz, "Facebook Aims Its AI at the Game No Computer Can Crack," *Wired,* November 3, 2015, https://www.wired.com/2015/11/facebook-is-aiming-its-ai-at-go-the-game-no-computer-can-crack/.

2. Alan Levinovitz, "The Mystery of Go, the Ancient Game That Computers Still Can't Win," *Wired,* May 12, 2014, https://www.wired.com/2014/05/the-world-of-computer-go/.

3. Metz, "Facebook Aims Its AI at the Game No Computer Can Crack."

4. Ibid.

5. Cade Metz, "Facebook's AI Is Now Automatically Writing Photo Captions," *Wired,* April 5, 2016, https://www.wired.com/2016/04/facebook-using-ai-write-photo-captions-blind-users/.

6. Cade Metz, "Facebook's Human-Powered Assistant May Just Super-charge AI," *Wired,* August 26, 2015, https://www.wired.com/2015/08/how-facebook-m-works/.

7. Metz, "Facebook Aims Its AI at the Game No Computer Can Crack."

8. "Interview with Demis Hassabis," YouTube, https://www.youtube.com/watch?v=EhAjLnT9aL4.

9. Ibid.

10. Cade Metz, "In a Huge Breakthrough, Google's AI Beats a Top Player at the Game of Go," *Wired,* January 27, 2016, https://www.wired.

com/2016/01/in-a-huge-breakthrough-googles-ai-beats-a-top-player-at-the-game-of-go/.

11. Cade Metz, "What the AI Behind AlphaGo Can Teach Us About Being Human," *Wired,* May 19, 2016, https://www.wired.com/2016/05/google-alpha-go-ai/.

12. Chris J. Maddison, Aja Huang, Ilya Sutskever, and David Silver, "Move Evaluation in Go Using Deep Convolutional Neural Networks," 2014, https://arxiv.org/abs/1412.6564.

13. https://deepmind.com/research/case-studies/alphago-the-story-so-far.

14. Cade Metz, "Google's AI Is About to Battle a Go Champion—But This Is No Game," *Wired,* March 8, 2016, http://wired.com/2016/03/googles-ai-taking-one-worlds-top-go-players/.

15. Metz, "What the AI Behind AlphaGo Can Teach Us About Being Human."

16. Google Annual Report, 2015, https://www.sec.gov/Archives/edgar/data/1288776/000165204416000012/goog10-k2015.htm.

17. Metz, "What the AI Behind AlphaGo Can Teach Us About Being Human."

18. Cade Metz, "How Google's AI Viewed the Move No Human Could Understand," *Wired,* March 14, 2016, https:// www.wired.com/ 2016/ 03/ googles-ai-viewed-move-no-human-understand.

19. Cade Metz, "Go Grandmaster Lee Sedol Grabs Consolation Win Against Google's AI," *Wired,* March 13, 2016, https://www.wired.com/2016/03/go-grandmaster-lee-sedol-grabs-consolation-win-googles-ai/.

20. Ibid.

21. Cade Metz, "Go Grandmaster Says He's 'in Shock' but Can Still Beat

Google's AI," *Wired,* March 9, 2016, https://www.wired.com/2016/03/
go-grandmaster-says-can-still-beat-googles-ai/.

22. Ibid.

23. Ibid.

24. Ibid.

25. Ibid.

26. Cade Metz, "The Sadness and Beauty of Watching Google's AI Play
Go," *Wired,* March 11, 2016, https://www.wired.com/2016/03/sadness-
beauty-watching-googles-ai-play-go/.

27. Ibid.

28. Metz, "What the AI Behind AlphaGo Can Teach Us About Being
Human."

29. Cade Metz, "In Two Moves, AlphaGo and Lee Sedol Redefined the
Future," *Wired,* March 16, 2016, https://www.wired.com/2016/03/two-
moves-alphago-lee-sedol-redefined-future/.

30. Metz, "What the AI Behind AlphaGo Can Teach Us About Being
Human."

31. Ibid.

32. Ibid.

11 神经网络的扩张：新药研发技术

1. "Diabetes Epidemic: 98 Million People in India May Have Type 2
Diabetes by 2030," *India Today,* November 22, 2018, https://www.
indiatoday.in/education-today/latest-studies/story/98-million-indians-
diabetes-2030-prevention-1394158-2018-11-22.

2. International Council of Ophthalmology, http://www.icoph.org/

ophthalmologists-worldwide.html.

3. Merck Molecular Activity Challenge, https://www.kaggle.com/c/Merck Activity.

4. Varun Gulshan, Lily Peng, and Marc Coram, "Development and Validation of a Deep Learning Algorithm for Detection of Diabetic Retinopathy in Retinal Fundus Photographs," *JAMA* 316, no. 22 (January 2016), pp. 2402–2410, https://jamanetwork.com/journals/jama/fullarticle/2588763.

5. Cade Metz, "Google's AI Reads Retinas to Prevent Blindness in Diabetics," *Wired,* November 29, 2016, https://www.wired.com/2016/11/googles-ai-reads-retinas-prevent-blindness-diabetics/.

6. Siddhartha Mukherjee, "AI Versus M.D.," *New Yorke*r, March 27, 2017, https://www.newyorker.com/magazine/2017/04/03/ai-versus-md.

7. Ibid.

8. Ibid.

9. Ibid.

10. Ibid.

11. Ibid.

12. Ibid.

13. Conor Dougherty, "Google to Reorganize as Alphabet to Keep Its Lead as an Innovator," *New York Times,* August 10, 2015, https://www.nytimes.com/2015/08/11/technology/google-alphabet-restructuring.html.

14. David Rowan, "DeepMind Inside Google's Super-Brain," *Wired UK,* June 22, 2015, https://www.wired.co.uk/article/deepmind.

15. Ibid.

16. Ibid.

17. Jordan Novet, "Google's DeepMind AI Group Unveils Health Care Ambitions," *Venturebeat,* February 24, 2016, https://venturebeat.com/2016/02/24/googles-deepmind-ai-group-unveils-heath-care-ambitions/.

18. Hal Hodson, "Revealed: Google AI has access to huge haul of NHS patient data," *New Scientist,* April 29, 2016, https://www.newscientist.com/article/2086454-revealed-google-ai-has-access-to-huge-haul-of-nhs-patient-data/.

19. Ibid.

20. Timothy Revell, "Google DeepMind's NHS Data Deal 'Failed to Comply' with Law," *New Scientist,* July 3, 2017, https://www.newscientist.com/article/ 2139395-google-deepminds-nhs-data-deal-failed-to-comply-with-law/.

12　梦想之地：微软的深度学习

1. Nick Wingfield, "Microsoft to Buy Nokia Units and Acquire Executive," *New York Times,* September 3, 2013, https://www.nytimes.com/2013/09/04/technology/microsoft-acquires-nokia-units-and-leader.html.

2. Jeffrey Dean, Greg S. Corrado, Rajat Monga et al., "Large Scale Distributed Deep Networks," *Advances in Neural Information Processing Systems* 25 (NIPS 2012), https://papers.nips.cc/paper/4687-large-scale-distributed-deep-networks.pdf.

3. Pedro Domingos, *The Master Algorithm: How the Quest for the Ultimate Learning Machine Will Remake Our World* (New York: Basic Books, 2015).

4. Kurt Eichenwald, "Microsoft's Lost Decade," *Vanity Fair,* July 24, 2012, https://www.vanityfair.com/news/business/2012/08/microsoft-lost-

mojo-steve-ballmer.

5. Jennifer Bails, "Bing It On," *Carnegie Mellon Today,* October 1, 2010, https://www.cmu.edu/cmtoday/issues/october-2010-issue/feature-stories/bing-it-on/index.html.

6. Catherine Shu, "Twitter Acquires Image Search Startup Madbits," *TechCrunch,* July 29, 2014, https://gigaom.com/2014/07/29/twitter-acquires-deep-learning-startup-madbits/.

7. Mike Isaac, "Uber Bets on Artificial Intelligence with Acquisition and New Lab," *New York Times,* December 5, 2016, https://www.nytimes.com/2016/12/05/technology/uber-bets-on-artificial-intelligence-with-acquisition-and-new-lab.html.

8. Kara Swisher and Ina Fried, "Microsoft's Qi Lu Is Leaving the Company Due to Health Issues Rajesh Jha Will Assume Many of Lu's Responsibilities," *Recode,* September 29, 2016, https://www.vox.com/2016/9/29/13103352/microsoft-qi-lu-to-exit.

9. "Microsoft Veteran Will Help Run Chinese Search Giant Baidu," *Bloomberg News,* January 16, 2017, https://www.bloomberg.com/news/articles/2017-01-17/microsoft-executive-qi-lu-departs-to-join-china-s-baidu-as-coo.

13　欺骗：GAN 与"深度造假"

1. Cade Metz, "Google's Dueling Neural Networks Spar to Get Smarter, No Humans Required," *Wired,* April 11, 2017, https://www.wired.com/2017/04/googles-dueling-neural-networks-spar-get-smarter-no-humans-required/.

2. Ibid.

3. Ibid.

4. Davide Castelvecchi, "Astronomers Explore Uses for AI-Generated Images," *Nature,* February 1, 2017, https://www.nature.com/news/astronomers-explore-uses-for-ai-generated-images-1.21398.

5. Anh Nguyen, Jeff Clune, Yoshua Bengio et al., "Plug & Play Generative Networks: Conditional Iterative Generation of Images in Latent Space," 2016, https://arxiv.org/abs/1612.00005.

6. Ming-Yu Liu, Thomas Breuel, and Jan Kautz, "Unsupervised Image-to-Image Translation Networks," 2016, https://arxiv.org/abs/1703.00848.

7. Jun-Yan Zhu, Taesung Park, Phillip Isola, and Alexei A. Efros, "Unpaired Image-to-Image Translation using Cycle-Consistent Adversarial Networks," 2016, https://arxiv.org/abs/1703.10593.

8. Lily Jackson, "International Graduate-Student Enrollments and Applications Drop for 2nd Year in a Row," *Chronicle of Higher Education,* February 7, 2019, https://www.chroni cle.com/article/International-Graduate-Student/245624.

9. "Microsoft Acquires Artificial-Intel-ligence Startup Maluuba," *Wall Street Journal,* January 13, 2007, https://www.wsj.com/articles/microsoft-acquires-artificial-intelligence-startup-maluuba-1484338762.

10. Steve Lohr, "Canada Tries to Turn Its AI Ideas into Dollars," *New York Times,* April 9, 2017, https://www.nytimes.com/2017/04/09/technology/canada-artificial-intelligence.html.

11. Ibid.

12. Ibid.

13. Mike Isaac, "Facebook, in Cross Hairs After Election, Is Said to Question Its Influence," *New York Times,* November 12, 2016, https://www.

nytimes.com/2016/11/14/technology/facebook-is-said-to-question-its-influence-in-election.html.

14. Craig Silverman, "Here Are 50 of the Biggest Fake News Hits on Facebook From 2016," *Buzzfeed News,* December 30, 2016, https://www.buzzfeednews.com/article/craigsilverman/top-fake-news-of-2016.

15. Scott Shane and Vindu Goel, "Fake Russian Facebook Accounts Bought $100,000 in Political Ads," *New York Times,* September 6, 2017, https://www.nytimes.com/2017/09/06/technology/facebook-russian-political-ads.html.

16. Supasorn Suwajanakorn, Steven Seitz, and Ira Kemelmacher-Shlizerman, "Synthesizing Obama: Learning Lip Sync from Audio," 2017, https://grail.cs.washington.edu/projects/AudioToObama/.

17. Paul Mozur and Keith Bradsher, "China's A.I. Advances Help Its Tech Industry, and State Security," *New York Times*, December 3, 2017, https://www.nytimes.com/2017/12/03/business/china-artificial-intelligence.html.

18. Tero Karras, Timo Aila, Samuli Laine, and Jaakko Lehtinen, "Progressive Growing of GANs for Improved Quality, Stability, and Variation," 2017, https://arxiv.org/abs/1710.10196.

19. Jackie Snow, "AI Could Set Us Back 100 Years When It Comes to How We Consume News," *MIT Technology Review,* November 7, 2017, https://www.technologyreview.com/s/609358/ai-could-send-us-back-100-years-when-it-comes-to-how-we-consume-news/.

20. Ibid.

21. Ibid.

22. Ibid.

23. Ibid.

24. Ibid.

25. Ibid.

26. Ibid.

27. Ibid.

28. Samantha Cole, "AI-Assisted Fake Porn Is Here and We're All Fucked," *Motherboard,* December 11, 2017, https://www.vice.com/en_us/article/gydydm/gal-gadot-fake-ai-porn.

29. Samantha Cole, "Twitter Is the Latest Platform to Ban AI-Generated Porn: Deepfakes Are in Violation of Twitter's Terms of Use," *Motherboard,* February 6, 2018, https://www.vice.com/en_us/article/ywqgab/twitter-bans-deepfakes; Arjun Kharpal, "Reddit, Pornhub Ban Videos that Use AI to Superimpose a Person's Face," CNBC, February 8, 2018, https://www.cnbc.com/2018/02/08/reddit-pornhub-ban-deepfake-porn-videos.html.

30. Cade Metz, "How to Fool AI into Seeing Something That Isn't There," *Wired,* April 29, 2017, https://www.wired.com/2016/07/fool-ai-seeing-something-isnt/.

31. Kevin Eykholt, Ivan Evtimov, Earlence Fernandes et al., "Robust Physical-World Attacks o Deep Learning Models," 2017, https://arxiv.org/abs/1707.08945.

32. Metz, "How to Fool AI into Seeing Something That Isn't There."

33. OpenAI, form 990, 2016.

14　谷歌的傲慢

1. "Unveiling the Wuzhen Internet Intl Convention Center," *China Daily,* November 15, 2016, https:// www.chinadaily.com.cn/ business/2016-

11/15/content_27381349.htm.

2. Ibid.

3. Ibid.

4. Cade Metz, "Google's AlphaGo Levels Up from Board Games to Power Grids," *Wired,* May 24, 2017, https://www.wired.com/2017/05/googles-alphago-levels-board-games-power-grids/.

5. Andrew Jacobs and Miguel Helft, "Google, Citing Attack, Threatens to Exit China," *New York Times*, January 12, 2010, https://www.nytimes.com/2010/01/13/world/asia/13beijing.html.

6. "Number of Internet Users in China from 2017 to 2023," *Statista,* https://www.statista.com/statistics/278417/number-of-internet-users-in-china/.

7. "AlphaGo Computer Beats Human Champ in Hard-Fought Series," Associated Press, March 15, 2016, https://www.cbsnews.com/news/googles-alphago-computer-beats-human-champ-in-hard-fought-series/.

8. Daniela Hernandez, "'Chinese Google' Opens Artificial-Intelligence Lab in Silicon Valley," *Wired,* April 12, 2013, https://www.wired.com/2013/04/baidu-research-lab/.

9. Ibid.

10. Ibid.

11. Ibid.

12. Cade Metz, "Google Is Already Late to China's AI Revolution," *Wired,* June 2, 2017, https://www.wired.com/2017/06/ai-revolution-bigger-google-facebook-microsoft/.

13. Ibid.

14. Google Annual Report, 2016, https://www.sec.gov/Archives/edgar/data/1652044/000165204417000008/goog10-kq42016.htm.

15. Amazon Annual Report, 2017, https://www.sec.gov/Archives/edgar/data/1018724/000101872419000004/amzn-20181231x10k.htm.

16. Octavio Blanco, "One Immigrant's Path from Cleaning Houses to Stanford Professor," CNN, July 22, 2016, https://money.cnn.com/2016/07/21/news/economy/chinese-immigrant-stanford-professor/.

17. Cade Metz, "Google's AlphaGo Continues Dominance with Second Win in China," *Wired,* May 25, 2017, https://www.wired.com/2017/05/googles-alphago-continues-dominance-second-win-china/.

18. Paul Mozur, "Made in China by 2030," *New York Times,* July 20, 2017, https://www.nytimes.com/2017/07/20/business/china-artificial-intelligence.html.

19. Ibid.

20. Fei-Fei Li, "Opening the Google AI China Center," The Google Blog, December 13, 2017, https://www.blog.google/around-the-globe/google-asia/google-ai-china-center/.

15 神经网络的偏见

1. Jacky Alcine tweet, June 28, 2015, https://twitter.com/jackyalcine/status/615329515909156865?lang=en.

2. Gideon Lewis-Kraus, "The Great AI Awakening," *New York Times Magazine,* December 14, 2006, https://www.nytimes.com/2016/12/14/magazine/the-great-ai-awakening.html.

3. Holly Else, "AI Conference Widely Known as 'NIPS' Changes Its Controversial Acronym," *Na-ture,* November 19, 2018, https://www.nature.com/articles/d41586-018-07476-w.

4. Steve Lohr, "Facial Recognition Is Accurate, if You're a White Guy,"

New York Times, February 9, 2018, https://www.nytimes.com/2018/02/09/ technology/facial-recognition-race-artificial-intelligence.html.

5. Ibid.

6. Ibid.

7. Ibid.

8. Natasha Singer, "Amazon Is Pushing Facial Technology That a Study Says Could Be Biased," *New York Times,* January 24, 2019, https://www. nytimes.com/2019/01/24/technology/amazon-facial-technology-study. html.

9. Ibid.

10. Ibid.

11. Matt Wood, "Thoughts on Recent Research Paper and Associated Article on Amazon Rekognition," AWS Machine Learning Blog, January 26, 2019, https://aws.amazon.com/blogs/machine-learning/thoughts-on-recent-research-paper-and-associated-article-on-amazon-rekognition/.

12. Jack Clark, "Artificial Intelligence Has a 'Sea of Dudes' Problem," Bloomberg News, June 27, 2016, https://www.bloomberg.com/ professional/blog/artificial-intelligencesea-dudes-problem/.

13. "On Recent Research Auditing Commercial Facial Analysis Technology," March 15, 2019, https://medium.com/@bu64dcjrytwitb8/on-recent-research-auditing-commercial-facial-analysis-technology-19148bda1832.

14. Ibid.

15. Ibid.

16. Ibid.

17. Ibid.

18. Ibid.

16 武器化

1. Kate Conger and Cade Metz, "Tech Workers Want to Know: What Are We Building This For?" *New York Times*, October 7, 2018, https://www.nytimes.com/2018/10/07/technology/tech-workers-ask-censorship-surveillance.html.

2. Jonathan Hoffman tweet, August 11, 2017, https://twitter.com/Chief PentSpox/status/896135891432783872/photo/4.

3. "Establishment of an Algorithmic Warfare Cross-Functional Team," Memorandum, Deputy Secretary of Defense, April 26, 2017, https://dodcio.defense.gov/Portals/0/Documents/Project%2520Maven%2520 DSD%2520Memo%252020170425.pdf.

4. Ibid.

5. Nitasha Tiku, "Three Years of Misery Inside Google, the Happiest Company in Tech," *Wired,* August 13, 2019, https://www.wired.com/story/inside-google-three-years-misery-happiest-company-tech/.

6. Defense Innovation Board, Open Meeting Minutes, July 12, 2017, https://media.defense.gov/2017/Dec/18/2001857959/-1/-1/0/2017-2566-14852 5_MEETING%2520MINUTES_(2017-09-28-08-53-26).PDF.

7. "An Open Letter to the United Nations Convention on Certain Conventional Weapons," Future of Life Institute, August 20, 2017, https://futureoflife.org/autonomous-weapons-open-letter-2017/.

8. Ibid.

9. Tiku, "Three Years of Misery Inside Google, the Happiest Company in Tech."

10. Ibid.

11. Scott Shane and Daisuke Wakabayashi, "'The Business of War':

Google Employees Protest Work for the Pentagon," *New York Times*, April 4, 2018, https://www.nytimes.com/2018/04/04/technology/google-letter-ceo-pentagon-project.html.

12. "Workers Researchers in Support of Google Employees: Google Should Withdraw from Project Maven and Commit to Not Weaponizing Its Technology," International Committee for Robot Arms Control, https://www.icrac.net/open-letter-in-support-of-google-employees-and-tech-workers/.

13. Ibid.

14. Scott Shane, Cade Metz, and Daisuke Wakabayashi, "How a Pentagon Contract Became an Identity Crisis for Google," *New York Times*, May 30, 2018, https://www.nytimes.com/2018/05/30/technology/google-project-maven-pentagon.html.

15. Sheera Frenkel, "Microsoft Employees Protest Work with ICE, as Tech Industry Mobilizes Over Immigration," *New York Times*, June 19, 2018, https://www.nytimes.com/2018/06/19/technology/tech-companies-immigration-border.html; "I'm an Amazon Employee. My Company Shouldn't Sell Facial Recognition Tech to Police," October 16, 2018, https://medium.com/@amazon_employee/im-an-amazon-employee-my-company-shouldn-t-sell-facial-recognition-tech-to-police-36b5fde934ac.

16. "NSCAI—Lunch keynote: AI, National Security, and the Public-Private Partnership," YouTube, https://www.youtube.com/watch?v=3OiUl1Tzj3c.

17　Facebook 的无能

1. Eugene Kim, "Here's the Real Reason Mark Zuckerberg Wears the Same

T-Shirt Every Day," *Business Insider,* November 6, 2014, https://www.businessinsider.com/mark-zuckerberg-same-t-shirt-2014-11.

2. Vanessa Friedman, "Mark Zuckerberg's I'm Sorry Suit," *New York Times,* April 10, 2018, https://www.nytimes.com/2018/04/10/fashion/mark-zuckerberg-suit-congress.html.

3. Ibid.

4. Max Lakin, "The $300 T-Shirt Mark Zuckerberg Didn't Wear in Congress Could Hold Facebook's Future," W magazine, April 12, 2018, https://www.wmagazine.com/story/mark-zuckerberg-facebook-brunello-cucinelli-t-shirt/.

5. Matthew Rosenberg, Nicholas Confessore, and Carole Cadwalladr, "How Trump Consultants Exploited the Facebook Data of Millions," *New York Times,* March 17, 2018, https://www.nytimes.com/2018/03/17/us/politics/cambridge-analytica-trump-campaign.html.

6. Zach Wichter, "2 Days, 10 Hours, 600 Questions: What Happened When Mark Zuckerberg Went to Washington," *New York Times,* April 12, 2018, https://www.nytimes.com/2018/04/12/technology/mark-zuckerberg-testimony.html.

7. Ibid.

8. "Facebook: Transparency and Use of Consumer Data," April 11, 2018, House of Representatives, Committee on Energy and Commerce, Washingto , D.C., https://docs.house.gov/meetings/IF/IF00/20180411/108090/HHRG-115-IF00-Transcript-20180411.pdf.

9. Ibid.

10. Ibid.

11. Dean Pomerleau tweet, November 29, 2016, https://twitter.com/

deanpomerleau/status/803692511906635777?s=09.

12. Ibid.

13. Cade Metz, "The Bittersweet Sweepstakes to Build an AI That Destroys Fake News," *Wired,* December 16, 2016, https://www.wired.com/2016/12/bittersweet-sweepstakes-build-ai-destroys fake-news/.

14. Ibid.

15. Deepa Seetharaman, "Facebook Looks to Harness Artificial Intelligence to Weed Out Fake News," *Wall Street Journal,* December 1, 2016, https://www.wsj.com/articles/facebook-could-develop-artificial-intelligence-to-weed-out-fake-news-1480608004.

16. Ibid.

17. "Facebook: Transparency and Use of Consumer Data."

18. Rosenberg, Confessore, and Cadwalladr, "How Trump Consultants Exploited the Facebook Data of Millions."

19. Ibid.

20. Cade Metz and Mike Isaac, "Facebook's AI Whiz Now Faces the Task of Cleaning It Up. Sometimes That Brings Him to Tears," *New York Times,* May 17, 2019, https://www.nytimes.com/2019/05/17/technology/facebook-ai-schroepfer.html.

18　一场马库斯与杨立昆的辩论

1. Google I/O 2018 keynote, YouTube, https://www.youtube.com/watch?v=ogf Yd705cRs.

2. Nick Statt, "Google Now Says Controversial AI Voice Calling System Will Identify Itself to Humans," *Verge,* May 10, 2018, https://www.theverge.com/2018/5/10/17342414/google-duplex-ai-assistant-voice-

calling-identify-itself-update.

3. Brian Chen and Cade Metz, "Google Duplex Uses A.I. to Mimic Humans (Sometimes)," *New York Times,* May 22, 2019, https://www.nytimes.com/2019/05/22/technology/personaltech/ai-google-duplex.html.

4. Gary Marcus and Ernest Davis, "AI Is Harder Than You Think," Opinion, *New York Times,* May 18, 2018, https://www.nytimes.com/2018/05/18/opinion/artificial-intelligence-challenges.html.

5. Ibid.

6. Ibid.

7. Gary Marcus, "Is 'Deep Learning' a Revolution in Artificial Intelligence?," *New Yorker,* November 25, 2012, https://www.newyorker.com/news/news-desk/is-deep-learning-a-revolution-in-artificial-intelligence.

8. Ibid.

9. Mike Isaac, "Uber Bets on Artificial Intelligence with Acquisition and New Lab," *New York Times,* December 5, 2016, https://www.nytimes.com/2016/12/05/technology/uber-bets-on-artificial-intelligence-with-acquisition-and-new-lab.html.

10. "Artificial Intelligence Debate—Yann LeCun vs. Gary Marcus: Does AI Need Innate Machinery?," YouTube, https://www.youtube.com/watch?v=aCCotxqxFsk.

11. Ibid.

12. Ibid.

13. Ibid.

14. Gary Marcus, "Deep Learning: A Critical Appraisal," 2018, https://arxiv.org/abs/1801.00631; Gary Marcus, "In Defense of Skepticism About Deep Learning," 2018, https://medium.com/@GaryMarcus/in-defense-

of-skepticism-about-deep-learning-6e8bfd5ae0f1; Gary Marcus, "Innateness, AlphaZero, and Artificial Intelligence," 2018, https://arxiv.org/abs/1801.05667.

15. Gary Marcus and Ernest Davis, *Rebooting AI: Building Artificial Intelligence We Can Trust* (New York: Pantheon, 2019).

16. "Artificial Intelligence Debate—Yann LeCun vs. Gary Marcus: Does AI Need Innate Machinery?"

17. Ibid.

18. Rowan Zellers, Yonatan Bisk, Roy Schwartz, and Yejin Choi, "Swag: A Large-Scale Adversarial Dataset for Grounded Commonsense Inference," 2018, https://arxiv.org/abs/1808.05326.

19. Jacob Devlin, Ming-Wei Chang, Kenton Lee, and Kristina Toutanova, "BERT: Pre-training of Deep Bidirectional Transformers for Language Understanding," 2018, https://arxiv.org/abs/1810.04805.

20. Cade Metz, "Finally, a Machine That Can Finish Your Sentence," *New York Times,* November 18, 2018, https://www.nytimes.com/2018/11/18/technology/artificial-intelligencelanguage.html.

19　自动化：OpenAI 的拣货机器人

1. Andy Zeng, Shuran Song, Johnny Lee et al., "TossingBot: Learning to Throw Arbitrary Objects with Residual Physics," 2019, https://arxiv.org/abs/1903.11239.

2. OpenAI, form 990, 2016.

3. Eduard Gismatullin, "Elon Musk Left OpenAI to Focus on Tesla, SpaceX," *Bloomberg News,* February 16, 2019, https://www.bloomberg.com/news/articles/2019-02-17/elon-musk-left-openai-on-disagreements-

about-company-pathway.

4. Elon Musk tweet, April 13, 2018, https://twitter.com/elonmusk/status/984882630947753984?s=19.

5. "OpenAI LP," OpenAI blog, March 11, 2019, https://openai.com/blog/openai-lp/.

6. Adam Satariano and Cade Metz, "A Warehouse Robot Learns to Sort Out the Tricky Stuff," *New York Times*, January 29, 2020, https://www.nytimes.com/2020/01/29/technology/warehouse-robot.html.

7. Ibid.

8. Ibid.

9. Ibid.

10. Ibid.

20 信仰

1. "Edward Boyden Wins 2016 Breakthrough Prize in Life Sciences," *MIT News,* November 9, 2015, https://news.mit.edu/2015/edward-boyden-2016-breakthrough-prize-life-sciences-1109.

2. Herbert Simon and Allen Newell, "Heuristic Problem Solving: The Next Advance in Operations Research," *Operations Research* 6, no. 1 (January-February, 1958), p. 7.

3. Herbert Simon, *The Shape of Automation for Men and Management* (New York: Harper & Row, 1965).

4. Shane Legg, "Machine Super Intelligence," 2008, http://www.vetta.org/documents/Machine_Super_Intelligence.pdf.

5. Ibid.

6. "Beneficial AI," conference schedule, https://futureoflife.org/bai-2017/.

7. "Superintelligence: Science or Fiction, Elon Musk and Other Great Minds," YouTube, https://www.youtube.com/watch?v=h0962biiZa4.

8. Ibid.

9. Ibid.

10. Ibid.

11. Ibid.

12. "Creating Human-Level AI: How and When?," YouTube, https://www.youtube.com/watch?v=V0aXMTpZTfc.

13. Ibid.

14. Rolfe Winkler, "Elon Musk Launches Neuralink to Connect Brains with Computers," *Wall Street Journal,* March 27, 2017, https://www.wsj.com/articles/elon-musk-launches-neuralink-to-connect-brains-with-com puters-1490642652.

15. Tad Friend, "Sam Altman's Manifest Destiny," *New Yorker,* October 3, 2016, https://www.newyorker.com/magazine/2016/10/10/sam-altmans-manifest-destiny.

16. Sam Altman blog, "How to Be Successful," January 24, 2019, https://blog.samaltman.com/how-to-be-successful.

17. Steven Levy, "How Elon Musk and Y Combinator Plan to Stop Computers from Taking Over," Backchannel, *Wired,* December 11, 2015, https://www.wired.com/2015/12/how-elon-musk-and-y-combinator-plan-to-stop-computers-from-taking-over/.

18. Ibid.

19. "OpenAI Charter," OpenAI blog, https://openai.com/charter/.

20. Ibid.

21. Max Jaderberg, Wojciech M. Czarnecki, Iain Dunning et al., "Human-

level Performance in 3D Multiplayer Games with Population-based Reinforcement Learning," *Science* 363, no. 6443 (May 31, 2019), pp.859–865, https://science.sciencemag.org/content/364/6443/859.full?ij key=rZC5DWj2KbwNk&keytype=ref&siteid=sci.

22. Tom Simonite, "DeepMind Beats Pros at StarCraft in Another Triumph for Bots," *Wired,* January 25, 2019, https://www.wired.com/story/ deepmind-beats-pros-starcraft-another-triumph-bots/.

23. Tom Simonite, "OpenAI Wants to Make Ultrapowerful AI. But Not in a Bad Way," *Wired,* May 1, 2019, https://www.wired.com/story/company-wants-billions-make-ai-safe-humanity/.

24. Rory Cellan-Jones, "Google Swallows DeepMind Health," BBC, September 18, 2019, https://www.bbc.com/news/technology-49740095.

25. Nate Lanxon, "Alphabet's DeepMind Takes on Billion-Dollar Debt and Loses $572 Million," *Bloomberg News,* August 7, 2019, https://www. bloomberg.com/news/articles/2019-08-07/alphabet-s-deepmind-takes-on-billion-dollar-debt-as-loss-spirals.

26. Jack Nicas and Daisuke Wakabayashi, "Era Ends for Google as Founders Step Aside from a Pillar of Tech," *New York Times,* December 3, 2019, https://www.nytimes.com/2019/12/03/technology/google-alphabet-ceo-larry-page-sundar-pichai.html.

21 未知因素

1. Geoff Hinton, tweet, March 27, 2019, https://twitter.com/geoffreyhinton/ status/1110962177903640582?s=19.

2. A. M. Turing, "Article Navigation on Computable Numbers, with an Application to the Entscheidungsproblem," *Proceedings of the London*

Mathematical Society, vol. s2-42, issue 1 (1937), pp. 230–265.

3. "NCSAI—Lunch Keynote: AI, National Security, and the Public-Private Partnership," YouTube, https://www.youtube.com/watch?v=3OiUl1Tzj3c.

4. "Geoffrey Hinton and Yann LeCun 2018, ACM A.M. Turing Award Lecture, 'The Deep Learning Revolution,'" YouTube, https://www.youtube.com/watch?v=VsnQf7exv5I.

5. Ibid.

6. Ibid.